Springer-Lehrbuch

Klaus D. Schmidt · Wolfgang Macht
Klaus Th. Hess

Arbeitsbuch Mathematik

Multiple-Choice-Aufgaben

Zweite Auflage

Springer

Professor Dr. Klaus D. Schmidt
Technische Universität Dresden
Institut für Mathematische Stochastik
Lehrstuhl für Versicherungsmathematik
01062 Dresden

Dr. Wolfgang Macht
Schlossstraße 16
01768 Bärenstein

Dr. Klaus Th. Hess
Technische Universität Dresden
Institut für Mathematische Stochastik
01062 Dresden

Bibliografische Information Der Deutschen Bibliothek
Die Deutsche Bibliothek verzeichnet diese Publikation in der Deutschen Nationalbibliografie; detaillierte bibliografische Daten sind im Internet über <http://dnb.ddb.de> abrufbar.

ISBN 978-3-540-24550-6 Springer Berlin Heidelberg New York

Springer ist ein Unternehmen von Springer Science+Business Media

springer.de

Umschlaggestaltung: design & production GmbH, Heidelberg

SPIN 11387350 42/3130-5 4 3 2 1 0 – Gedruckt auf säurefreiem Papier

Vorwort

Übung macht den Meister, und das vorliegende Arbeitsbuch zur Mathematik bietet die Gelegenheit dazu!

Das Arbeitsbuch enthält 240 Multiple–Choice–Aufgaben mit Lösungswegen und Lösungen. Fast alle Aufgaben sind, mit geringfügigen Änderungen, Klausuren entnommen, die wir im Grundstudium der wirtschaftswissenschaftlichen Studiengänge an der Technischen Universität Dresden gestellt haben. In den Klausuren standen pro Aufgabe sechs Minuten zur Verfügung. Das bedeutet:

Alle 240 Aufgaben können an einem Tag gelöst werden.

Eine Klausur galt als bestanden, wenn 40% der Aufgaben gelöst wurden; dabei galt eine Aufgabe als gelöst, wenn in die Lösungsliste alle richtigen und keine falschen Alternativen eingetragen wurden. In den Klausuren waren schriftliche Unterlagen beliebiger Art zugelassen; elektronische Hilfsmittel waren dagegen nicht erlaubt. In der Tat sind die Aufgaben so angelegt, daß sie ohne Taschenrechner bearbeitet werden können.

Das vorliegende Arbeitsbuch lehnt sich an das Lehrbuch

Klaus D. Schmidt:
Mathematik – Grundlagen für Wirtschaftswissenschaftler

an; insbesondere entspricht die Gliederung in Kapitel derjenigen des Lehrbuchs. Bezüglich der Inhalte der einzelnen Kapitel haben wir uns allerdings eine Ausnahme erlaubt und alle Aufgaben zu linearen Gleichungssystemen in Kapitel 6 zusammengefaßt. Desweiteren haben wir, um die Einheit des in einem Kapitel behandelten Gebietes zu betonen, auf die formale Gliederung nach den Abschnitten der Kapitel des Lehrbuchs verzichtet und uns darauf beschränkt, die Aufgaben nach Themen und nach zunehmender Schwierigkeit anzuordnen.

Die Reihenfolge der Alternativen in den einzelnen Aufgaben mag in vielen Fällen den Eindruck der Unordnung erwecken. Dies entspricht der Realität einer Klausur mit vielen Teilnehmern: Die Klausur wird in unterschiedlichen Versionen ausgegeben, die sich zumindest in der Anordnung der Aufgaben und der Alternativen in den einzelnen Aufgaben unterscheiden. Im allgemeinen ist es daher von Vorteil, bei einer Aufgabe nicht über die einzelnen Alternativen zu grübeln, sondern sich zunächst einen Überblick über die gesamte Fragestellung zu verschaffen und die Aufgabe sodann möglichst systematisch zu bearbeiten.

Das vorliegende Buch ist kein Lesebuch, sondern ein Arbeitsbuch. Es besteht aus zwei Teilen:
- Teil I enthält leere Lösungslisten und die Aufgaben ohne Lösungsweg und Lösung.
- Teil II enthält ausgefüllte Lösungslisten und die Aufgaben mit Lösungsweg und Lösung.

Es ist sinnvoll, die Aufgaben kapitelweise zu bearbeiten und dabei wie folgt vorzugehen:
- In einem ersten Schritt sollten die Aufgaben aus Teil I ohne Blick auf Teil II gelöst und die Lösungswege notiert werden. Sobald ein Kapitel vollständig bearbeitet ist, ist die Lösungsliste in Teil I auszufüllen, indem zu jeder Aufgabe alle richtigen und keine falschen Alternativen angegeben werden; ist keine der Alternativen richtig, so ist das Symbol $\emptyset$ einzutragen.
- In einem zweiten Schritt sollte die in Teil I erstellte Lösungsliste mit der in Teil II angegebenen Lösungsliste verglichen werden.
- In einem dritten Schritt sollten die eigenen Lösungswege mit den in Teil II angegebenen Lösungswegen verglichen werden. Dabei ist zu beachten, daß die in Teil II angegebenen Lösungswege als Vorschläge zu verstehen sind. In vielen Fällen führen auch andere Überlegungen zum Ziel; insbesondere können graphische Darstellungen hilfreich sein, wobei allerdings ungenaue graphische Darstellungen zu falschen Folgerungen verleiten können.

Dieses Verfahren ist so oft zu wiederholen, bis die selbständige Lösung der Aufgaben aus Teil I zu einem befriedigenden Ergebnis führt. Da Fehler bei der Übertragung der Lösungen in die Lösungsliste möglich sind, ist ein Ergebnis nur dann als befriedigend anzusehen, wenn deutlich mehr als 40% der Aufgaben gelöst wurden.

Unser herzlicher Dank gilt unseren Mitarbeitern und Kollegen, die Entwürfe zu Aufgaben beigesteuert haben, sowie Anett Hofmann und Christine Sänger, die probegerechnet und korrekturgelesen haben.

Dresden, im März 2000

Klaus Th. Hess
Wolfgang Macht
Klaus D. Schmidt

Vorwort zur zweiten Auflage

In der vorliegenden Neuauflage haben wir kleinere Korrekturen vorgenommen und bei einigen Aufgaben den Lösungsweg verbessert.

Dresden, im Dezember 2004

Klaus Th. Hess
Wolfgang Macht
Klaus D. Schmidt

Inhaltsverzeichnis

Teil I enthält die Aufgaben ohne Lösungsweg und Lösung
Teil II enthält die Aufgaben mit Lösungsweg und Lösung

Teil I

Aufgaben

Kapitel 1

Formale Logik

Aufgabe	Lösung
1–1	
1–2	
1–3	
1–4	
1–5	
1–6	
1–7	
1–8	
1–9	
1–10	
1–11	
1–12	

Aufgabe 1–1. Welche der folgenden Wahrheitstafeln sind richtig?

A

A	B	$A \wedge \overline{B}$
w	w	w
w	f	f
f	w	w
f	f	w

B

A	B	$A \wedge \overline{B}$
w	w	f
w	f	w
f	w	f
f	f	f

C

A	B	$A \wedge \overline{B}$
w	w	f
w	f	w
f	w	w
f	f	f

D

A	B	$A \wedge \overline{B}$
w	w	w
w	f	w
f	w	f
f	f	w

Aufgabe 1–2. Gegeben sei die folgende unvollständige Wahrheitstafel:

A	B	$B \Leftrightarrow \overline{A}$
w	w	
w	f	
f	w	
f	f	

Welche der folgenden Spalten vervollständigen die Wahrheitstafel?

A

$B \Leftrightarrow \overline{A}$
w
f
f
w

B

$B \Leftrightarrow \overline{A}$
f
w
w
w

C

$B \Leftrightarrow \overline{A}$
w
f
w
w

D

$B \Leftrightarrow \overline{A}$
f
w
w
f

Aufgabe 1–3. Gegeben sei die folgende unvollständige Wahrheitstafel:

A	B	$*$
w	w	w
w	f	w
f	w	f
f	f	w

Für welche der folgenden Aussagen an der Stelle von $*$ ist die Wahrheitstafel richtig?

A $A \Rightarrow \overline{B}$

B $A \Leftrightarrow \overline{B}$

C $A \vee \overline{B}$

D $A \wedge \overline{B}$

Aufgabe 1–4. Gegeben sei die folgende unvollständige Wahrheitstafel:

A	B	$(A \Rightarrow B) \wedge \overline{B} \Longrightarrow \overline{A}$
w	w	
w	f	
f	w	
f	f	

Welche der folgenden Spalten vervollständigen die Wahrheitstafel?

A

$(A \Rightarrow B) \wedge \overline{B} \Longrightarrow \overline{A}$
w
w
w
w

B

$(A \Rightarrow B) \wedge \overline{B} \Longrightarrow \overline{A}$
w
w
f
f

C

$(A \Rightarrow B) \wedge \overline{B} \Longrightarrow \overline{A}$
w
f
w
f

D

$(A \Rightarrow B) \wedge \overline{B} \Longrightarrow \overline{A}$
w
w
w
f

E

$(A \Rightarrow B) \wedge \overline{B} \Longrightarrow \overline{A}$
f
f
f
w

F

$(A \Rightarrow B) \wedge \overline{B} \Longrightarrow \overline{A}$
f
f
f
f

Aufgabe 1–5. Seien A und B Aussagen. Dann ist die Aussage $A \wedge B \Longrightarrow A$

A wahr, falls B wahr ist.

B falsch, falls A falsch ist.

C eine Kontradiktion.

D eine Tautologie.

Aufgabe 1–6. Seien A und B Aussagen. Dann ist die Aussage $A \vee B \Longleftrightarrow A$

A wahr, falls A falsch ist.

B wahr, falls A wahr ist.

C wahr, falls B falsch ist.

D wahr, falls B wahr ist.

Aufgabe 1–7. Welche der folgenden Aussagen sind wahr, wenn A wahr und B falsch ist?

A $A \wedge \overline{B}$

B $\overline{A} \wedge B$

C $\overline{A \wedge B}$

D $A \vee \overline{B}$

E $\overline{\overline{A} \wedge B}$

F $\overline{\overline{A} \vee B} \wedge \overline{\overline{A}}$

Aufgabe 1–8. Welche der folgenden Aussagen sind wahr, wenn A wahr und B falsch ist?

A $A \Rightarrow \overline{B}$

B $\overline{A} \Rightarrow B$

C $A \wedge \overline{A} \Longrightarrow A$

D $B \vee \overline{B} \Longrightarrow B$

E $A \Rightarrow B$

Aufgabe 1–9. Seien A, B, C Aussagen mit folgenden Eigenschaften:

$$A \wedge B \quad \text{ist falsch}$$
$$A \wedge C \quad \text{ist wahr}$$

Welche der folgenden Aussagen sind wahr?

A $\overline{A}$

B B

C $C \wedge \overline{B}$

D $A \Rightarrow B$

E $B \Rightarrow C$

Aufgabe 1–10. Seien A, B, C Aussagen mit folgenden Eigenschaften:

$$A \wedge B \wedge C \quad \text{ist falsch}$$
$$A \wedge C \quad \text{ist wahr}$$

Welche der folgenden Alternativen sind richtig?

A A ist wahr.

B A ist falsch.

C B ist wahr.

D B ist falsch.

E C ist wahr.

F C ist falsch.

Aufgabe 1–11. Seien A und B Aussagen. Welche der folgenden Aussagen ist eine Tautologie?

A $A \vee (\overline{A} \wedge \overline{B}) \Longleftrightarrow \overline{B}$

B $A \vee (\overline{A} \wedge \overline{B}) \Longleftrightarrow A \vee \overline{B}$

C $A \vee (\overline{A} \wedge \overline{B}) \Longleftrightarrow \overline{A} \wedge \overline{B}$

D $A \vee (\overline{A} \wedge \overline{B}) \Longleftrightarrow (B \Rightarrow A)$

E $A \vee (\overline{A} \wedge \overline{B}) \Longleftrightarrow A \wedge \overline{B}$

F $A \vee (\overline{A} \wedge \overline{B}) \Longleftrightarrow (A \vee \overline{A}) \wedge \overline{B}$

Aufgabe 1–12. Seien A und B Aussagen. Welche der folgenden Alternativen sind richtig?

A $(\overline{A} \Rightarrow B) \Longleftrightarrow A \vee B$ ist wahr.

B $(\overline{A} \Rightarrow B) \Longleftrightarrow A \vee B$ ist eine Tautologie.

C $(\overline{A} \Rightarrow B) \Longrightarrow A \vee B$ ist eine Tautologie.

D $A \vee B \Longrightarrow (\overline{A} \Rightarrow B)$ ist eine Tautologie.

Kapitel 2

Mengenlehre

Aufgabe	Lösung
2–1	
2–2	
2–3	
2–4	
2–5	
2–6	
2–7	
2–8	
2–9	
2–10	

Aufgabe	Lösung
2–11	
2–12	
2–13	
2–14	
2–15	
2–16	
2–17	
2–18	
2–19	
2–20	

Aufgabe 2–1. Sei S die Menge der Sachsen und sei

$R \subseteq S$	die Menge der rauchenden Sachsen
$M \subseteq S$	die Menge der männlichen Sachsen
$A \subseteq S$	die Menge der Sachsen, die ein Auto besitzen

Welche der folgenden Alternativen sind richtig?

A $\overline{R} \cap M$ ist die Menge der weiblichen rauchenden Sachsen.

B $\overline{R} \cap M$ ist die Menge der weiblichen nichtrauchenden Sachsen.

C $\overline{R} \cap M$ ist die Menge der männlichen rauchenden Sachsen.

D $\overline{R} \cap M$ ist die Menge der männlichen nichtrauchenden Sachsen.

E $R \cap M = A$ gilt genau dann, wenn alle männlichen rauchenden Sachsen ein Auto besitzen.

F $R \cap M \subseteq A$ gilt genau dann, wenn alle männlichen rauchenden Sachsen ein Auto besitzen.

G $R \cap M = A$ gilt genau dann, wenn die Menge der männlichen rauchenden Sachsen mit der Menge der Sachsen, die ein Auto besitzen, übereinstimmt.

Aufgabe 2–2. Sei X die Menge der Studierenden, die im letzten Semester einen Schein in Mathematik erwerben wollten, und sei

$A \subseteq X$	die Menge der Studierenden, die die Vorlesungen besuchten
$B \subseteq X$	die Menge der Studierenden, die die Übungen besuchten
$C \subseteq X$	die Menge der Studierenden, die den Schein erwarben

Welche der folgenden Alternativen sind richtig?

A $A \cap \overline{B}$ ist die Menge der Studierenden, die die Vorlesungen, aber nicht die Übungen besuchten.

B $A \cap \overline{B}$ ist die Menge der Studierenden, die die Übungen, aber nicht die Vorlesungen besuchten.

C $A \cap \overline{B}$ ist die Menge der Studierenden, die weder die Vorlesungen noch die Übungen besuchten.

D $A \cap \overline{B}$ ist die Menge der Studierenden, die die Vorlesungen und die Übungen besuchten.

E $C \subseteq A \cap B$ gilt genau dann, wenn alle Studierenden, die den Schein erwarben, sowohl die Vorlesungen als auch die Übungen besuchten.

F $C \subseteq A \cap B$ gilt genau dann, wenn alle Studierenden, die sowohl die Vorlesungen als auch die Übungen besuchten, den Schein erwarben.

Aufgabe 2–3. Seien A und B Teilmengen einer Menge Ω. Welche der folgenden Alternativen sind richtig?

A $\overline{A \cap B} = \overline{A} \cup \overline{B}$

B $A \subseteq B \Longleftrightarrow \overline{B} \subseteq \overline{A}$

C $A \subseteq B \Longleftrightarrow A \cap B = A$

D $A \subseteq B \Longleftrightarrow A \cap B = B$

E $\emptyset \subseteq A \cap \overline{B}$

Aufgabe 2–4. Seien A, B, C Teilmengen einer Menge Ω. Welche der folgenden Alternativen sind richtig?

A $A \cap B = \emptyset \Longrightarrow A \setminus B = A$

B $A \cap B \cap C = \emptyset \Longrightarrow B \cap C = \emptyset$

C $B \cap C = \emptyset \Longrightarrow A \cap B \cap C = \emptyset$

D $A \setminus B = C \Longrightarrow C \subseteq A$

E $A \setminus B = B \setminus A$

Aufgabe 2–5. Seien A, B, C Teilmengen einer Menge Ω mit

$$A \subseteq B \qquad \text{und} \qquad B \cap C = \emptyset$$

Welche der folgenden Alternativen sind richtig?

A $A \setminus B = \emptyset$

B $A \setminus C = \emptyset$

C $A \setminus C = A$

D $B \setminus A \neq \emptyset$

E $C \setminus A = C$

F $C \setminus A = \emptyset$

G $C \setminus A \neq \emptyset$

Aufgabe 2–6. Seien A, B, C Teilmengen einer Menge Ω mit

$$A \cap B \;=\; B \cap C \;=\; A \cap C \;=\; \emptyset$$

Welche der folgenden Alternativen sind richtig?

A $A \cap B \cap C = \emptyset$

B $(A \setminus B) \cup (A \setminus C) = \emptyset$

C $(A \setminus B) \cup (A \setminus C) = A$

D $(A \setminus B) \cup (A \setminus C) = B \cup C$

E $(A \setminus B) \cup (A \setminus C) = A \cup B \cup C$

Aufgabe 2–7. Gegeben seien folgende Teilmengen der reellen Zahlen:

$$\begin{aligned} A &= (0, 100) \\ B &= (-20, 100) \\ C &= (0, \infty) \end{aligned}$$

Welche der folgenden Alternativen sind richtig?

A $A \cup B = B$

B $A \cup B \cup C = C$

C $A \cap B = A$

D $B \cap C = A$

Aufgabe 2–8. Gegeben seien folgende Teilmengen der reellen Zahlen:

$$\begin{aligned} A &= (-\infty, 10] \\ B &= [-4, 7) \\ C &= (0, 7] \end{aligned}$$

Welche der folgenden Alternativen sind richtig?

A $A \cup B = A$

B $A \cup B \cup C = A$

C $A \cap C = C$

D $\overline{A} \cup \overline{B} = \overline{B}$

E $B \setminus A = \emptyset$

Aufgabe 2–9. Gegeben seien folgende Teilmengen der reellen Zahlen:

$$\begin{aligned} A &= [-5, 3) \\ B &= (1, 4] \end{aligned}$$

Welche der folgenden Alternativen sind richtig?

A $A \triangle B = \emptyset$

B $A \triangle B = [-5, 1]$

C $A \triangle B = [-5, 4]$

D $A \triangle B = \mathbf{R}$

E $A \triangle B = [-5, 1] \cup [3, 4]$

F $A \triangle B = (-\infty, -5) \cup (4, \infty)$

Aufgabe 2–10. Gegeben seien die Mengen $A, B, C \subseteq \mathbf{R}$ mit

$$\begin{aligned} A &= \{0, 1, 2\} \\ B &= [2, 7] \\ C &= \{x \in \mathbf{R} \mid 1 < x \leq 8\} \end{aligned}$$

sowie die Menge

$$D = \{A, B, C\}$$

Welche der folgenden Alternativen sind richtig?

A $B \subseteq C$

B $A \cap B = 2$

C $\{2, 3, 4, 5\} \subseteq B$

D $A \in D$

E $A \subseteq D$

Aufgabe 2–11. Gegeben seien folgende Teilmengen der reellen Zahlen:

$$\begin{aligned} M_1 &= [2, 6) \\ M_2 &= \{x \in \mathbf{N} \mid 2 \leq x \leq 10\} \\ M_3 &= \{x \in \mathbf{R} \mid 2 \leq x < 6\} \\ M_4 &= \{2, 3, 4, 5\} \end{aligned}$$

Welche der folgenden Alternativen sind richtig?

A $M_1 = M_3$

B $M_1 \subseteq M_2$

C $M_1 \cap M_2 = M_4$

D $M_1 \cap M_2 \cap M_3 = M_4$

Aufgabe 2–12. Gegeben seien die Mengen

$$\begin{aligned} A &= \{x \in \mathbf{R} \mid x < 3\} \\ B &= \{x \in \mathbf{R} \mid x > -2\} \\ C &= \{x \in \mathbf{R} \mid (x+2)(x-3) < 0\} \end{aligned}$$

Welche der folgenden Alternativen sind richtig?

A $C = (-\infty, -2) \cup (3, \infty)$

B $C = (-2, 3)$

C $A \cup B = \mathbf{R}$

D $A \cup B = C$

E $A \cap B = C$

Aufgabe 2–13. Gegeben seien die Mengen

$$\begin{aligned} A &= \{(x, y) \in \mathbf{R} \times \mathbf{R} \mid x^2 + y^2 > 1\} \\ B &= \{(x, y) \in \mathbf{R} \times \mathbf{R} \mid x^2 + y^2 \leq 4\} \end{aligned}$$

Welche der folgenden Alternativen sind richtig?

A $A \subseteq \mathbf{R} \times \mathbf{R}$

B $A \subseteq B$

C $A \cap B \neq \emptyset$

D $(-1, 1) \in A \cap B$

E $(0, 3) \in A \setminus B$

Aufgabe 2–14. Gegeben sei die Menge $M = \{1, 2, 3\}$ und die Relation

$$R = \{(1,1), (2,2), (2,3), (3,1), (3,3)\}$$

Welche der folgenden Alternativen sind richtig?

A R ist reflexiv.

B R ist transitiv.

C R ist vollständig.

D R ist symmetrisch.

E R ist antisymmetrisch.

Aufgabe 2–15. Die Relation $R = \{(x, y) \in \mathbf{Z} \times \mathbf{Z} \mid x + y \text{ gerade}\}$ ist

A symmetrisch.

B antisymmetrisch.

C vollständig.

D reflexiv.

E transitiv.

Aufgabe 2–16. Die Relation $R = \{(x, y) \in \mathbf{N} \times \mathbf{N} \mid \exists_{k \in \mathbf{N}}\, y = kx\}$ ist

A vollständig.

B antisymmetrisch.

C symmetrisch.

D reflexiv.

E transitiv.

Aufgabe 2–17. Gegeben sei die Menge $M = \{a, b, c, d\}$ und die Relation

$$R = \{(a,b), (a,c), (a,d), (b,c), (b,d), (c,d)\}$$

Welche der folgenden Alternativen sind richtig?

A R ist vollständig.

B R ist antisymmetrisch.

C R ist symmetrisch.

D R ist eine Ordnungsrelation.
E R ist eine Präferenzrelation.
F R ist eine Äquivalenzrelation.
G R ist reflexiv.
H R ist transitiv.

Aufgabe 2–18. Die Relation $R = \{(x, y) \in \mathbf{R}\times\mathbf{R} \mid x^2 \leq y^2\}$ ist

A vollständig.
B antisymmetrisch.
C symmetrisch.
D eine Ordnungsrelation.
E eine Präferenzrelation.
F eine Äquivalenzrelation.

Aufgabe 2–19. Die Relation $R = \{(x, y) \in \mathbf{R}\times\mathbf{R} \mid x \leq y\}$ ist

A symmetrisch.
B antisymmetrisch.
C vollständig.
D eine Ordnungsrelation.
E eine Präferenzrelation.
F eine Äquivalenzrelation.

Aufgabe 2–20. Gegeben sei die Menge $M = \{1, 2, 3\}$ und eine Ordnungsrelation $R \subseteq M \times M$ mit $(1, 3) \in R$ und $(2, 1) \in R$. Welche der folgenden Alternativen sind richtig?

A $(1, 1) \in R$
B $(1, 1) \notin R$
C $(3, 1) \in R$
D $(3, 1) \notin R$
E $(2, 3) \in R$
F $(2, 3) \notin R$

Kapitel 3

Zahlen

Aufgabe	Lösung
3–1	
3–2	
3–3	
3–4	
3–5	
3–6	
3–7	
3–8	
3–9	
3–10	
3–11	
3–12	
3–13	
3–14	
3–15	

Aufgabe 3–1. Für die binäre Kodierung aller $2^7 = 128$ Zeichen des ASCII–Zeichensatzes werden 7 Bits (Binärzeichen, können nur die Werte 0 oder 1 annehmen) benötigt. Wieviele der binären Kodierungen dieser 128 Zeichen enthalten genau 5 Einsen?

A 14

B 21

C 35

D 42

Aufgabe 3–2. Ein Kind baut durch Übereinanderlegen von zwei roten, drei schwarzen und vier weißen Bausteinen gleicher Form einen Turm; es werden alle Bausteine verwendet. Wie groß ist die Anzahl der möglichen Türme, die mit einem roten Baustein beginnen?

A 144

B 280

C 420

D 560

Aufgabe 3–3. Wieviele Möglichkeiten gibt es, fünf unterscheidbare Münzen in einer Reihe anzuordnen, wenn neben der Reihenfolge auch Kopf und Zahl unterschieden werden soll?

A $(5!)^2$

B $2 \cdot 5!$

C $2^5 \cdot 5!$

D $10!$

E $10!/5!$

F $10!/2$

Aufgabe 3–4. Der Binomialkoeffizient

$$\binom{17}{15}$$

ist gleich

A $17 \cdot 8$

B $17 \cdot 16$

C 128

D 136

E $\binom{17}{2}$

Aufgabe 3–5. Bei der Restrukturierung eines Unternehmens sollen aus einer 30 Mitarbeiter umfassenden Arbeitsgruppe zwei Untergruppen gebildet werden, wobei die eine Untergruppe aus 12 Mitarbeitern und die andere aus 8 Mitarbeitern bestehen soll. Wieviele Möglichkeiten gibt es, solche Untergruppen zu bilden?

A $\binom{30}{20}\binom{20}{12}$

B $\binom{30}{12}\binom{18}{8}$

C $\binom{30}{8}\binom{22}{12}$

D $\dfrac{30!}{12! \cdot 10! \cdot 8!}$

Aufgabe 3–6. Wieviele fünfstellige Zahlen lassen sich unter ausschließlicher Verwendung der Ziffern $1, 2, 3$ bilden?

A 36

B 125

C 243

D 120^5

Aufgabe 3–7. Sei $L \subseteq \mathbf{R}$ die Lösungsmenge der Ungleichung

$$1 - 2x \;\leq\; (1-x)^2$$

Welche der folgenden Alternativen sind richtig?

A $L = \mathbf{R}$

B $L = \emptyset$

C $L = \{ x \in \mathbf{R} \mid -1 \leq x \leq 1 \}$

D $L = \{ x \in \mathbf{R} \mid x \geq 0 \}$

Aufgabe 3–8. Sei $L \subseteq \mathbf{R}$ die Lösungsmenge der Ungleichung

$$|x-4| \;<\; x$$

Welche der folgenden Alternativen sind richtig?

A $L = (-\infty, 1)$

B $L = (-\infty, 2)$

C $L = (-\infty, 4)$

D $L = (1, \infty)$

E $L = (2, \infty)$

F $L = (4, \infty)$

Aufgabe 3–9. Sei $L \subseteq \mathbf{R}$ die Lösungsmenge der Ungleichung

$$|x-1| + |x+2| < 3$$

Welche der folgenden Alternativen sind richtig?

A $L = \{-2, 1\}$
B $L = (-2, 1)$
C $L = [-2, 1]$
D $L = \emptyset$
E $L = (-\infty, -2) \cup (1, \infty)$
F $L = (-\infty, -2] \cup [1, \infty)$

Aufgabe 3–10. Sei $L_1 \subseteq \mathbf{R}$ die Lösungsmenge der Ungleichung $|x| > 1$ und sei $L_2 \subseteq \mathbf{R} \setminus \{0\}$ die Lösungsmenge der Ungleichung $1/x < 0$. Welche der folgenden Alternativen sind richtig?

A $L_1 = (-\infty, -1) \cup (1, \infty)$
B $L_1 = [-1, 1]$
C $(-\infty, -2) \subseteq L_2$
D $L_1 \cap L_2 = (-\infty, -1)$
E $L_1 \cup L_2 = L_1$

Aufgabe 3–11. Gegeben sei die komplexe Zahl

$$z = \frac{1}{1+i}$$

Welche der folgenden Alternativen sind richtig?

A $\mathrm{Re}\,(z) = \frac{1}{2}$
B $\mathrm{Re}\,(z) = 1$
C $|z| = \frac{1}{2}$
D $|z| = 1$
E $|z| = \frac{1}{2}\sqrt{2}$
F $|z| = \sqrt{2}$

Aufgabe 3–12. Gegeben sei die komplexe Zahl

$$z = \frac{1+i}{1-i}$$

Welche der folgenden Alternativen sind richtig?

A $\operatorname{Re}(z) = 0$
B $\operatorname{Im}(z) = 0$
C $\overline{z} = 1/z$
D $\overline{z} = -1/z$
E $\overline{z} = i/z$
F $\overline{z} = -i/z$

Aufgabe 3–13. Gegeben seien die komplexen Zahlen

$$z_1 = -2 + 2i \qquad \text{und} \qquad z_2 = 1 + i$$

Welche der folgenden Alternativen sind richtig?

A $\operatorname{Re}(z_1 \cdot z_2) = -4$
B $\operatorname{Re}(z_1 \cdot z_2) = 0$
C $\operatorname{Re}(z_1 \cdot z_2) = 4$
D $\operatorname{Im}(z_1/z_2) = -2$
E $\operatorname{Im}(z_1/z_2) = 2$

Aufgabe 3–14. Gegeben seien die komplexen Zahlen

$$z_1 = 2i \qquad \text{und} \qquad z_2 = -1 + i$$

Welche der folgenden Alternativen sind richtig?

A $\operatorname{Re}(z_1 + z_2) < 0$
B $\operatorname{Re}(z_1 + z_2) = 0$
C $\operatorname{Re}(z_1 + z_2) > 0$
D $\operatorname{Im}(z_1 \cdot z_2) = -2$
E $\operatorname{Im}(z_1 \cdot z_2) = 2$
F $|z_1 + z_2|$ ist reell.
G $|z_1 + z_2| = 0$
H $(z_1 \cdot z_2)^2$ ist imaginär.

Aufgabe 3–15. Gegeben seien die komplexen Zahlen

$$z_1 = 4 + 3i \qquad \text{und} \qquad z_2 = -iz_1$$

Welche der folgenden Alternativen sind richtig?

A $z_2 = 3 - 4i$
B $z_2 = -3 - 4i$
C $\overline{z}_1 = i\overline{z}_2$
D $\overline{z}_1 = -i\overline{z}_2$
E $\overline{z}_1 = -\overline{z}_2$
F $\overline{z}_1 = \overline{z}_2$

Kapitel 4

Vektoren

Aufgabe	Lösung
4–1	
4–2	
4–3	
4–4	
4–5	
4–6	
4–7	
4–8	
4–9	
4–10	
4–11	
4–12	

Aufgabe 4–1. Gegeben seien die Vektoren

$$\boldsymbol{a} = \begin{pmatrix} 2 \\ 6 \end{pmatrix} \qquad \boldsymbol{b} = \begin{pmatrix} 8 \\ 2 \end{pmatrix} \qquad \boldsymbol{c} = \begin{pmatrix} 5 \\ 4 \end{pmatrix}$$

Welche der folgenden Alternativen sind richtig?

A $\boldsymbol{a} + \boldsymbol{b} \in \operatorname{conv}\{\boldsymbol{a}, \boldsymbol{b}\}$

B $\boldsymbol{a} + \boldsymbol{b} \in \operatorname{conv}\{2\boldsymbol{a}, 2\boldsymbol{b}\}$

C $\frac{1}{2}(\boldsymbol{a}+\boldsymbol{b}) \in \operatorname{conv}\{\boldsymbol{a}, \boldsymbol{b}\}$

D $\operatorname{conv}\{\boldsymbol{a}, \boldsymbol{c}\} \subseteq \operatorname{conv}\{\boldsymbol{a}, \boldsymbol{b}\}$

Aufgabe 4–2. Gegeben seien die Vektoren

$$\boldsymbol{a} = \begin{pmatrix} 3 \\ 0 \end{pmatrix} \qquad \boldsymbol{b} = \begin{pmatrix} 0 \\ -7 \end{pmatrix} \qquad \boldsymbol{c} = \begin{pmatrix} 5 \\ -2 \end{pmatrix}$$

Welche der folgenden Alternativen sind richtig?

A $\operatorname{span}\{\boldsymbol{a}, \boldsymbol{b}\} = \mathbf{R}^2$

B $\operatorname{conv}\{\boldsymbol{a}, \boldsymbol{b}\} \subseteq \operatorname{span}\{\boldsymbol{a}, \boldsymbol{b}\}$

C $\operatorname{conv}\{\boldsymbol{a}, \boldsymbol{c}\} \subseteq \operatorname{span}\{\boldsymbol{a}, \boldsymbol{b}\}$

D $\operatorname{conv}\{\boldsymbol{a}, \boldsymbol{b}, \boldsymbol{c}\} \subseteq \operatorname{span}\{\boldsymbol{a}, \boldsymbol{b}\}$

Aufgabe 4–3. Gegeben seien die Vektoren

$$\boldsymbol{a} = \begin{pmatrix} 1 \\ 0 \end{pmatrix} \qquad \boldsymbol{b} = \begin{pmatrix} 0 \\ 1 \end{pmatrix} \qquad \boldsymbol{c} = \begin{pmatrix} 2 \\ 2 \end{pmatrix}$$

Welche der folgenden Alternativen sind richtig?

A $\boldsymbol{c} \in \operatorname{span}\{\boldsymbol{a}, \boldsymbol{b}\}$

B $\boldsymbol{c} \in \operatorname{conv}\{\boldsymbol{a}, \boldsymbol{b}\}$

C $\boldsymbol{a} + \boldsymbol{b} \in \operatorname{conv}\{\boldsymbol{a}, \boldsymbol{b}, \boldsymbol{c}\}$

D $2\boldsymbol{a} + \boldsymbol{b} \in \operatorname{conv}\{\boldsymbol{a}, \boldsymbol{b}, \boldsymbol{c}\}$

Aufgabe 4–4. Gegeben seien die Vektoren

$$\boldsymbol{a} = \begin{pmatrix} 0 \\ \sqrt{2} \end{pmatrix} \qquad \boldsymbol{b} = \begin{pmatrix} 0 \\ 2 \end{pmatrix} \qquad \boldsymbol{c} = \begin{pmatrix} 1 \\ -2 \end{pmatrix}$$

Welche der folgenden Alternativen sind richtig?

A $\operatorname{span}\{\boldsymbol{a}, \boldsymbol{b}\} = \mathbf{R}^2$

B $\operatorname{span}\{\boldsymbol{a}, \boldsymbol{c}\} = \mathbf{R}^2$

C span $\{\boldsymbol{a}, \boldsymbol{b}\} = \operatorname{span}\{\boldsymbol{b}\}$

D conv $\{\boldsymbol{a}, \boldsymbol{b}\} = \operatorname{conv}\{\boldsymbol{b}\}$

E conv $\{\boldsymbol{a}, \boldsymbol{b}, \boldsymbol{c}\} \subseteq \operatorname{span}\{\boldsymbol{a}, \boldsymbol{b}\}$

Aufgabe 4–5. Gegeben seien die Vektoren

$$\boldsymbol{a} = \begin{pmatrix} 2 \\ 2 \\ 0 \end{pmatrix} \quad \boldsymbol{b} = \begin{pmatrix} 1 \\ 2 \\ 0 \end{pmatrix} \quad \boldsymbol{c} = \begin{pmatrix} 2 \\ 2 \\ 2 \end{pmatrix} \quad \boldsymbol{d} = \begin{pmatrix} 2 \\ 2 \\ 1 \end{pmatrix}$$

Welche der folgenden Alternativen sind richtig?

A $\boldsymbol{c} \in \operatorname{conv}\{\boldsymbol{a}, \boldsymbol{b}\}$

B $\boldsymbol{c} \in \operatorname{span}\{\boldsymbol{a}, \boldsymbol{b}\}$

C $\boldsymbol{d} \in \operatorname{conv}\{\boldsymbol{a}, \boldsymbol{c}\}$

D $\boldsymbol{d} \in \operatorname{span}\{\boldsymbol{a}, \boldsymbol{c}\}$

E $\boldsymbol{d} \in \operatorname{conv}\{\boldsymbol{a}, \boldsymbol{b}, \boldsymbol{c}\}$

Aufgabe 4–6. Gegeben seien die Vektoren

$$\boldsymbol{a} = \begin{pmatrix} 2 \\ 2 \\ 0 \end{pmatrix} \quad \boldsymbol{b} = \begin{pmatrix} 1 \\ 2 \\ 0 \end{pmatrix} \quad \boldsymbol{c} = \begin{pmatrix} 2 \\ 2 \\ 2 \end{pmatrix} \quad \boldsymbol{d} = \begin{pmatrix} 2 \\ 2 \\ 1 \end{pmatrix}$$

Welche der folgenden Alternativen sind richtig?

A $\operatorname{span}\{\boldsymbol{a}, \boldsymbol{b}\} = \mathbf{R}^3$

B $\operatorname{span}\{\boldsymbol{a}, \boldsymbol{c}\} = \mathbf{R}^3$

C $\operatorname{span}\{\boldsymbol{a}, \boldsymbol{d}\} = \mathbf{R}^3$

D $\operatorname{span}\{\boldsymbol{a}, \boldsymbol{b}, \boldsymbol{c}\} = \mathbf{R}^3$

E $\operatorname{span}\{\boldsymbol{a}, c, \boldsymbol{d}\} = \mathbf{R}^3$

Aufgabe 4–7. Gegeben seien die Vektoren $\boldsymbol{a}, \boldsymbol{b} \in \mathbf{R}^3$ und der Vektor

$$\boldsymbol{c} = \tfrac{1}{4}\boldsymbol{a} + \tfrac{3}{4}\boldsymbol{b}$$

Welche der folgenden Alternativen sind richtig?

A $\boldsymbol{c} \in \operatorname{span}\{\boldsymbol{a}, \boldsymbol{b}\}$

B $\operatorname{span}\{\boldsymbol{a}, \boldsymbol{b}\} = \mathbf{R}^3$

C $\operatorname{span}\{\boldsymbol{a}, \boldsymbol{b}, \boldsymbol{c}\} = \mathbf{R}^3$

D $\boldsymbol{c} \in \operatorname{conv}\{\boldsymbol{a}, \boldsymbol{b}\}$

E $\operatorname{span}\{\boldsymbol{a}, \boldsymbol{b}, \boldsymbol{c}\} = \operatorname{span}\{\boldsymbol{a}, \boldsymbol{b}\}$

Aufgabe 4–8. Welche der folgenden Alternativen sind richtig?

A Die Menge von Vektoren

$$\left\{ \begin{pmatrix} 1 \\ 0 \\ 0 \end{pmatrix}, \begin{pmatrix} 0 \\ 2 \\ 0 \end{pmatrix}, \begin{pmatrix} 0 \\ 0 \\ 3 \end{pmatrix} \right\}$$

ist linear unabhängig.

B Die Menge von Vektoren

$$\left\{ \begin{pmatrix} 1 \\ 5 \\ 7 \end{pmatrix}, \begin{pmatrix} 7 \\ -5 \\ -1 \end{pmatrix} \right\}$$

ist linear unabhängig.

C Die Menge von Vektoren

$$\left\{ \begin{pmatrix} 12 \\ -30 \\ 3 \end{pmatrix}, \begin{pmatrix} -4 \\ 10 \\ -1 \end{pmatrix} \right\}$$

ist linear unabhängig.

Aufgabe 4–9. Welche der folgenden Alternativen sind richtig?

A Die Menge von Vektoren

$$\left\{ \begin{pmatrix} 1 \\ 3 \\ 5 \end{pmatrix}, \begin{pmatrix} 1 \\ 0 \\ -1 \end{pmatrix} \right\}$$

ist linear abhängig.

B Die Menge von Vektoren

$$\left\{ \begin{pmatrix} 1 \\ 3 \\ 5 \end{pmatrix}, \begin{pmatrix} 1 \\ 0 \\ -1 \end{pmatrix} \right\}$$

ist linear unabhängig.

C Die Menge von Vektoren

$$\left\{ \begin{pmatrix} 1 \\ 0 \\ 1 \end{pmatrix}, \begin{pmatrix} 0 \\ 1 \\ 2 \end{pmatrix}, \begin{pmatrix} 0 \\ 0 \\ 2 \end{pmatrix}, \begin{pmatrix} 1 \\ 2 \\ 0 \end{pmatrix} \right\}$$

ist linear abhängig.

D Die Menge von Vektoren

$$\left\{ \begin{pmatrix} 1 \\ 0 \\ 1 \end{pmatrix}, \begin{pmatrix} 0 \\ 1 \\ 2 \end{pmatrix}, \begin{pmatrix} 0 \\ 0 \\ 2 \end{pmatrix}, \begin{pmatrix} 1 \\ 2 \\ 0 \end{pmatrix} \right\}$$

ist linear unabhängig.

E Die Menge von Vektoren

$$\left\{ \begin{pmatrix} 1 \\ 3 \\ 5 \end{pmatrix}, \begin{pmatrix} -4 \\ -12 \\ -20 \end{pmatrix}, \begin{pmatrix} 1 \\ 0 \\ -1 \end{pmatrix} \right\}$$

ist linear abhängig.

F Die Menge von Vektoren

$$\left\{ \begin{pmatrix} 1 \\ 3 \\ 5 \end{pmatrix}, \begin{pmatrix} -4 \\ -12 \\ -20 \end{pmatrix}, \begin{pmatrix} 1 \\ 0 \\ -1 \end{pmatrix} \right\}$$

ist linear unabhängig.

Aufgabe 4–10. Gegeben seien die Vektoren

$$\boldsymbol{a} = \begin{pmatrix} 3 \\ 2 \\ 1 \end{pmatrix} \qquad \boldsymbol{b} = \begin{pmatrix} 4 \\ 5 \\ 2 \end{pmatrix} \qquad \boldsymbol{c} = \begin{pmatrix} 1 \\ 3 \\ 1 \end{pmatrix}$$

Welche der folgenden Alternativen sind richtig?

A Die Menge $\{\boldsymbol{a}, \boldsymbol{b}\}$ ist linear unabhängig.

B Die Menge $\{\boldsymbol{a}, \boldsymbol{c}\}$ ist linear unabhängig.

C Die Menge $\{\boldsymbol{b}, \boldsymbol{c}\}$ ist linear unabhängig.

D Die Menge $\{\boldsymbol{a}, \boldsymbol{b}, \boldsymbol{c}\}$ ist linear unabhängig.

E Die Menge $\{\boldsymbol{a}, \boldsymbol{b}, \boldsymbol{c}\}$ ist linear abhängig.

Aufgabe 4–11. Gegeben seien die Halbräume

$$\begin{aligned} H_1 &= \{\boldsymbol{x} \in \mathbf{R}^2 \mid x_1 \geq 0\} \\ H_2 &= \{\boldsymbol{x} \in \mathbf{R}^2 \mid x_2 \geq 0\} \\ H_3 &= \{\boldsymbol{x} \in \mathbf{R}^2 \mid 2x_1 + 2x_2 \leq 10\} \end{aligned}$$

Sei

$$H = H_1 \cap H_2 \cap H_3$$

Welche der folgenden Alternativen sind richtig?

A Die Menge H ist konvex.

B Es gilt $\begin{pmatrix} 0 \\ 0 \end{pmatrix} \in H$.

C Es gilt $\begin{pmatrix} 6 \\ 0 \end{pmatrix} \in H$.

D Es gilt $\begin{pmatrix} 2 \\ 2 \end{pmatrix} \in H$.

E Es gilt $\begin{pmatrix} 0 \\ 6 \end{pmatrix} \in H$.

Aufgabe 4–12. Gegeben seien die Halbräume

$$\begin{aligned} H_1 &= \{ \boldsymbol{x} \in \mathbf{R}^2 \mid \langle \boldsymbol{x}, -\boldsymbol{e}^1 \rangle \leq 0 \} \\ H_2 &= \{ \boldsymbol{x} \in \mathbf{R}^2 \mid \langle \boldsymbol{x}, -\boldsymbol{e}^2 \rangle \leq 0 \} \\ H_3 &= \{ \boldsymbol{x} \in \mathbf{R}^2 \mid \langle \boldsymbol{x}, \boldsymbol{e}^1 \rangle \leq 3 \} \\ H_4 &= \{ \boldsymbol{x} \in \mathbf{R}^2 \mid \langle \boldsymbol{x}, \boldsymbol{e}^2 \rangle \leq 5 \} \end{aligned}$$

Sei

$$H = H_1 \cap H_2 \cap H_3 \cap H_4$$

Welche der folgenden Alternativen sind richtig?

A $\begin{pmatrix} 0 \\ 0 \end{pmatrix} \in H$

B $H = \left[\begin{pmatrix} 0 \\ 0 \end{pmatrix}, \begin{pmatrix} 3 \\ 5 \end{pmatrix} \right]$

C $H = \left[\begin{pmatrix} 0 \\ 3 \end{pmatrix}, \begin{pmatrix} 0 \\ 5 \end{pmatrix} \right]$

D $H = \left[\begin{pmatrix} 0 \\ 3 \end{pmatrix}, \begin{pmatrix} 5 \\ 0 \end{pmatrix} \right]$

Kapitel 5

Matrizen

Aufgabe	Lösung
5–1	
5–2	
5–3	
5–4	
5–5	
5–6	
5–7	
5–8	
5–9	

Aufgabe	Lösung
5–10	
5–11	
5–12	
5–13	
5–14	
5–15	
5–16	
5–17	
5–18	

Aufgabe 5–1. Gegeben seien die Matrizen

$$A = \begin{pmatrix} 2 & 3 & 4 \\ -1 & 7 & 8 \end{pmatrix} \qquad B = \begin{pmatrix} -2 & 5 \\ 0 & 10 \end{pmatrix} \qquad C = \begin{pmatrix} 0 & 1 \\ -1 & 5 \\ 7 & -3 \end{pmatrix}$$

Welche der folgenden Ausdrücke sind erklärt?

A $A + B$

B AB

C BA

D $A'B$

E $A' + C$

F $A + C'$

Aufgabe 5–2. Gegeben seien die Matrizen

$$A = \begin{pmatrix} 1 & -2 & 4 \\ -2 & 3 & -5 \end{pmatrix} \qquad \text{und} \qquad B = \begin{pmatrix} 2 & 4 \\ 3 & 6 \\ 1 & 2 \end{pmatrix}$$

Welche der folgenden Alternativen sind richtig?

A $AB = \begin{pmatrix} 0 & 0 \\ 0 & 0 \end{pmatrix}$

B $BA = \begin{pmatrix} -6 & 8 & -12 \\ -9 & 12 & -18 \\ -3 & 4 & -6 \end{pmatrix}$

C $A' + B = \begin{pmatrix} 3 & 2 \\ 1 & 9 \\ 5 & -3 \end{pmatrix}$

D $A + B' = \begin{pmatrix} 3 & 1 & 5 \\ 2 & 9 & -3 \end{pmatrix}$

Aufgabe 5–3. Gegeben seien die Matrizen

$$A = \begin{pmatrix} 1 & 1 \\ 2 & 0 \\ 0 & 3 \end{pmatrix} \qquad \text{und} \qquad B = \begin{pmatrix} 2 & 3 & 0 \\ 4 & 0 & 1 \end{pmatrix}$$

Welche der folgenden Alternativen sind richtig?

A $AB = BA$

B $AB = \begin{pmatrix} 6 & 3 & 1 \\ 4 & 6 & 0 \\ 12 & 0 & 3 \end{pmatrix}$

C $AB = \begin{pmatrix} 6 & 4 & 12 \\ 3 & 6 & 0 \\ 1 & 0 & 3 \end{pmatrix}$

D $AB = \begin{pmatrix} 6 & 3 & 1 \\ 8 & 0 & 2 \\ 6 & 9 & 0 \end{pmatrix}$

Aufgabe 5–4. Gegeben seien die Matrizen

$$A = \begin{pmatrix} 4 & 2 \\ -1 & 5 \end{pmatrix} \quad \text{und} \quad B = \begin{pmatrix} 1 & -5 & 3 \\ 0 & 2 & 0 \end{pmatrix}$$

Welche der folgenden Alternativen sind richtig?

A $(AB)' = B'A'$

B $AB = \begin{pmatrix} -3 & 15 & -1 \\ 12 & -16 & 4 \end{pmatrix}$

C $AB = \begin{pmatrix} 4 & -16 & 12 \\ -1 & 15 & -3 \end{pmatrix}$

D $AB = \begin{pmatrix} 5 & -27 & 15 \\ 2 & -2 & 6 \end{pmatrix}$

Aufgabe 5–5. Gegeben seien die Matrizen

$$A = \begin{pmatrix} 1 & 2 \\ 0 & 1 \\ 1 & 0 \end{pmatrix} \quad B = \begin{pmatrix} 1 & 2 & 0 \\ 2 & 2 & 1 \end{pmatrix} \quad C = \begin{pmatrix} 11 & 12 & 5 \\ 4 & 4 & 2 \\ 3 & 4 & 1 \end{pmatrix}$$

Für welche der folgenden Matrizen X ist die Gleichung $AXB = C$ erfüllt?

A $X = \begin{pmatrix} 1 & 0 & 0 \\ 0 & 2 & 2 \\ 1 & 2 & 2 \end{pmatrix}$

B $X = \begin{pmatrix} 1 & 0 & 0 \\ 0 & 2 & 2 \end{pmatrix}$

C $X = \begin{pmatrix} 1 & 0 \\ 0 & 2 \\ 1 & 2 \end{pmatrix}$

D $X = \begin{pmatrix} 1 & 0 \\ 0 & 2 \end{pmatrix}$

Aufgabe 5–6. Gegeben seien die Matrizen

$$A = \begin{pmatrix} 1 & 0 & 4 & 2 \\ 1 & -1 & 3 & 1 \end{pmatrix} \quad \text{und} \quad B = \begin{pmatrix} 1 & 2 & 1 \\ 0 & 0 & 1 \\ -1 & -2 & -1 \\ 0 & -1 & 0 \end{pmatrix}$$

Welche der folgenden Alternativen sind richtig?

A rang $(A) = 2$
B rang $(A) = 4$
C rang $(B) = 3$
D rang $(B) = 4$

Aufgabe 5–7. Gegeben sei die Matrix

$$A = \begin{pmatrix} 3 & 4 & 1 \\ 2 & 5 & 3 \\ 1 & 2 & 1 \end{pmatrix}$$

mit den Spaltenvektoren

$$\boldsymbol{a}^1 = \begin{pmatrix} 3 \\ 2 \\ 1 \end{pmatrix} \quad \boldsymbol{a}^2 = \begin{pmatrix} 4 \\ 5 \\ 2 \end{pmatrix} \quad \boldsymbol{a}^3 = \begin{pmatrix} 1 \\ 3 \\ 1 \end{pmatrix}$$

Welche der folgenden Alternativen sind richtig?

A Die Menge $\{\boldsymbol{a}^1, \boldsymbol{a}^2\}$ ist linear unabhängig.
B Die Menge $\{\boldsymbol{a}^1, \boldsymbol{a}^2, \boldsymbol{a}^3\}$ ist linear unabhängig.
C Es gilt rang $(A) = 1$.
D Es gilt rang $(A) = 2$.
E Es gilt rang $(A) = 3$.

Aufgabe 5–8. Gegeben sei die Matrix

$$A = \begin{pmatrix} 2 & 0 & -1 \\ 0 & 1 & 0 \\ -12 & -1 & 6 \end{pmatrix}$$

mit den Spaltenvektoren

$$\boldsymbol{a}^1 = \begin{pmatrix} 2 \\ 0 \\ -12 \end{pmatrix} \quad \boldsymbol{a}^2 = \begin{pmatrix} 0 \\ 1 \\ -1 \end{pmatrix} \quad \boldsymbol{a}^3 = \begin{pmatrix} -1 \\ 0 \\ 6 \end{pmatrix}$$

Welche der folgenden Alternativen sind richtig?

A Die Menge $\{\boldsymbol{a}^1, \boldsymbol{a}^2, \boldsymbol{a}^3\}$ ist linear unabhängig.
B A hat den Rang 3.
C A hat den Rang 2.
D A' hat den Rang 3.
E A' hat den Rang 2.

Aufgabe 5–9. Gegeben sei die Matrix

$$A = \begin{pmatrix} 2 & 1 & -1 & 0 \\ -3 & a & 1 & 0 \\ -1 & 2 & 0 & 0 \end{pmatrix}$$

mit $a \in \mathbf{R}$. Welche der folgenden Alternativen sind richtig?

A Für alle $a \in \mathbf{R}$ gilt $\operatorname{rang}(A) \geq 2$.
B Für alle $a \in \mathbf{R}$ gilt $\operatorname{rang}(A) \leq 3$.
C Es existiert ein $a \in \mathbf{R}$ mit $\operatorname{rang}(A) = 2$.
D Es existiert ein $a \in \mathbf{R}$ mit $\operatorname{rang}(A) = 3$.
E Für $a = 1$ besitzt A vollen Rang.
F Für $a = 0$ besitzt A vollen Rang.

Aufgabe 5–10. Gegeben seien die Matrizen

$$A = \begin{pmatrix} 1 & 0 & 1 \\ 0 & 1 & 0 \end{pmatrix} \quad \text{und} \quad B = \begin{pmatrix} 2 & 1 \\ 0 & 1 \\ -1 & -1 \end{pmatrix}$$

Welche der folgenden Alternativen sind richtig?

A $(AB)^{-1}$ existiert.
B $(BA)^{-1}$ existiert.
C Es gilt $\operatorname{rang}(A) = 2$.
D Es gilt $\operatorname{rang}(B) = 2$.
E Es gilt $\operatorname{rang}(AB) = 2$.
F Es gilt $\operatorname{rang}(BA) = 2$.

Aufgabe 5–11. Gegeben sei die Matrix

$$A = \begin{pmatrix} 1 & 2 & -3 \\ 0 & 1 & 2 \\ 0 & 0 & 1 \end{pmatrix}$$

Welche der folgenden Alternativen sind richtig?

A A^{-1} existiert.

B Es gilt

$$A^{-1} = \begin{pmatrix} 1 & -2 & 7 \\ 0 & 1 & -2 \\ 0 & 0 & 1 \end{pmatrix}$$

C Es gilt

$$A^{-1} = \begin{pmatrix} 1 & 0 & 0 \\ -2 & 1 & 0 \\ 7 & -2 & 1 \end{pmatrix}$$

D Es gilt $\det(A) \neq 0$.

E Es gilt $\det(A) = 0$.

F Es gilt $\operatorname{rang}(A) = 2$.

Aufgabe 5–12. Gegeben sei die Matrix

$$A = \begin{pmatrix} 1 & 1 & -1 \\ 1 & -1 & 1 \\ -1 & 1 & 1 \end{pmatrix}$$

Welche der folgenden Alternativen sind richtig?

A A ist regulär.

B Es gilt $\operatorname{rang}(A) < 3$.

C A^{-1} existiert.

D Es gilt $\det(A) \neq 0$.

Aufgabe 5–13. Gegeben sei die Matrix

$$A = \begin{pmatrix} 3 & 1 & -1 \\ 1 & 1 & 1 \\ -1 & 1 & 1 \end{pmatrix}$$

Welche der folgenden Alternativen sind richtig?

A Die Eigenwerte von A sind $\lambda_1 = 2$, $\lambda_2 = 1 + \sqrt{3}$, $\lambda_3 = 1 - \sqrt{3}$.

B Es gilt $\det(A) = 0$.

C Es gilt $\det(A) = 4$.

D Es gilt $\det(A) = -4$.

E Es gilt $\operatorname{spur}(A) = 4$.

F Es gilt $\operatorname{spur}(A) = 5$.

Aufgabe 5–14. Gegeben sei die Matrix

$$A = \begin{pmatrix} 2 & 1 & -1 \\ 1 & 1 & 1 \\ -1 & 1 & 1 \end{pmatrix}$$

Dann sind $\lambda_1 = 1 + \sqrt{3}$ und $\lambda_2 = 1 - \sqrt{3}$ Eigenwerte von A. Welche der folgenden Alternativen sind richtig?

A Der dritte Eigenwert von A ist $\lambda_3 = 0$.

B Der dritte Eigenwert von A ist $\lambda_3 = 2$.

C Es gilt $\operatorname{spur}(A) = 2$.

D Es gilt $\operatorname{spur}(A) = 4$.

E Der Vektor $\boldsymbol{x} = \mathbf{0}$ ist ein Eigenvektor zum Eigenwert $\lambda_1 = 1 + \sqrt{3}$.

F Der Vektor $\boldsymbol{x} = \mathbf{0}$ ist ein Eigenvektor zum Eigenwert $\lambda_2 = 1 - \sqrt{3}$.

Aufgabe 5–15. Berechnen Sie die Eigenwerte der Matrix

$$A = \begin{pmatrix} 1 & 2 & 1 \\ 1 & 1 & 2 \\ 0 & 0 & 1 \end{pmatrix}$$

Welche der folgenden Alternativen sind richtig?

A A besitzt den Eigenwert 1.

B A besitzt den Eigenwert -1.

C A besitzt den Eigenwert $1 + \sqrt{2}$.

D A besitzt den Eigenwert $1 - \sqrt{2}$.

E A besitzt den Eigenwert $-1 + \sqrt{2}$.

F A besitzt den Eigenwert $-1 - \sqrt{2}$.

Aufgabe 5–16. Die Matrix

$$A = \begin{pmatrix} 2 & -1 & 0 \\ -1 & 4 & 0 \\ 0 & 0 & 1 \end{pmatrix}$$

ist

A symmetrisch.

B indefinit.

C negativ semidefinit.

D positiv semidefinit.

E negativ definit.

F positiv definit.

Aufgabe 5–17. Die Matrix

$$A = \begin{pmatrix} 1 & 1 & 0 \\ 1 & 3 & 0 \\ 0 & 0 & 1 \end{pmatrix}$$

ist

A symmetrisch.
B positiv definit.
C positiv semidefinit.
D indefinit.
E negativ semidefinit.
F negativ definit.

Aufgabe 5–18. Gegeben sei die Matrix

$$A = \begin{pmatrix} 1 & 0 & 0 \\ 0 & 1 & -1 \end{pmatrix}$$

Dann ist die Matrix $B = A'A$

A symmetrisch.
B positiv semidefinit.
C indefinit.
D negativ semidefinit.
E positiv definit.
F negativ definit.

Kapitel 6

Lineare Gleichungssysteme

Aufgabe	Lösung
6–1	
6–2	
6–3	
6–4	
6–5	
6–6	
6–7	
6–8	
6–9	
6–10	

Aufgabe	Lösung
6–11	
6–12	
6–13	
6–14	
6–15	
6–16	
6–17	
6–18	
6–19	
6–20	

Aufgabe 6–1. Gegeben sei das lineare Gleichungssystem

$$\begin{aligned} x_1 + 3x_2 + x_3 - x_4 &= 0 \\ x_2 - x_3 - 4x_4 &= 0 \\ 2x_2 + x_3 - 3x_4 &= 1 \end{aligned}$$

Welche der folgenden Alternativen sind richtig?

A Das lineare Gleichungssystem ist eindeutig lösbar.

B Das lineare Gleichungssystem ist nicht lösbar.

C $\boldsymbol{x} = (0, -2, 2, -1)'$ ist eine Lösung.

D $\boldsymbol{x} = (4, 3, 2, 1)'$ ist eine Lösung.

Aufgabe 6–2. Gegeben sei das lineare Gleichungssystem

$$\begin{aligned} x_1 + 2x_2 - 3x_3 &= -2 \\ -3x_1 - 3x_2 + 8x_3 &= 4 \\ 9x_2 - 3x_3 &= -6 \end{aligned}$$

Welche der folgenden Alternativen sind richtig?

A $\boldsymbol{x} = (4, 0, 2)'$ ist eine Lösung.

B $\boldsymbol{x} = (-3, -1, -1)'$ ist eine Lösung.

C Das lineare Gleichungssystem besitzt unendlich viele Lösungen.

D Das lineare Gleichungssystem besitzt genau zwei Lösungen.

E Das lineare Gleichungssystem besitzt genau eine Lösung.

F Das lineare Gleichungssystem besitzt keine Lösung.

Aufgabe 6–3. Gegeben sei das lineare Gleichungssystem

$$\begin{aligned} 5x_1 + 3x_2 &= 3 \\ 7x_1 - x_2 + x_3 &= a \\ x_1 + x_3 &= 7 \end{aligned}$$

mit $a \in \mathbf{R}$. Welche der folgenden Alternativen sind richtig?

A Für $a = 6$ ist $\boldsymbol{x} = (0, 1, 7)'$ eine Lösung.

B Für $a = 6$ besitzt das lineare Gleichungssystem unendlich viele Lösungen.

C Das lineare Gleichungssystem besitzt für alle $a \in \mathbf{R}$ genau eine Lösung.

D Das lineare Gleichungssystem besitzt in Abhängigkeit von $a \in \mathbf{R}$ keine Lösung oder unendlich viele Lösungen.

Aufgabe 6–4. Gegeben sei das lineare Gleichungssystem

$$\begin{aligned} -2x_1 - 4x_2 + 6x_3 &= 4 \\ -3x_1 - 3x_2 + 8x_3 &= 4 \\ 3x_2 - x_3 &= a \end{aligned}$$

mit $a \in \mathbf{R}$. Welche der folgenden Alternativen sind richtig?

A Für $a = -2$ ist $\boldsymbol{x} = (4, 0, 2)'$ eine Lösung.

B Für $a = -2$ ist $\boldsymbol{x} = (-3, -1, -1)'$ eine Lösung.

C Für $a = -2$ existieren unendlich viele Lösungen.

D Für $a = 0$ ist $\boldsymbol{x} = (5, 1, 3)'$ eine Lösung.

E Für $a = 0$ existiert keine Lösung.

F Für $a = 0$ existieren unendlich viele Lösungen.

Aufgabe 6–5. Gegeben sei das lineare Gleichungssystem

$$\begin{array}{rcrcrcl} ax_1 & + & 2x_2 & - & x_3 & = & 1 \\ x_1 & - & x_2 & + & 2x_3 & = & b \\ 2x_1 & + & x_2 & + & x_3 & = & 2 \end{array}$$

mit $a, b \in \mathbf{R}$. Welche der folgenden Alternativen sind richtig?

A Es gibt $a, b \in \mathbf{R}$, für die das lineare Gleichungssystem eine Lösung $\boldsymbol{x}$ mit $x_1 = x_2 = x_3$ besitzt.

B Für $a = 1 = b$ ist $\boldsymbol{x} = (0, 1, 1)'$ eine Lösung.

C Es gibt $a, b \in \mathbf{R}$, für die das lineare Gleichungssystem keine Lösung besitzt.

D Für $a = 1$ und jedes b existiert mindestens eine Lösung.

E Für $a = 1 \neq b$ existiert genau eine Lösung.

F Für $a = b$ existiert genau eine Lösung.

G Für jedes a und jedes b existiert mindestens eine Lösung.

H Für $a \neq 1$ und beliebiges b existiert genau eine Lösung.

Aufgabe 6–6. Gegeben sei das lineare Gleichungssystem $A\boldsymbol{x} = \boldsymbol{b}$ mit

$$A = \begin{pmatrix} 1 & -3 & 5 \\ 2 & 15 & -4 \\ 1 & 0 & 3 \end{pmatrix} \quad \text{und} \quad \boldsymbol{b} = \begin{pmatrix} -3 \\ 8 \\ -1 \end{pmatrix}$$

Welche der folgenden Alternativen sind richtig?

A $\boldsymbol{x} = (2, 0, -1)'$ ist eine Lösung.

B $\boldsymbol{x} = (-7, 2, 2)'$ ist eine Lösung.

C A ist regulär.

D Die Menge der Zeilenvektoren von A ist linear abhängig.

E Das lineare Gleichungssystem besitzt unendlich viele Lösungen.

Aufgabe 6–7. Gegeben sei das lineare Gleichungssystem $A\boldsymbol{x} = \boldsymbol{b}$ mit

$$A = \begin{pmatrix} 1 & 0 & 1 \\ 0 & 2 & 3 \\ 2 & 4 & 8 \end{pmatrix} \quad \text{und} \quad \boldsymbol{b} = \begin{pmatrix} 2 \\ 7 \\ 18 \end{pmatrix}$$

Welche der folgenden Alternativen sind richtig?

A Es gilt $\text{rang}\,(A) = 2$.

B Es gilt $\text{rang}\,(A) = 3$.

C $\boldsymbol{x} = (1, 2, 1)'$ ist eine Lösung.

D Das lineare Gleichungssystem besitzt genau eine Lösung.

E Das lineare Gleichungssystem besitzt keine Lösung.

F Das lineare Gleichungssystem besitzt unendlich viele Lösungen.

G Das lineare Gleichungssystem besitzt genau zwei Lösungen.

Aufgabe 6–8. Gegeben sei das lineare Gleichungssystem $A\boldsymbol{x} = \boldsymbol{b}$ mit

$$A = \begin{pmatrix} 7 & 4 & -2 & 1 \\ 0 & 5 & 5 & 2 \\ 0 & 0 & 0 & -4 \\ 0 & 0 & 0 & 2 \end{pmatrix} \quad \text{und} \quad \boldsymbol{b} = \begin{pmatrix} 9 \\ 3 \\ 8 \\ -6 \end{pmatrix}$$

Welche der folgenden Alternativen sind richtig?

A Das lineare Gleichungssystem besitzt genau eine Lösung.

B Das lineare Gleichungssystem besitzt unendlich viele Lösungen.

C Das lineare Gleichungssystem besitzt keine Lösung.

D Das lineare Gleichungssystem besitzt genau zwei Lösungen.

E Es gilt $\det(A) \neq 0$.

F Es gilt $\det(A) = 0$.

Aufgabe 6–9. Bei der Durchführung des Austauschverfahrens für das lineare Gleichungssystem $A\boldsymbol{x} + \boldsymbol{c} = \boldsymbol{0}$ ergab sich das folgende Tableau:

	x_1	y_1	x_3	1
x_2	1		−2	3
y_2	3		1	−4
y_3	−1		0	5

Zu welchen der folgenden Tableaus kann man durch einen Austauschschritt gelangen?

A

	x_1	y_1	y_3	1
x_2	3			−7
y_2	−3			4
x_3	−1			5

B

	x_1	y_1	y_2	1
x_2	7			−5
x_3	−3			4
y_3	−1			5

C

	x_1	y_1	y_2	1
x_2	−5			11
x_3	3			−4
y_3	−1			5

D

	x_1	y_1	y_2	1
x_2	5			11
x_3	−3			−4
y_3	1			5

Aufgabe 6–10. Bei der Durchführung des Austauschverfahrens für das lineare Gleichungssystem $A\boldsymbol{x} + \boldsymbol{c} = \boldsymbol{0}$ ergab sich das folgende Tableau:

	x_1	x_2	y_2	1
y_1	2	0		4
x_3	−4	3		0
y_3	−5	1		1

Zu welchen der folgenden Tableaus kann man durch einen Austauschschritt gelangen?

A

	x_1	y_3	y_2	1
y_1	2			4
x_3	19			3
x_2	−5			1

B

	x_1	y_3	y_2	1
y_1	2			4
x_3	11			−3
x_2	5			−1

C

	x_1	y_3	y_2	1
y_1	2			4
x_3	19			−3
x_2	5			−1

D

	x_1	y_1	y_2	1
x_2	−2			−4
x_3	−10			16
y_3	−7			21

Aufgabe 6–11. Bei der Durchführung des Austauschverfahrens für das lineare Gleichungssystem $A\boldsymbol{x} + \boldsymbol{c} = \boldsymbol{0}$ ergab sich das folgende Tableau:

	y_1	x_2	x_3	1
x_1		0	2	3
y_2		1	5	8
y_3		1	5	8

Zu welchen der folgenden Tableaus kann man durch einen Austauschschritt gelangen?

A

	y_1	y_3	x_3	1
x_1			2	3
y_2			0	0
x_2			−5	−8

B

	y_1	y_3	x_3	1
x_1			2	3
y_2			10	16
x_2			5	8

C

	y_1	y_2	x_3	1
x_1			2	3
x_2			5	8
y_3			10	16

D

	y_1	y_2	x_3	1
x_1			2	3
x_2			−5	−8
y_3			0	0

Aufgabe 6–12. Bei der Durchführung des Austauschverfahrens für das lineare Gleichungssystem $A\boldsymbol{x} + \boldsymbol{c} = \boldsymbol{0}$ ergab sich das folgende Tableau:

	x_2	x_4	x_5	1
x_1	10	−7	−5	18
y_2	0	0	0	0
x_3	1	12	−6	20
y_4	0	0	0	−1

Welche der folgenden Alternativen sind richtig?

A Das lineare Gleichungssystem besitzt keine Lösung.

B Das lineare Gleichungssystem besitzt genau eine Lösung.

C Das lineare Gleichungssystem besitzt unendlich viele Lösungen.

D $\boldsymbol{x} = (18, 0, 20, 0, 0)'$ ist eine Lösung.

Aufgabe 6–13. Bei der Durchführung des Austauschverfahrens für das lineare Gleichungssystem $A\boldsymbol{x} + \boldsymbol{c} = \boldsymbol{0}$ ergab sich das folgende Tableau:

	x_1	x_3	1
y_1	0	0	0
y_2	0	0	0
x_2	2	4	−1
x_4	−3	7	3

Welche der folgenden Alternativen sind richtig?

A Das lineare Gleichungssystem besitzt unendlich viele Lösungen.

B Das lineare Gleichungssystem besitzt genau eine Lösung.

C Das lineare Gleichungssystem besitzt keine Lösung.

D $\boldsymbol{x} = (0, -1, 0, 3)'$ ist eine Lösung.

Aufgabe 6–14. Bei der Durchführung des Austauschverfahrens für das lineare Gleichungssystem $A\boldsymbol{x} + \boldsymbol{c} = \boldsymbol{0}$ ergab sich das folgende Tableau:

	x_2	x_4	1
x_3	−1	1	0
x_1	−1	2	2
y_3	a	0	a

mit $a \in \mathbf{R}$. Welche der folgenden Alternativen sind richtig?

A Für $a = 0$ besitzt das lineare Gleichungssystem keine Lösung.

B Für $a = 0$ besitzt das lineare Gleichungssystem genau eine Lösung.

C Für $a = 0$ besitzt das lineare Gleichungssystem unendlich viele Lösungen.

D Für $a \neq 0$ besitzt das lineare Gleichungssystem keine Lösung.

E Für $a \neq 0$ ist

$$x = \alpha \begin{pmatrix} 2 \\ 0 \\ 1 \\ 1 \end{pmatrix} + \begin{pmatrix} 3 \\ -1 \\ 1 \\ 0 \end{pmatrix}$$

mit $\alpha \in \mathbf{R}$ die allgemeine Lösung des linearen Gleichungssystems.

F Für $a \neq 0$ ist $\boldsymbol{x} = (3, -1, 1, 0)'$ die eindeutige Lösung des linearen Gleichungssystems.

Aufgabe 6–15. Bei der Durchführung des Austauschverfahrens für das lineare Gleichungssystem $A\boldsymbol{x} + \boldsymbol{c} = \mathbf{0}$ ergab sich das folgende Tableau:

	x_2	1
x_3	-1	0
x_1	-1	2
y_3	$-a$	$2a-b$

mit $a, b \in \mathbf{R}$. Welche der folgenden Alternativen sind richtig?

A Für $a \neq 0$ gibt es keine Lösung.

B Für $a \neq 0$ gibt es genau eine Lösung.

C Für $a \neq 0$ gibt es unendlich viele Lösungen.

D Für $a = 0 \neq b$ gibt es keine Lösung.

E Für $a = 0 \neq b$ gibt es genau eine Lösung.

F Für $a = 0 \neq b$ gibt es unendlich viele Lösungen.

G Für $a = 0 = b$ gibt es keine Lösung.

H Für $a = 0 = b$ gibt es genau eine Lösung.

I Für $a = 0 = b$ gibt es unendlich viele Lösungen.

Aufgabe 6–16. Bei der Durchführung des Austauschverfahrens für das lineare Gleichungssystem $\boldsymbol{y} = A\boldsymbol{x}$ ergab sich das folgende Tableau:

	y_3	y_2	y_1
x_2	0	4	3
x_3	6	0	4
x_1	4	3	0

Welche der folgenden Alternativen sind richtig?

A A ist regulär.

B A ist nicht invertierbar.

C A ist invertierbar und es gilt

$$A^{-1} = \begin{pmatrix} 0 & 4 & 3 \\ 6 & 0 & 4 \\ 4 & 3 & 0 \end{pmatrix}$$

D A ist invertierbar und es gilt

$$A^{-1} = \begin{pmatrix} 0 & 3 & 4 \\ 3 & 4 & 0 \\ 4 & 0 & 6 \end{pmatrix}$$

Aufgabe 6–17. Bei der Durchführung des Austauschverfahrens für das lineare Gleichungssystem $\boldsymbol{y} = A\boldsymbol{x}$ ergab sich das folgende Tableau:

	y_3	y_2	y_1
x_2	1	−2	0
x_3	3	0	3
x_1	4	0	0

Dann ist die Inverse A^{-1} gegeben durch

A $\begin{pmatrix} 1 & -2 & 0 \\ 3 & 0 & 3 \\ 4 & 0 & 0 \end{pmatrix}$ **B** $\begin{pmatrix} 0 & 0 & 4 \\ 0 & 3 & 3 \\ -2 & 0 & 1 \end{pmatrix}$

C $\begin{pmatrix} 0 & 3 & 0 \\ 0 & 0 & -2 \\ 4 & 3 & 1 \end{pmatrix}$ **D** $\begin{pmatrix} 0 & 0 & 4 \\ 0 & -2 & 1 \\ 3 & 0 & 3 \end{pmatrix}$

E $\begin{pmatrix} 1 & 0 & 0 \\ 0 & 1 & 0 \\ 0 & 0 & 1 \end{pmatrix}$ **F** $\begin{pmatrix} 1 & 3 & 4 \\ -2 & 0 & 0 \\ 0 & 3 & 0 \end{pmatrix}$

Aufgabe 6–18. Bei der Durchführung des Austauschverfahrens für das lineare Gleichungssystem $\boldsymbol{y} = A\boldsymbol{x}$ ergab sich das folgende Tableau:

	x_1	y_2	y_1
x_2	3	−4	5
x_3	2	0	7
y_3	0	10	−1

Welche der folgenden Alternativen sind richtig?

A A ist invertierbar, aber A^{-1} läßt sich nicht berechnen.

B A ist invertierbar, aber zur Berechnung von A^{-1} sind weitere Austauschschritte erforderlich.

C A ist nicht invertierbar.

D A ist invertierbar und es gilt

$$A^{-1} = \begin{pmatrix} 3 & -4 & 5 \\ 2 & 0 & 7 \\ 0 & 10 & -1 \end{pmatrix}$$

E A ist invertierbar und es gilt

$$A^{-1} = \begin{pmatrix} 1 & 0 & 0 \\ 0 & 1 & 0 \\ 0 & 0 & 1 \end{pmatrix}$$

Aufgabe 6–19. Bei der Durchführung des Austauschverfahrens für das lineare Gleichungssystem $\boldsymbol{y} = A\boldsymbol{x}$ ergab sich das folgende Tableau:

	y_1	x_2	x_3
x_1	1	−2	−3
y_2	2	−3	−3
y_3	2	−2	−2

Welche der folgenden Alternativen sind richtig?

A A ist regulär.

B A ist nicht invertierbar.

C Es gilt $\operatorname{rang}(A) = 1$.

D Es gilt $\operatorname{rang}(A) = 2$.

E Es gilt $\operatorname{rang}(A) = 3$.

F A besitzt vollen Rang.

Aufgabe 6–20. Gegeben sei die Matrix

$$A = \begin{pmatrix} 1 & 2 \\ 3 & 4 \end{pmatrix}$$

Welche der folgenden Alternativen sind richtig?

A A ist invertierbar.

B Es gilt $\det(A) = -2$.

C A ist invertierbar und es gilt

$$A^{-1} = \begin{pmatrix} -2 & 1 \\ 3/2 & -1/2 \end{pmatrix}$$

D Beim Austauschverfahren für $\boldsymbol{y} = A\boldsymbol{x}$ sind zwei Austauschschritte durchführbar.

E Beim Austauschverfahren für $\boldsymbol{y} = A\boldsymbol{x}$ ist

	y_2	y_1
x_2	$-1/2$	$3/2$
x_1	1	-2

ein mögliches letztes Tableau.

Kapitel 7

Lineare Optimierung

Aufgabe	Lösung
7–1	
7–2	
7–3	
7–4	
7–5	
7–6	
7–7	
7–8	
7–9	
7–10	
7–11	

Aufgabe	Lösung
7–12	
7–13	
7–14	
7–15	
7–16	
7–17	
7–18	
7–19	
7–20	
7–21	
7–22	

Aufgabe 7–1. Das lineare Optimierungsproblem

Maximiere

$$4x_1 + 6x_2$$

unter

$$\begin{array}{rcrcr} x_1 & + & x_2 & \geq & 3 \\ 3x_1 & - & 4x_2 & \leq & 12 \\ 2x_1 & + & 3x_2 & \leq & 18 \end{array}$$

und $x_1, x_2 \geq 0$

ist graphisch lösbar. Welche der folgenden Alternativen sind richtig?

A Die Menge der zulässigen Lösungen ist leer.

B $\boldsymbol{x} = (0,0)'$ ist eine zulässige Lösung.

C $\boldsymbol{x} = (6,2)'$ ist eine optimale Lösung.

D $\boldsymbol{x} = (0,6)'$ ist eine optimale Lösung.

E $\boldsymbol{x} = (3,4)'$ ist eine optimale Lösung.

Aufgabe 7–2. Das lineare Optimierungsproblem

Maximiere

$$x_1 + x_2$$

unter

$$\begin{array}{rcrcr} -2x_1 & + & 3x_2 & \leq & 6 \\ 3x_1 & - & 2x_2 & \leq & 6 \\ x_1 & & & \leq & 7 \end{array}$$

und $x_1, x_2 \geq 0$

ist graphisch lösbar und besitzt die optimale Lösung $\boldsymbol{x}^* = (6,6)'$. Welche der folgenden Alternativen sind richtig?

A Die optimale Lösung ändert sich nicht, wenn die dritte Nebenbedingung weggelassen wird.

B Wird die dritte Nebenbedingung weggelassen, so ist $\boldsymbol{x}^{**} = (8,6)'$ die optimale Lösung.

C Die optimale Lösung ändert sich nicht, wenn die dritte Nebenbedingung durch $x_1 \leq 3$ ersetzt wird.

D Wird die dritte Nebenbedingung durch die Nebenbedingung $x_1 \leq 3$ ersetzt, so ist $\boldsymbol{x}^{***} = (3,4)'$ die optimale Lösung.

Aufgabe 7–3. Das lineare Optimierungsproblem

Minimiere

$$5x_1 + 2x_2$$

unter

$$\begin{array}{rcrcr} x_1 & - & x_2 & \geq & -1 \\ 2x_1 & + & x_2 & \geq & 4 \\ & & x_2 & \geq & 1 \end{array}$$

und $x_1, x_2 \geq 0$

ist graphisch lösbar. Welche der folgenden Alternativen sind richtig?

A Die Menge der zulässigen Lösungen ist leer.

B Die Menge der zulässigen Lösungen ist nicht beschränkt.

C Die optimale Lösung ist $\boldsymbol{x} = (1, 2)'$ und der zugehörige Wert der Zielfunktion ist gleich 9.

D Die optimale Lösung ist $\boldsymbol{x} = (1, 1)'$ und der zugehörige Wert der Zielfunktion ist gleich 7.

E Wird dem Optimierungsproblem die Nebenbedingung $x_1 + x_2 \leq 5$ hinzugefügt, so ergibt sich als optimale Lösung $\boldsymbol{x} = (2, 3)'$ und der zugehörige Wert der Zielfunktion ist gleich 13.

F Wird dem Optimierungsproblem die Nebenbedingung $x_1 + x_2 \leq 5$ hinzugefügt, so ändert sich die optimale Lösung nicht.

Aufgabe 7–4. Ein Unternehmen stellt aus den Rohstoffen A und B die Produkte P und Q her. In der folgenden Tabelle sind der Rohstoffverbrauch in Tonnen bei der Produktion von jeweils einer Tonne der Produkte P und Q sowie die verfügbaren Rohstoffmengen angegeben:

	P	Q	Vorrat
A	3	2	60
B	2	1	50

Beim Verkauf der Produkte P bzw. Q erzielt das Unternehmen einen Gewinn von 400 € bzw. 500 € pro Tonne. Welche der folgenden linearen Optimierungsprobleme beschreiben das Problem der Gewinnmaximierung unter den gegebenen Nebenbedingungen?

A Maximiere

$$500x_1 + 400x_2$$

unter

$$\begin{array}{rcrcr} x_1 & + & 2x_2 & \leq & 50 \\ 2x_1 & + & 3x_2 & \leq & 60 \end{array}$$

und $x_1, x_2 \geq 0$.

B Maximiere

$$500x_1 + 400x_2$$

unter

$$\begin{array}{rcrcl} 3x_1 & + & 2x_2 & \leq & 50 \\ 2x_1 & + & x_2 & \leq & 60 \end{array}$$

und $x_1, x_2 \geq 0$.

C Maximiere

$$500x_1 + 400x_2$$

unter

$$\begin{array}{rcrcl} x_1 & + & 2x_2 & \leq & 60 \\ 2x_1 & + & 3x_2 & \leq & 50 \end{array}$$

und $x_1, x_2 \geq 0$.

D Maximiere

$$500x_1 + 400x_2$$

unter

$$\begin{array}{rcrcl} 3x_1 & + & 2x_2 & \leq & 60 \\ 2x_1 & + & x_2 & \leq & 50 \end{array}$$

und $x_1, x_2 \geq 0$.

Aufgabe 7–5. Ein Unternehmen stellt zwei Produkte A und B her. Dabei muß jedes Produkt die Abteilungen I und II durchlaufen. Der Zeitbedarf in Stunden pro Tonne von A und B in den Abteilungen I und II ist der folgenden Tabelle zu entnehmen:

	I	II
A	0.4	0.2
B	0.3	0.3

Die Produktionszeit in den Abteilungen I und II ist auf 400 bzw. 200 Stunden begrenzt. Es sollen mindestens 100 Tonnen von A und mindestens 200 Tonnen von B produziert werden. Beim Verkauf der Produkte A bzw. B erzielt das Unternehmen einen Gewinn von 400 € bzw. 500 € pro Tonne; der Gewinn soll maximiert werden. Welche der folgenden linearen Optimierungsprobleme beschreiben das Problem der Gewinnmaximierung unter den gegebenen Nebenbedingungen?

A Maximiere

$$400x_1 + 200x_2$$

unter

$$\begin{array}{rcrcl} 0.4x_1 & + & 0.3x_2 & \leq & 400 \\ 0.2x_1 & + & 0.3x_2 & \leq & 500 \\ x_1 & & & \geq & 100 \\ & & x_2 & \geq & 200 \end{array}$$

und $x_1, x_2 \geq 0$.

B Maximiere

$$400x_1 + 500x_2$$

unter

$$\begin{array}{rcrcr} 0.4x_1 & + & 0.3x_2 & \leq & 400 \\ 0.2x_1 & + & 0.3x_2 & \leq & 200 \\ x_1 & & & \geq & 100 \\ & & x_2 & \geq & 200 \end{array}$$

und $x_1, x_2 \geq 0$.

C Maximiere

$$400x_1 + 200x_2$$

unter

$$\begin{array}{rcrcr} 0.4x_1 & + & 0.2x_2 & \leq & 400 \\ 0.3x_1 & + & 0.3x_2 & \leq & 500 \\ x_1 & & & \geq & 100 \\ & & x_2 & \geq & 200 \end{array}$$

und $x_1, x_2 \geq 0$.

D Maximiere

$$400x_1 + 500x_2$$

unter

$$\begin{array}{rcrcr} 0.4x_1 & + & 0.2x_2 & \leq & 400 \\ 0.3x_1 & + & 0.3x_2 & \leq & 200 \\ x_1 & & & \geq & 100 \\ & & x_2 & \geq & 200 \end{array}$$

und $x_1, x_2 \geq 0$.

Aufgabe 7–6. Ein Unternehmen stellt aus den Rohstoffen R_1, R_2, R_3 die Endprodukte P_1, P_2, P_3 her. Die für eine Einheit von P_j benötigten Einheiten von R_i und die von R_i vorhandenen Vorräte sowie der Gewinn pro Einheit von P_j sind in der folgenden Tabelle zusammengefaßt:

	P_1	P_2	P_3	Vorrat
R_1	8	12	20	6000
R_2	6	2	4	2000
R_3	1	5	4	1500
Gewinn	6	8	12	

Von P_1 und P_2 sollen insgesamt mindestens 100 Einheiten und von P_3 sollen höchstens 200 Einheiten produziert werden; der Gewinn soll maximiert werden. Welche der folgenden linearen Optimierungsprobleme geben die Zielfunktion und die Nebenbedingungen richtig wieder?

A Maximiere

$$8x_1 + 12x_2 + 20x_3$$

unter

$$\begin{array}{rcrcrcr} 6x_1 & + & 2x_2 & + & 4x_3 & \geq & 2000 \\ x_1 & + & 5x_2 & + & 4x_3 & \geq & 1500 \\ 6x_1 & + & 8x_2 & + & 12x_3 & \geq & 0 \\ x_1 & + & x_2 & & & \leq & 100 \\ & & & & x_3 & \geq & 200 \end{array}$$

und $x_1, x_2, x_3 \geq 0$.

B Maximiere

$$6x_1 + 8x_2 + 12x_3$$

unter

$$\begin{array}{rcrcrcr} 8x_1 & + & 12x_2 & + & 20x_3 & \leq & 6000 \\ 6x_1 & + & 2x_2 & + & 4x_3 & \leq & 2000 \\ x_1 & + & 5x_2 & + & 4x_3 & \leq & 1500 \\ x_1 & + & x_2 & & & \leq & 100 \\ & & & & x_3 & \geq & 200 \end{array}$$

und $x_1, x_2, x_3 \geq 0$.

C Maximiere

$$6x_1 + 8x_2 + 12x_3$$

unter

$$\begin{array}{rcrcrcr} 8x_1 & + & 12x_2 & + & 20x_3 & \geq & 6000 \\ 6x_1 & + & 2x_2 & + & 4x_3 & \geq & 2000 \\ x_1 & + & 5x_2 & + & 4x_3 & \geq & 1500 \\ x_1 & + & x_2 & & & \geq & 100 \\ & & & & x_3 & \leq & 200 \end{array}$$

und $x_1, x_2, x_3 \geq 0$.

D Maximiere

$$6x_1 + 8x_2 + 12x_3$$

unter

$$\begin{array}{rcrcrcr} 8x_1 & + & 12x_2 & + & 20x_3 & \leq & 6000 \\ 6x_1 & + & 2x_2 & + & 4x_3 & \leq & 2000 \\ x_1 & + & 5x_2 & + & 4x_3 & \leq & 1500 \\ x_1 & + & x_2 & & & \geq & 100 \\ & & & & x_3 & \leq & 200 \end{array}$$

und $x_1, x_2, x_3 \geq 0$.

Aufgabe 7–7. Ein Unternehmen stellt aus den Rohstoffen R_1, R_2, R_3 die Endprodukte P_1, P_2, P_3, P_4 her. Die für eine Einheit von P_j benötigten Einheiten von R_i und die von R_i vorhandenen Vorräte sowie der Gewinn pro Einheit von P_j sind in der folgenden Tabelle zusammengefaßt:

	P_1	P_2	P_3	P_4	Vorrat
R_1	7	15	20	3	5000
R_2	3	2	4	3	1000
R_3	1	5	4	1	8000
Gewinn	3	7	15	9	

Von P_1 und P_2 sollen insgesamt mindestens 250 Einheiten und von P_3 und P_4 sollen insgesamt höchstens 400 Einheiten produziert werden; der Gewinn soll maximiert werden. Welche der folgenden linearen Optimierungsprobleme geben die Zielfunktion und die Nebenbedingungen richtig wieder?

A Maximiere

$$3x_1 + 7x_2 + 15x_3 + 9x_4$$

unter

$$\begin{array}{rcrcrcrcr} 7x_1 & + & 15x_2 & + & 20x_3 & + & 3x_4 & \leq & 5000 \\ 3x_1 & + & 2x_2 & + & 4x_3 & + & 3x_4 & \leq & 1000 \\ x_1 & + & 5x_2 & + & 4x_3 & + & x_4 & \leq & 8000 \\ x_1 & + & x_2 & & & & & \geq & 250 \\ & & & & x_3 & + & x_4 & \leq & 400 \end{array}$$

und $x_1, x_2, x_3, x_4 \geq 0$.

B Maximiere

$$7x_1 + 15x_2 + 20x_3 + 3x_4$$

unter

$$\begin{array}{rcrcrcrcr} 3x_1 & + & 2x_2 & + & 4x_3 & + & 3x_4 & \geq & 1000 \\ x_1 & + & 5x_2 & + & 4x_3 & + & x_4 & \geq & 8000 \\ 3x_1 & + & 7x_2 & + & 15x_3 & + & 9x_4 & \geq & 0 \\ x_1 & + & x_2 & & & & & \leq & 250 \\ & & & & x_3 & + & x_4 & \geq & 400 \end{array}$$

und $x_1, x_2, x_3, x_4 \geq 0$.

C Maximiere

$$3x_1 + 7x_2 + 15x_3 + 9x_4$$

unter

$$\begin{array}{rcrcrcrcr} 7x_1 & + & 15x_2 & + & 20x_3 & + & 3x_4 & \leq & 5000 \\ 3x_1 & + & 2x_2 & + & 4x_3 & + & 3x_4 & \leq & 1000 \\ x_1 & + & 5x_2 & + & 4x_3 & + & x_4 & \leq & 8000 \\ x_1 & + & x_2 & & & & & \leq & 250 \\ & & & & x_3 & + & x_4 & \geq & 400 \end{array}$$

und $x_1, x_2, x_3, x_4 \geq 0$.

D Maximiere

$$3x_1 + 7x_2 + 15x_3 + 9x_4$$

unter

$$\begin{array}{rcrcrcrcr} 7x_1 & + & 15x_2 & + & 20x_3 & + & 3x_4 & \geq & 5000 \\ 3x_1 & + & 2x_2 & + & 4x_3 & + & 3x_4 & \geq & 1000 \\ x_1 & + & 5x_2 & + & 4x_3 & + & x_4 & \geq & 8000 \\ x_1 & + & x_2 & & & & & \geq & 250 \\ & & & & x_3 & + & x_4 & \leq & 400 \end{array}$$

und $x_1, x_2, x_3, x_4 \geq 0$.

Aufgabe 7–8. Ein Chemieunternehmen stellt die Produkte P_1 und P_2 her. Bei der Produktion von P_1 und P_2 werden die Substanzen S_1, S_2, S_3 benötigt bzw. erzeugt. Die folgende Tabelle gibt für jeweils 1 kg der Produkte P_1 und P_2 die Menge der benötigten Substanzen S_1 und S_2 in kg und den Gewinn in Euro sowie für die Substanzen S_1 und S_2 den Vorrat in kg an:

	P_1	P_2	Vorrat
S_1	3	2	13000
S_2	6	7	40000
Gewinn	15	20	

Außerdem benötigt man für die Produktion von 1 kg des Produktes P_2 4 kg der Substanz S_3, von der 2000 kg vorrätig sind; bei der Produktion von 1 kg des Produktes P_1 fallen 2 kg der Substanz S_3 als Nebenprodukt an, die sofort verwendbar sind. Der Gewinn soll maximiert werden. Welche der folgenden linearen Optimierungsprobleme geben die Zielfunktion und die Nebenbedingungen richtig wieder?

A Maximiere

$$15x_1 + 20x_2$$

unter

$$\begin{array}{rcrcr} 3x_1 & + & 2x_2 & \geq & 13000 \\ 6x_1 & + & 7x_2 & \geq & 40000 \\ 2x_1 & + & 4x_2 & \leq & 2000 \end{array}$$

und $x_1, x_2 \geq 0$.

B Maximiere

$$15x_1 + 20x_2$$

unter

$$\begin{array}{rcrcr} 3x_1 & + & 2x_2 & \leq & 13000 \\ 6x_1 & + & 7x_2 & \leq & 40000 \\ 2x_1 & - & 4x_2 & \geq & 2000 \end{array}$$

und $x_1, x_2 \geq 0$.

C Maximiere

$$15x_1 + 20x_2$$

unter

$$\begin{array}{rcrcr} 3x_1 & + & 2x_2 & \leq & 13000 \\ 6x_1 & + & 7x_2 & \leq & 40000 \\ -\ 2x_1 & + & 4x_2 & \leq & 2000 \end{array}$$

und $x_1, x_2 \geq 0$.

D Maximiere

$$15x_1 + 20x_2$$

unter

$$\begin{array}{rcrcr} 3x_1 & + & 2x_2 & \leq & 13000 \\ 6x_1 & + & 7x_2 & \leq & 40000 \\ 2x_1 & - & 4x_2 & \leq & 2000 \end{array}$$

und $x_1, x_2 \geq 0$.

Aufgabe 7–9. Ein Unternehmen produziert die Erzeugnisse A, B, C. Von A sollen mindestens 100 Stück und von C sollen mindestens 30 Stück produziert werden; von B soll mindestens 1/3 der Stückzahl von C produziert werden. Für die Produktion stehen insgesamt 205 Zeiteinheiten zur Verfügung. Außerdem sind folgende Daten gegeben:

	A	B	C
Herstellungszeit pro Stück	1	3	2
Gewinn pro Stück	4	6	3

Das Unternehmen möchte die Stückzahlen der Produkte A, B, C so bestimmen, daß der Gewinn maximiert wird. Welche der folgenden linearen Optimierungsprobleme geben die Zielfunktion und die Nebenbedingungen richtig wieder?

A Maximiere

$$x_1 + 3x_2 + 2x_3$$

unter

$$\begin{array}{rcrcrcr} 4x_1 & + & 6x_2 & + & 3x_3 & \leq & 205 \\ x_1 & & & & & \geq & 100 \\ & & & & x_3 & \geq & 30 \\ & & 3x_2 & - & x_3 & \geq & 0 \end{array}$$

und $x_1, x_2, x_3 \geq 0$.

B Maximiere

$$4x_1 + 6x_2 + 3x_3$$

unter

$$\begin{array}{rcrcrcr} x_1 & + & 3x_2 & + & 2x_3 & \leq & 205 \\ x_1 & & & & & \geq & 100 \\ & & & & x_3 & \geq & 30 \\ & & 3x_2 & - & x_3 & \geq & 0 \end{array}$$

und $x_1, x_2, x_3 \geq 0$.

C Maximiere

$$4x_1 + 6x_2 + 3x_3$$

unter

$$\begin{array}{rcrcrcr} x_1 & + & 3x_2 & + & 2x_3 & \leq & 205 \\ x_1 & & & & & \geq & 100 \\ & & & & x_3 & \geq & 30 \\ & & 3x_2 & - & x_3 & \leq & 0 \end{array}$$

und $x_1, x_2, x_3 \geq 0$.

D Maximiere

$$4x_1 + 6x_2 + 3x_3$$

unter

$$\begin{array}{rcrcrcr} x_1 & + & 3x_2 & + & 2x_3 & \leq & 205 \\ x_1 & & & & & \geq & 100 \\ & & & & x_3 & \geq & 30 \\ & & x_2 & - & 3x_3 & \geq & 0 \end{array}$$

und $x_1, x_2, x_3 \geq 0$.

Aufgabe 7–10. Gegeben sei das lineare Optimierungsproblem

Maximiere

$$-3x_1 + 3x_2 + 3$$

unter

$$\begin{array}{rcrcr} x_1 & - & x_2 & \leq & 4 \\ x_1 & - & x_2 & \geq & -2 \end{array}$$

und $x_1, x_2 \geq 0$.

Wie lautet das zugehörige Minimumproblem in Normalform?

A Maximiere

$$-3x_1 + 3x_2 + 3$$

unter

$$\begin{array}{rrcrcrcrcrcr} - & x_1 & + & x_2 & - & x_3 & & & + & 4 & = & 0 \\ & x_1 & - & x_2 & & & - & x_4 & + & 2 & = & 0 \end{array}$$

und $x_1, x_2, x_3, x_4 \geq 0$.

B Minimiere

$$-3x_1 + 3x_2 + 3$$

unter

$$\begin{array}{rrcrcrcrcrcr} - & x_1 & + & x_2 & - & x_3 & & & + & 4 & = & 0 \\ & x_1 & - & x_2 & & & - & x_4 & + & 2 & = & 0 \end{array}$$

und $x_1, x_2, x_3, x_4 \geq 0$.

C Minimiere

$$3x_1 - 3x_2 - 3$$

unter

$$\begin{array}{rcrcrcrcrcl} - & x_1 & + & x_2 & - & x_3 & & & + & 4 & = 0 \\ & x_1 & - & x_2 & & & - & x_4 & + & 2 & = 0 \end{array}$$

und $x_1, x_2, x_3, x_4 \geq 0$.

D Minimiere

$$3x_1 - 3x_2 - 3$$

unter

$$\begin{array}{rcrcrcrcrcl} - & x_1 & + & x_2 & - & x_3 & & & + & 4 & = 0 \\ & x_1 & - & x_2 & & & + & x_4 & + & 2 & = 0 \end{array}$$

und $x_1, x_2, x_3, x_4 \geq 0$.

Aufgabe 7–11. Gegeben sei das lineare Optimierungsproblem

Maximiere

$$8x_1 - 16x_2 + 64$$

unter

$$\begin{array}{rcrcrcl} x_1 & + & x_2 & \leq & & & 10 \\ x_1 & & & \geq & 4x_2 & + & 1 \end{array}$$

und $x_1, x_2 \geq 0$.

Wie lautet das zugehörige Minimumproblem in Normalform?

A Maximiere

$$8x_1 - 16x_2 + 64$$

unter

$$\begin{array}{rcrcrcrcrcl} - & x_1 & - & x_2 & - & x_3 & & & + & 10 & = 0 \\ & x_1 & + & 4x_2 & & & - & x_4 & + & 1 & = 0 \end{array}$$

und $x_1, x_2, x_3, x_4 \geq 0$.

B Minimiere

$$-8x_1 + 16x_2 - 64$$

unter

$$\begin{array}{rcrcrcrcrcl} - & x_1 & - & x_2 & - & x_3 & & & + & 10 & = 0 \\ - & x_1 & + & 4x_2 & & & + & x_4 & + & 1 & = 0 \end{array}$$

und $x_1, x_2, x_3, x_4 \geq 0$.

C Minimiere

$$-8x_1 + 16x_2 - 64$$

unter

$$\begin{array}{rcrcrcrcrcl} - & x_1 & - & x_2 & - & x_3 & & & + & 10 & = 0 \\ & x_1 & - & 4x_2 & & & - & x_4 & + & 1 & = 0 \end{array}$$

und $x_1, x_2, x_3, x_4 \geq 0$.

D Minimiere

$$-8x_1 + 16x_2 - 64$$

unter

$$\begin{array}{rrrrrl} -x_1 & - x_2 & - x_3 & & + 10 & = 0 \\ x_1 & - 4x_2 & & + x_4 & + 1 & = 0 \end{array}$$

und $x_1, x_2, x_3, x_4 \geq 0$.

Aufgabe 7–12. Welche der folgenden Simplextableaus sind entscheidbar?

A

	x_1	x_2	1
x_3	7	1	2
x_4	−3	0	10
x_5	−2	3	3
z	4	2	−9

B

	x_1	x_2	1
x_3	7	1	2
x_4	−3	0	10
x_5	−2	3	3
z	4	−2	−9

C

	x_1	x_2	1
x_3	7	1	2
x_4	−3	0	10
x_5	−2	3	3
z	−4	2	−9

D

	x_1	x_2	1
x_3	7	1	2
x_4	−3	0	10
x_5	−2	3	3
z	−4	−2	−9

Aufgabe 7–13. Bei der Lösung eines linearen Optimierungsproblems mit Hilfe des Simplexverfahrens ergab sich das folgende Simplextableau:

	x_1	x_4	1
x_3	0	−1	6
x_6	2	−1	1
x_5	4	−5	10
x_2	1	−1	2
z	3	3	−9

Welche der folgenden Alternativen sind richtig?

A Das Simplextableau ist nicht entscheidbar.

B Das Simplextableau ist entscheidbar und es gibt keine optimale Lösung.

C Das Simplextableau ist entscheidbar und es gibt eine optimale Lösung.

D Das Simplextableau ist entscheidbar und $\boldsymbol{x} = (0, 0, 6, 1, 10, 2)'$ ist eine optimale Lösung.

E Das Simplextableau ist entscheidbar und $\boldsymbol{x} = (0, 2, 6, 0, 10, 1)'$ ist eine optimale Lösung.

F Das Simplextableau ist entscheidbar und $\boldsymbol{x} = (1, 2, 5, 1, 9, 2)'$ ist eine optimale Lösung.

Aufgabe 7–14. Bei der Lösung eines linearen Optimierungsproblems mit Hilfe des Simplexverfahrens ergab sich das folgende Simplextableau:

	x_2	x_4	1
x_1	0	1	10
x_3	−2	5	4
x_5	1	1	12
z	4	−3	−9

Welche der folgenden Alternativen sind richtig?

A Das Simplextableau ist nicht entscheidbar.

B Das Simplextableau ist entscheidbar und es gibt keine optimale Lösung.

C Das Simplextableau ist entscheidbar und es gibt eine optimale Lösung.

D Das Simplextableau ist entscheidbar und $\boldsymbol{x} = (10, 0, 4, 0, 12)'$ ist eine optimale Lösung.

E Das Simplextableau ist entscheidbar und $\boldsymbol{x} = (0, 10, 4, 0, 12)'$ ist eine optimale Lösung.

F Das Simplextableau ist entscheidbar und $\boldsymbol{x} = (10, 0, 4, 12, 0)'$ ist eine optimale Lösung.

Aufgabe 7–15. Bei der Lösung eines linearen Optimierungsproblems mit Hilfe des Simplexverfahrens ergab sich das folgende Simplextableau:

	x_2	1
x_1	2	1
x_3	0	4
x_4	−2	8
z	−7	1

Welche der folgenden Alternativen sind richtig?

A Das Simplextableau ist nicht entscheidbar.

B Das Simplextableau ist entscheidbar und es gibt keine optimale Lösung.

C Das Simplextableau ist entscheidbar und es gibt eine optimale Lösung.

D Das Simplextableau ist entscheidbar und $\boldsymbol{x} = (1, 0, 4, 8)'$ ist eine optimale Lösung.

E Das Simplextableau ist nicht entscheidbar und es ist x_2 gegen x_4 auszutauschen.

F Das Simplextableau ist nicht entscheidbar und es ist x_2 gegen x_1 auszutauschen.

Aufgabe 7–16. Bei der Lösung eines linearen Optimierungsproblems mit Hilfe des Simplexverfahrens ergab sich das folgende Simplextableau:

	x_1	x_2	1
x_3	-2	0	2
x_4	2	1	3
z	-1	2	-1

Welche der folgenden Alternativen sind richtig?

A Das Simplextableau ist entscheidbar.

B $x_1 \leftrightarrow x_3$ ist ein möglicher Austausch nach den Regeln des Simplexverfahrens.

C $\boldsymbol{x} = (0, 0, 2, 3)'$ ist eine optimale Lösung.

D $\boldsymbol{x} = (1, 0, 0, 5)'$ ist eine optimale Lösung.

E Das Optimierungsproblem besitzt keine Lösung.

Aufgabe 7–17. Bei der Lösung eines linearen Optimierungsproblems mit Hilfe des Simplexverfahrens ergab sich das folgende Simplextableau:

	x_1	x_2	x_5	1
x_4	1	-2	-1	5
x_3	2	-1	0	2
x_6	-1	-2	-2	12
z	4	-3	-2	20

Welche der folgenden Alternativen sind richtig?

A $x_2 \leftrightarrow x_3$ ist ein möglicher Austausch nach den Regeln des Simplexverfahrens.

B $x_2 \leftrightarrow x_4$ ist ein möglicher Austausch nach den Regeln des Simplexverfahrens.

C Der Austausch $x_5 \leftrightarrow x_4$ führt auf ein entscheidbares Simplextableau.

D Der Austausch $x_5 \leftrightarrow x_4$ führt auf ein nicht entscheidbares Simplextableau.

E Das Optimierungsproblem besitzt keine Lösung.

F Für die optimale Lösung gilt $z = 10$.

Aufgabe 7–18. Bei der Lösung eines linearen Optimierungsproblems mit Hilfe des Simplexverfahrens ergab sich das folgende Tableau:

	x_1	x_3	x_4	1
x_2	−3	2	−1	2
y_2	−2	2	2	3
y_3	1	−1	−3	1
z	−1	−1	1	1
$\widetilde{z}$	−1	1	−1	4

Dabei bezeichnet z die Zielfunktion des Originalproblems und $\widetilde{z}$ die Zielfunktion des Hilfsproblems. Welche der folgenden Alternativen sind richtig?

A $x_1 \leftrightarrow x_2$ ist ein nach den Regeln des Simplexverfahrens möglicher Austausch zur Lösung des Hilfsproblems.

B $x_1 \leftrightarrow y_2$ ist ein nach den Regeln des Simplexverfahrens möglicher Austausch zur Lösung des Hilfsproblems.

C $x_3 \leftrightarrow y_3$ ist ein nach den Regeln des Simplexverfahrens möglicher Austausch zur Lösung des Hilfsproblems.

D $x_4 \leftrightarrow x_2$ ist ein nach den Regeln des Simplexverfahrens möglicher Austausch zur Lösung des Hilfsproblems.

E $x_4 \leftrightarrow y_3$ ist ein nach den Regeln des Simplexverfahrens möglicher Austausch zur Lösung des Hilfsproblems.

Aufgabe 7–19. Bei der Lösung eines linearen Optimierungsproblems mit Hilfe des Simplexverfahrens ergab sich das folgende Tableau:

	x_1	x_3	x_4	1
y_1	1	−1	0	2
y_3	1	−1	1	1
x_2	−2	−1	3	7
z	−1	2	4	−6
$\widetilde{z}$	2	−2	1	3

Dabei bezeichnet z die Zielfunktion des Originalproblems und $\widetilde{z}$ die Zielfunktion des Hilfsproblems. Welche der folgenden Alternativen sind richtig?

A Zur Erlangung einer zulässigen Basislösung für das Originalproblem muß als nächstes x_3 gegen y_1 ausgetauscht werden.

B Zur Erlangung einer zulässigen Basislösung für das Originalproblem muß als nächstes x_3 gegen y_3 ausgetauscht werden.

C Zur Erlangung einer zulässigen Basislösung für das Originalproblem muß als nächstes x_3 gegen x_2 ausgetauscht werden.

D Zur Erlangung einer zulässigen Basislösung für das Originalproblem muß als nächstes x_1 gegen x_2 ausgetauscht werden.

E $\boldsymbol{x} = (0, 7, 0, 0)'$ ist eine zulässige Basislösung für das Originalproblem.

Aufgabe 7–20. Bei der Lösung eines linearen Optimierungsproblems mit Hilfe des Simplexverfahrens ergab sich das folgende Tableau:

	x_1	x_3	x_4	1
x_2	2	−2	4	8
x_5	0	−1	9	3
y_1	0	3	1	3
y_2	1	3	0	1
z	5	−4	1	0
$\widetilde{z}$	1	6	1	4

Dabei bezeichnet z die Zielfunktion des Originalproblems und $\widetilde{z}$ die Zielfunktion des Hilfsproblems. Welche der folgenden Alternativen sind richtig?

A Das Tableau enthält ein Simplextableau für das Originalproblem mit der zulässigen Basislösung $\boldsymbol{x} = (0, 8, 0, 0, 3)'$.

B Das Tableau enthält kein Simplextableau für das Originalproblem; zur Erlangung einer zulässigen Basislösung muß als nächstes x_3 gegen x_5 ausgetauscht werden.

C Das Tableau enthält kein Simplextableau für das Originalproblem; zur Erlangung einer zulässigen Basislösung muß als nächstes x_3 gegen x_2 ausgetauscht werden.

D Da das Gleichungssystem der Nebenbedingungen keine Lösung besitzt, ist das lineare Optimierungsproblem nicht lösbar.

Aufgabe 7–21. Bei der Lösung eines linearen Optimierungsproblems mit Hilfe des Simplexverfahrens ergab sich das folgende Tableau:

	x_2	x_5	x_6	1
x_3	1	−4	0	4
x_4	−1	4	0	2
x_1	−1	5	0	0
y_1	1	−6	1	1
z	−3	12	0	−3
$\widetilde{z}$	1	−6	1	1

Dabei bezeichnet z die Zielfunktion des Originalproblems und $\widetilde{z}$ die Zielfunktion des Hilfsproblems. Welche der folgenden Alternativen sind richtig?

A Das Tableau enthält ein Simplextableau für das Originalproblem mit der zulässigen Basislösung $\boldsymbol{x} = (0, 0, 4, 2, 0, 0)'$.

B Das Tableau enthält kein Simplextableau für das Originalproblem; zur Erlangung einer zulässigen Basislösung muß als nächstes x_5 gegen x_3 ausgetauscht werden.

C Das Tableau enthält kein Simplextableau für das Originalproblem; zur Erlangung einer zulässigen Basislösung muß als nächstes x_5 gegen y_1 ausgetauscht werden.

D Das Tableau enthält kein Simplextableau für das Originalproblem; zur Erlangung einer zulässigen Basislösung muß als nächstes x_2 gegen x_1 ausgetauscht werden.

Aufgabe 7–22. Bei der Lösung eines linearen Optimierungsproblems mit Hilfe des Simplexverfahrens ergab sich das folgende Tableau:

	x_1	x_4	1
y_1	0	−4	2
x_2	−3	−2	4
x_3	1	4	3
z	6	24	6
$\tilde{z}$	0	−4	2

Dabei bezeichnet z die Zielfunktion des Originalproblems und $\tilde{z}$ die Zielfunktion des Hilfsproblems. Welche der folgenden Alternativen sind richtig?

A Zur Erlangung einer zulässigen Basislösung für das Originalproblem muß als nächstes x_4 gegen x_2 ausgetauscht werden.

B Zur Erlangung einer zulässigen Basislösung für das Originalproblem muß als nächstes x_4 gegen y_1 ausgetauscht werden.

C Zur Erlangung einer zulässigen Basislösung für das Originalproblem muß als nächstes x_4 gegen x_3 ausgetauscht werden.

D Das Hilfsproblem besitzt keine Lösung.

E $\boldsymbol{x} = (0, 4, 3, 0)'$ ist eine Lösung für das Originalproblem und der zugehörige Wert der Zielfunktion ist $z = 6$.

F $\boldsymbol{x} = (0, 3, 5, 1/2)'$ ist eine Lösung für das Originalproblem und der zugehörige Wert der Zielfunktion ist $z = 6$.

G $\boldsymbol{x} = (0, 3, 5, 1/2)'$ ist eine Lösung für das Originalproblem und der zugehörige Wert der Zielfunktion ist $z = 18$.

Kapitel 8

Lineare Differenzengleichungen

Aufgabe	Lösung
8–1	
8–2	
8–3	
8–4	
8–5	
8–6	
8–7	
8–8	
8–9	
8–10	
8–11	
8–12	
8–13	

Aufgabe 8–1. Die lineare Differenzengleichung

$$f_{n+2} - 14 f_{n+1} + 53 f_n = 34 n^2 + 4$$

A ist eine homogene Differenzengleichung.
B ist eine inhomogene Differenzengleichung.
C ist eine lineare Differenzengleichung 1. Ordnung.
D ist eine lineare Differenzengleichung 2. Ordnung.
E besitzt eine eindeutige Lösung.
F besitzt unendlich viele Lösungen.

Aufgabe 8–2. Gegeben sei die lineare Differenzengleichung (D)

$$f_{n+1} - 4 f_n = 4$$

Welche der folgenden Alternativen sind richtig?

A Die Differenzengleichung hat die Ordnung 1.
B Die Differenzengleichung hat die Ordnung 2.
C Die Differenzengleichung hat die Ordnung 4.
D Die Folge $\{f_n^*\}_{n \in \mathbf{N}_0}$ mit $f_n^* = 2^n$ ist eine Lösung der zugehörigen homogenen Differenzengleichung.
E Die Folge $\{f_n^*\}_{n \in \mathbf{N}_0}$ mit $f_n^* = 2^n$ ist eine Lösung von (D).
F Die Folge $\{f_n^*\}_{n \in \mathbf{N}_0}$ mit $f_n^* = 4^n$ ist eine Lösung der zugehörigen homogenen Differenzengleichung.
G Die Folge $\{f_n^*\}_{n \in \mathbf{N}_0}$ mit $f_n^* = 4^n$ ist eine Lösung von (D).

Aufgabe 8–3. Gegeben sei die lineare Differenzengleichung (D)

$$f_{n+1} - 2 f_n = 1$$

Welche der folgenden Alternativen sind richtig?

A Für jedes $\alpha \in \mathbf{R}$ ist die Folge $\{f_n^*\}_{n \in \mathbf{N}_0}$ mit $f_n^* = \alpha\, 2^n$ eine Lösung der zugehörigen homogenen Differenzengleichung.
B Die Folge $\{f_n^*\}_{n \in \mathbf{N}_0}$ mit $f_n^* = 2^n$ ist eine Lösung der zugehörigen homogenen Differenzengleichung.
C Die Folge $\{f_n^*\}_{n \in \mathbf{N}_0}$ mit $f_n^* = 2^n - 1$ ist eine Lösung von (D).
D Für jedes $\alpha \in \mathbf{R}$ ist die Folge $\{f_n^*\}_{n \in \mathbf{N}_0}$ mit $f_n^* = \alpha\,(2^n - 1)$ eine Lösung von (D).

Aufgabe 8–4. Gegeben sei die lineare Differenzengleichung (D)

$$f_{n+1} - (n+1)\, f_n = n$$

Welche der folgenden Alternativen sind richtig?

A Die Folge $\{f_n^*\}_{n\in\mathbf{N}_0}$ mit $f_n^* = n!$ ist eine Lösung der zugehörigen homogenen Differenzengleichung.

B Die Folge $\{f_n^*\}_{n\in\mathbf{N}_0}$ mit $f_n^* = 2\,n!$ ist eine Lösung der zugehörigen homogenen Differenzengleichung.

C Für jedes $\alpha \in \mathbf{R}$ ist die Folge $\{f_n^*\}_{n\in\mathbf{N}_0}$ mit $f_n^* = \alpha\,n!$ eine Lösung der zugehörigen homogenen Differenzengleichung.

D Die Folge $\{f_n^*\}_{n\in\mathbf{N}_0}$ mit $f_n^* = n! - 1$ ist eine Lösung von (D).

E Die Folge $\{f_n^*\}_{n\in\mathbf{N}_0}$ mit $f_n^* = 2\,n! - 1$ ist eine Lösung von (D).

F Die Folge $\{f_n^*\}_{n\in\mathbf{N}_0}$ mit $f_n^* = 2\,(n!-1)$ ist eine Lösung von (D).

G Für jedes $\alpha \in \mathbf{R}$ ist die Folge $\{f_n^*\}_{n\in\mathbf{N}_0}$ mit $f_n^* = \alpha\,n! - 1$ eine Lösung von (D).

H Für jedes $\alpha \in \mathbf{R}$ ist die Folge $\{f_n^*\}_{n\in\mathbf{N}_0}$ mit $f_n^* = \alpha\,(n!-1)$ eine Lösung von (D).

Aufgabe 8–5. Die lineare Differenzengleichung (D)

$$f_{n+1} - \frac{n+2}{n+1}\,f_n = \frac{1}{n+1}$$

besitzt die allgemeine Lösung $\{f_n^*\}_{n\in\mathbf{N}_0}$ mit

$$f_n^* = \alpha\,(n+1) + n$$

und $\alpha \in \mathbf{R}$. Welche der folgenden Alternativen sind richtig?

A Die Folge $\{f_n^{**}\}_{n\in\mathbf{N}_0}$ mit $f_n^{**} = 2n+1$ ist eine Lösung von (D) und erfüllt die Anfangsbedingung $f_0 = 1$.

B Die Folge $\{f_n^{**}\}_{n\in\mathbf{N}_0}$ mit $f_n^{**} = -2n + 1$ ist eine Lösung von (D) und erfüllt die Anfangsbedingung $f_0 = 1$.

C Die Folge $\{f_n^{**}\}_{n\in\mathbf{N}_0}$ mit $f_n^{**} = n + 1$ ist eine Lösung von (D) und erfüllt die Anfangsbedingung $f_0 = 1$.

D Die Folge $\{f_n^{**}\}_{n\in\mathbf{N}_0}$ mit $f_n^{**} = 2n - 1$ ist eine Lösung von (D) und erfüllt die Anfangsbedingung $f_0 = 1$.

Aufgabe 8–6. Sei $\{f_n^{**}\}_{n\in\mathbf{N}_0}$ die eindeutige Lösung der linearen Differenzengleichung (D)

$$f_{n+1} - f_n = -4$$

die die Anfangsbedingung (A)

$$f_0 = 4$$

erfüllt. Welche der folgenden Alternativen sind richtig?

A $f_5^{**} = -32$
B $f_5^{**} = -16$
C $f_5^{**} = -4$
D $f_9^{**} = -32$
E $f_9^{**} = -16$
F $f_9^{**} = -4$

Aufgabe 8–7. Sei $\{f_n^{**}\}_{n\in\mathbf{N}_0}$ die eindeutige Lösung der linearen Differenzengleichung (D)

$$f_{n+1} - \frac{5}{2} f_n = 3$$

die die Anfangsbedingung (A)

$$f_0 = 1$$

erfüllt. Welche der folgenden Alternativen sind richtig?

A $f_n^{**} = -2 + 3 \cdot (5/2)^n$
B $f_n^{**} = -2 - 3 \cdot (5/2)^n$
C $f_n^{**} = -2 + 3 \cdot (7/2)^n$
D $f_n^{**} = -2 - 3 \cdot (7/2)^n$
E $f_n^{**} = 2 + 3 \cdot (5/2)^n$
F $f_n^{**} = 2 - 3 \cdot (5/2)^n$
G $f_n^{**} = 2 + 3 \cdot (7/2)^n$
H $f_n^{**} = 2 - 3 \cdot (7/2)^n$

Aufgabe 8–8. Das zu der linearen Differenzengleichung

$$f_{n+2} - 3f_{n+1} - 4f_n = -3$$

gehörende charakteristische Polynom besitzt

A genau eine Nullstelle.
B genau zwei reelle Nullstellen.
C zwei konjugiert komplexe Nullstellen.
D die Nullstelle $\lambda = 3$.
E die Nullstelle $\lambda = 4$.
F die Nullstelle $\lambda = 2 + \sqrt{7}$.

Aufgabe 8–9. Das zu der linearen Differenzengleichung

$$f_{n+2} - 6f_{n+1} + 9f_n = 5$$

gehörende charakteristische Polynom besitzt die doppelte Nullstelle $\lambda = 3$. Welche der folgenden Alternativen sind richtig?

A Die Folge $\{f_n^*\}_{n\in\mathbf{N}_0}$ mit $f_n^* = 3^n$ ist eine Lösung der zugehörigen homogenen Differenzengleichung.

B Die Folge $\{f_n^*\}_{n\in\mathbf{N}_0}$ mit $f_n^* = n\,3^n$ ist eine Lösung der zugehörigen homogenen Differenzengleichung.

C Die Folge $\{f_n^*\}_{n\in\mathbf{N}_0}$ mit $f_n^* = 2^n$ ist eine Lösung der zugehörigen homogenen Differenzengleichung.

D Die Folge $\{f_n^*\}_{n\in\mathbf{N}_0}$ mit $f_n^* = n\,2^n$ ist eine Lösung der zugehörigen homogenen Differenzengleichung.

E Die allgemeine Lösung der zugehörigen homogenen Differenzengleichung ist durch die Folge $\{f_n^*\}_{n\in\mathbf{N}_0}$ mit $f_n^* = \alpha_1\,2^n + \alpha_2\,n\,2^n$ und $\alpha_1, \alpha_2 \in \mathbf{R}$ gegeben.

F Die allgemeine Lösung der zugehörigen homogenen Differenzengleichung ist durch die Folge $\{f_n^*\}_{n\in\mathbf{N}_0}$ mit $f_n^* = \alpha_1\,3^n + \alpha_2\,n\,3^n$ und $\alpha_1, \alpha_2 \in \mathbf{R}$ gegeben.

Aufgabe 8–10. Gegeben sei die lineare Differenzengleichung

$$f_{n+2} - 2f_{n+1} + bf_n \;=\; 0$$

mit $b \in \mathbf{R}$. Welche der folgenden Alternativen sind richtig?

A Für $b = -3$ ist die Folge $\{f_n^*\}_{n\in\mathbf{N}_0}$ mit

$$f_n^* \;=\; \alpha_1\,3^n + \alpha_2\,(-1)^n$$

und $\alpha_1, \alpha_2 \in \mathbf{R}$ die allgemeine Lösung der Differenzengleichung.

B Für $b = 1$ ist die Folge $\{f_n^*\}_{n\in\mathbf{N}_0}$ mit

$$f_n^* \;=\; \alpha_1 + \alpha_2\,n$$

und $\alpha_1, \alpha_2 \in \mathbf{R}$ die allgemeine Lösung der Differenzengleichung.

C Für $b = 2$ ist die Differenzengleichung nicht lösbar.

D Für $b = 2$ ist die Folge $\{f_n^*\}_{n\in\mathbf{N}_0}$ mit

$$f_n^* \;=\; \alpha\,2^n$$

und $\alpha \in \mathbf{R}$ die allgemeine Lösung der Differenzengleichung.

Aufgabe 8–11. Gegeben sei die lineare Differenzengleichung

$$f_{n+2} - f_{n+1} \;=\; f_{n+1} - f_n$$

Welche der folgenden Alternativen sind richtig?

A Die Folge $\{f_n^*\}_{n\in\mathbf{N}_0}$ mit $f_n^* = 1$ ist eine Lösung der Differenzengleichung.

B Die Folge $\{f_n^*\}_{n\in\mathbf{N}_0}$ mit $f_n^* = \alpha$ und $\alpha \in \mathbf{R}$ ist die allgemeine Lösung der Differenzengleichung.

C Die Folge $\{f_n^*\}_{n\in\mathbf{N}_0}$ mit $f_n^* = \alpha_1 + \alpha_2 n$ und $\alpha_1, \alpha_2 \in \mathbf{R}$ ist die allgemeine Lösung der Differenzengleichung.

D Die Folge $\{f_n^*\}_{n\in\mathbf{N}_0}$ mit $f_n^* = 1 - n$ ist eine Lösung der Differenzengleichung.

Aufgabe 8–12. Die lineare Differenzengleichung (D)

$$f_{n+2} - 8f_{n+1} + 12f_n = -20$$

besitzt die allgemeine Lösung $\{f_n^*\}_{n\in\mathbf{N}_0}$ mit

$$f_n^* = \alpha_1\, 2^n + \alpha_2\, 6^n - 4$$

und $\alpha_1, \alpha_2 \in \mathbf{R}$. Welche der folgenden Alternativen sind richtig?

A Die Folge $\{f_n^{**}\}_{n\in\mathbf{N}_0}$ mit $f_n^{**} = 2\cdot 2^n + 6\cdot 6^n - 4$ ist eine Lösung von (D) und erfüllt die Anfangsbedingungen $f_0 = 4$ und $f_1 = 20$.

B Die Folge $\{f_n^{**}\}_{n\in\mathbf{N}_0}$ mit $f_n^{**} = 2\cdot 2^n + 6\cdot 6^n + 4$ ist eine Lösung von (D) und erfüllt die Anfangsbedingungen $f_0 = 4$ und $f_1 = 20$.

C Die Folge $\{f_n^{**}\}_{n\in\mathbf{N}_0}$ mit $f_n^{**} = 3\cdot 2^n + 6^n - 4$ ist eine Lösung von (D) und erfüllt die Anfangsbedingungen $f_0 = 4$ und $f_1 = 20$.

D Die Folge $\{f_n^{**}\}_{n\in\mathbf{N}_0}$ mit $f_n^{**} = 3\cdot 2^n + 6^n + 4$ ist eine Lösung von (D) und erfüllt die Anfangsbedingungen $f_0 = 4$ und $f_1 = 20$.

E Die Folge $\{f_n^{**}\}_{n\in\mathbf{N}_0}$ mit $f_n^{**} = 6\cdot 2^n + 2\cdot 6^n - 4$ ist eine Lösung von (D) und erfüllt die Anfangsbedingungen $f_0 = 4$ und $f_1 = 20$.

F Die Folge $\{f_n^{**}\}_{n\in\mathbf{N}_0}$ mit $f_n^{**} = 6\cdot 2^n + 2\cdot 6^n + 4$ ist eine Lösung von (D) und erfüllt die Anfangsbedingungen $f_0 = 4$ und $f_1 = 20$.

Aufgabe 8–13. Für welche Wahl von f_n^{**} ist die Folge $\{f_n^{**}\}_{n\in\mathbf{N}_0}$ eine Lösung der linearen Differenzengleichung (D)

$$f_{n+2} - f_{n+1} - 2f_n = 6$$

die die Anfangsbedingung (A)

$$f_0 = f_1 = 0$$

erfüllt?

A $f_n^{**} = 2^n + (-1)^n - 3$

B $f_n^{**} = 2^n + (-1)^{n+1} - 3$

C $f_n^{**} = 2^n + 2\,(-1)^n - 3$

D $f_n^{**} = 2^{n+1} + (-1)^n - 3$

E $f_n^{**} = 2^{n+1} + (-1)^{n+1} - 3$

Kapitel 9

Konvergenz von Folgen, Reihen und Produkten

Aufgabe	Lösung
9–1	
9–2	
9–3	
9–4	
9–5	
9–6	
9–7	
9–8	
9–9	

Aufgabe	Lösung
9–10	
9–11	
9–12	
9–13	
9–14	
9–15	
9–16	
9–17	
9–18	

Aufgabe 9–1. Für welche Wahl von a_n ist die Folge $\{a_n\}_{n\in\mathbf{N}}$ eine Nullfolge?

A $a_n = \dfrac{(n+1)(n-1)}{\sqrt{n}}$

B $a_n = \dfrac{n+1}{\sqrt{n}}$

C $a_n = \dfrac{1}{\sqrt{n}}$

D $a_n = \dfrac{1}{n\sqrt{n}}$

Aufgabe 9–2. Welche der nachstehenden Folgen sind Nullfolgen?

A $\left\{\dfrac{n^2+n}{3n}\right\}_{n\in\mathbf{N}}$

B $\left\{\dfrac{n^4}{(n^2+1)(n^3-1)}\right\}_{n\in\{2,3,\dots\}}$

C $\left\{\dfrac{n^2+1}{(n+1)(n-1)}\right\}_{n\in\{2,3,\dots\}}$

D $\left\{\dfrac{(2n^2+n)(n+1)}{(n^2-7n)(n^2-10n)}\right\}_{n\in\{11,12,\dots\}}$

E $\left\{\dfrac{(n+1)(n+2)(n+3)}{n^3}\right\}_{n\in\mathbf{N}}$

Aufgabe 9–3. Gegeben sei die Folge $\{a_n\}_{n\in\{2,3,\dots\}}$ mit

$$a_n = \frac{2n^2+3n}{(n+1)(n-1)}$$

Welche der folgenden Alternativen sind richtig?

A $\{a_n\}_{n\in\{2,3,\dots\}}$ ist divergent.

B $\{a_n\}_{n\in\{2,3,\dots\}}$ ist konvergent.

C $\{a_n\}_{n\in\{2,3,\dots\}}$ ist konvergent mit Grenzwert 2.

D $\{a_n\}_{n\in\{2,3,\dots\}}$ ist konvergent mit Grenzwert 3.

E $\{a_n\}_{n\in\{2,3,\dots\}}$ ist eine Nullfolge.

F $\{a_n-2\}_{n\in\{2,3,\dots\}}$ ist eine Nullfolge.

G $\{a_n-3\}_{n\in\{2,3,\dots\}}$ ist eine Nullfolge.

Aufgabe 9–4. Gegeben sei die Folge $\{a_n\}_{n\in\mathbf{N}_0}$ mit

$$a_n = (-1)^n \frac{3n^2 - 2n + 1}{n^2 + 1}$$

Welche der folgenden Alternativen sind richtig?

A $\{a_n\}_{n\in\mathbf{N}_0}$ ist konvergent mit $\lim_{n\to\infty} a_n = 3$.

B $\{a_n\}_{n\in\mathbf{N}_0}$ ist konvergent mit $\lim_{n\to\infty} a_n = -3$.

C $\{a_n\}_{n\in\mathbf{N}_0}$ ist divergent.

D $\{a_n - 3\}_{n\in\mathbf{N}_0}$ ist eine Nullfolge.

E $\{a_n + 3\}_{n\in\mathbf{N}_0}$ ist eine Nullfolge.

Aufgabe 9–5. Die Folge $\{a_n\}_{n\in\mathbf{N}_0}$ mit

$$a_n = \left(\frac{2}{3}\right)^n$$

ist

A beschränkt.

B unbeschränkt.

C monoton wachsend.

D monoton fallend.

E divergent.

F konvergent.

G nicht monoton.

Aufgabe 9–6. Gegeben sei die Folge $\{a_n\}_{n\in\mathbf{N}_0}$ mit $a_0 = 5$ und

$$a_{n+1} = \frac{1}{5}\, a_n$$

für alle $n \in \mathbf{N}_0$. Welche der folgenden Alternativen sind richtig?

A $\{a_n\}_{n\in\mathbf{N}_0}$ ist beschränkt.

B $\{a_n\}_{n\in\mathbf{N}_0}$ ist monoton wachsend.

C $\{a_n\}_{n\in\mathbf{N}_0}$ ist monoton fallend.

D $\{a_n\}_{n\in\mathbf{N}_0}$ ist konvergent.

E $\{a_n\}_{n\in\mathbf{N}_0}$ ist konvergent gegen 0.

F $\{a_n\}_{n\in\mathbf{N}_0}$ ist konvergent gegen 1.

Aufgabe 9–7. Gegeben sei die Folge $\{a_n\}_{n\in\mathbf{N}}$ mit

$$a_n = \begin{cases} 1+1/n & \text{falls } n \text{ gerade} \\ 1 & \text{falls } n \text{ ungerade} \end{cases}$$

Welche der folgenden Alternativen sind richtig?

A $\{a_n\}_{n\in\mathbf{N}}$ ist monoton wachsend.

B $\{a_n\}_{n\in\mathbf{N}}$ ist monoton fallend.

C $\{a_n\}_{n\in\mathbf{N}}$ ist beschränkt.

D $\{a_n\}_{n\in\mathbf{N}}$ ist konvergent.

Aufgabe 9–8. Gegeben sei die Folge $\{a_n\}_{n\in\mathbf{N}_0}$ mit

$$a_n = \left(\frac{1}{5}\right)^n$$

Weiterhin sei $\{s_n\}_{n\in\mathbf{N}_0}$ mit

$$s_n = \sum_{k=0}^{n} a_k$$

die Folge der Partialsummen von $\{a_n\}_{n\in\mathbf{N}_0}$. Welche der folgenden Alternativen sind richtig?

A $\{s_n\}_{n\in\mathbf{N}_0}$ ist monoton wachsend.

B Es gilt

$$s_n = \frac{1-(1/5)^{n+1}}{4/5}$$

C Es gilt

$$s_n = \frac{1-(1/5)^{n+1}}{5/4}$$

D Es gilt $\lim_{n\to\infty} s_n = 5/4$.

E Es gilt $\lim_{n\to\infty} s_n = 4/5$.

Aufgabe 9–9. Welche der folgenden Reihen sind konvergent?

A $\displaystyle\sum_{k=1}^{\infty} \frac{k}{3k-1}$

B $\displaystyle\sum_{k=0}^{\infty} \frac{k^2+200k}{5k^4+4}$

C $\displaystyle\sum_{k=2}^{\infty} \frac{k^2-1}{(k+1)(k-1)}$

D $\displaystyle\sum_{k=1}^{\infty} \sqrt{\frac{k}{7k^2-2}}$

Aufgabe 9–10. Welche der folgenden Reihen sind konvergent?

A $\sum_{k=1}^{\infty} \frac{1}{\sqrt[3]{k}}$

B $\sum_{k=1}^{\infty} (-1)^k \frac{1}{\sqrt{k+2}}$

C $\sum_{k=1}^{\infty} \frac{9}{k}$

D $\sum_{k=1}^{\infty} \frac{k}{3k^3 - 1}$

Aufgabe 9–11. Welche der folgenden Reihen sind konvergent?

A $\sum_{k=1}^{\infty} \frac{1}{k}$

B $\sum_{k=1}^{\infty} \left(\frac{2k+1}{k}\right)^k$

C $\sum_{k=1}^{\infty} \frac{1}{2^k}$

D $\sum_{k=1}^{\infty} \frac{(k+1)(k+2)}{10k^2 + k}$

Aufgabe 9–12. Welche der folgenden Reihen sind konvergent?

A $\sum_{k=1}^{\infty} \frac{3^k}{k^3}$

B $\sum_{k=1}^{\infty} \frac{k^3}{3^k}$

C $\sum_{k=1}^{\infty} \frac{2k}{3k+1}$

D $\sum_{k=1}^{\infty} \left(\frac{2k}{3k+1}\right)^k$

Aufgabe 9–13. Gegeben sei die Reihe

$$\sum_{k=2}^{\infty} \frac{\sqrt{k}-1}{k^2+1}$$

Welche der folgenden Alternativen sind richtig?

A Aus dem Majoranten–Minoranten–Test folgt, daß die Reihe konvergiert.

B Aus dem Majoranten–Minoranten–Test folgt, daß die Reihe divergiert.

C Aus dem Quotiententest folgt, daß die Reihe konvergiert.

D Aus dem Quotiententest folgt, daß die Reihe divergiert.

E Der Quotiententest liefert keine Entscheidung.

Aufgabe 9–14. Von der Potenzreihe

$$\sum_{k=0}^{\infty} a_k\, x^k$$

mit Konvergenzradius r sei bekannt, daß sie für $x = -2$ konvergiert und für $x = 2$ divergiert. Welche der folgenden Alternativen sind richtig?

A Es gilt $r = 0$.

B Es gilt $r < 2$.

C Es gilt $r = 2$.

D Es gilt $r > 2$.

E Die Potenzreihe konvergiert für alle $x \in \mathbf{R}$ mit $|x| < 2$.

F Die Potenzreihe divergiert für alle $x \in \mathbf{R}$ mit $|x| > 2$.

Aufgabe 9–15. Von der Potenzreihe

$$\sum_{k=0}^{\infty} a_k\, x^k$$

mit Konvergenzradius r sei bekannt, daß sie für $x = -1$ konvergiert und für $x = 2$ divergiert. Welche der folgenden Alternativen sind richtig?

A Es gilt $r = 1$.

B Es gilt $r = 2$.

C Die Potenzreihe konvergiert für alle $x \in \mathbf{R}$ mit $|x| < 1$.

D Die Potenzreihe konvergiert für alle $x \in \mathbf{R}$ mit $|x| < 2$.

E Die Potenzreihe divergiert für alle $x \in \mathbf{R}$ mit $|x| > 1$.

F Die Potenzreihe divergiert für alle $x \in \mathbf{R}$ mit $|x| > 2$.

Aufgabe 9–16. Gegeben sei die Potenzreihe

$$\sum_{k=0}^{\infty} \frac{1}{7^k}\, x^k$$

Welche der folgenden Alternativen sind richtig?

A Die Potenzreihe konvergiert für $x = 0$.

B Die Potenzreihe konvergiert für $x = 1$.

C Die Potenzreihe konvergiert für $x = 7$.

D Die Potenzreihe konvergiert für $x = 10$.

E Die Potenzreihe konvergiert für alle $x \in \mathbf{R}$.

Aufgabe 9–17. Gegeben sei die Potenzreihe

$$\sum_{k=0}^{\infty} \left(-\frac{2}{5}\right)^k x^k$$

Welche der folgenden Alternativen sind richtig?

A Die Potenzreihe besitzt den Konvergenzradius $r = 5$.

B Die Potenzreihe besitzt den Konvergenzradius $r = 5/2$.

C Die Potenzreihe besitzt den Konvergenzradius $r = 2/5$.

D Die Potenzreihe konvergiert für $x = 1$.

E Die Potenzreihe konvergiert für $x = 2$.

F Die Potenzreihe konvergiert für alle $x \in \mathbf{R}$.

Aufgabe 9–18. Gegeben sei die Potenzreihe

$$\sum_{k=0}^{\infty} \frac{x^k}{(k+1)(k+2)}$$

Welche der folgenden Alternativen sind richtig?

A Die Potenzreihe konvergiert für alle $x \in \mathbf{R}$.

B Die Potenzreihe konvergiert für alle $x \in \mathbf{R}$ mit $|x| < 1$.

C Die Potenzreihe divergiert für alle $x \in \mathbf{R}$ mit $x \neq 0$.

D Die Potenzreihe divergiert für alle $x \in \mathbf{R}$ mit $|x| \geq 2$.

E Die Potenzreihe besitzt den Konvergenzradius $r = 1$.

F Die Potenzreihe besitzt den Konvergenzradius $r = 2$.

Kapitel 10

Stetige Funktionen in einer Variablen

Aufgabe	Lösung
10–1	
10–2	
10–3	
10–4	
10–5	
10–6	
10–7	
10–8	
10–9	
10–10	

Aufgabe 10–1. Gegeben sei die Funktion $f : [-1, 1] \to \mathbf{R}$ mit

$$f(x) = \begin{cases} 0 & \text{falls} \quad -1 \leq x \leq 0 \\ x^2 & \text{falls} \quad 0 < x \leq 1 \end{cases}$$

Welche der folgenden Alternativen sind richtig?

A f ist stetig.
B f ist unstetig an der Stelle $x = 0$.
C f besitzt ein globales Maximum.
D f besitzt ein globales Minimum.
E f ist beschränkt.

Aufgabe 10–2. Gegeben sei die Funktion $f : \mathbf{R} \to \mathbf{R}$ mit

$$f(x) = \frac{2x}{x^2 + 1}$$

Welche der folgenden Alternativen sind richtig?

A f besitzt den Fixpunkt $x = 0$.
B f besitzt den Fixpunkt $x = -1$.
C f besitzt genau zwei Fixpunkte.
D f besitzt genau drei Fixpunkte.
E f besitzt genau vier Fixpunkte.

Aufgabe 10–3. Gegeben sei die Funktion $f : \mathbf{R} \to \mathbf{R}$ mit

$$f(x) = \frac{1}{x^2 + 3}$$

Welche der folgenden Alternativen sind richtig?

A f besitzt mindestens eine Nullstelle.
B f besitzt keine Nullstelle.
C f besitzt kein lokales Maximum.
D f besitzt mindestens ein lokales Maximum.
E f ist unbeschränkt.
F f besitzt ein globales Maximum.

Aufgabe 10–4. Gegeben sei die Funktion $f : \mathbf{R} \to \mathbf{R}$ mit

$$f(x) = \exp(-x^2)$$

Welche der folgenden Alternativen sind richtig?

A f besitzt genau ein lokales Minimum.
B f besitzt genau ein lokales Maximum.
C f besitzt kein lokales Minimum oder Maximum.
D f besitzt genau ein globales Minimum.
E f besitzt genau ein globales Maximum.
F f besitzt kein globales Minimum oder Maximum.

Aufgabe 10–5. Von dem Polynom $f : \mathbf{R} \to \mathbf{R}$ mit

$$f(x) = x^2 + ax + b$$

und $a, b \in \mathbf{R}$ ist bekannt, daß es die Nullstellen $x_1 = -1$ und $x_2 = 2$ besitzt. Welche der folgenden Alternativen sind richtig?

A $f(-3) = 4$
B $f(-3) = 5$
C $f(-3) = 10$
D $f(3) = 4$
E $f(3) = 5$
F $f(3) = 10$

Aufgabe 10–6. Gegeben sei das Polynom $f : \mathbf{R} \to \mathbf{R}$ mit

$$f(x) = x^3 - 3x + 52$$

Welche der folgenden Alternativen sind richtig?

A f besitzt die Nullstelle $x = 4$.
B f besitzt die Nullstelle $x = -4$.
C Es gilt $f(x) = (x-4)(x^2 - 4x - 13)$.
D Es gilt $f(x) = (x+4)(x^2 - 4x + 13)$.
E Es gilt $f(x) = (x-4)(x^2 + 4x - 13)$.
F Es gilt $f(x) = (x+4)(x^2 + 4x + 13)$.

Aufgabe 10–7. Gegeben sei das Polynom $f : \mathbf{C} \to \mathbf{C}$ mit

$$f(x) = x^3 + x^2 + x + 1$$

Welche der folgenden Alternativen sind richtig?

A f besitzt die Nullstelle $x = 1$.
B f besitzt die Nullstelle $x = -1$.
C f besitzt die Nullstelle $x = i$.
D f besitzt die Nullstelle $x = -i$.

E f besitzt keine Nullstellen.

F f besitzt keine reellen Nullstellen.

Aufgabe 10–8. Gegeben sei das Polynom $f : \mathbf{C} \to \mathbf{C}$ mit

$$f(x) = x^3 - 3x^2 - x + 3$$

Welche der folgenden Alternativen sind richtig?

A f besitzt die Nullstelle $x = 0$.

B f besitzt die Nullstelle $x = 3$.

C Alle Nullstellen von f sind reell.

D Alle reellen Nullstellen von f sind positiv.

E Die Summe aller Nullstellen von f ist 2.

F Die Summe aller Nullstellen von f ist 3.

G Zwei Nullstellen von f sind konjugiert komplex.

Aufgabe 10–9. Gegeben sei das Polynom $f : \mathbf{R} \to \mathbf{R}$ mit

$$f(x) = (x+2)(x-2)^2$$

Welche der folgenden Alternativen sind richtig?

A $x = -2$ ist eine Nullstelle von f.

B $x = -2$ ist ein lokaler Maximierer von f.

C $x = -2$ ist ein lokaler Minimierer von f.

D $x = 2$ ist eine Nullstelle von f.

E $x = 2$ ist ein lokaler Maximierer von f.

F $x = 2$ ist ein lokaler Minimierer von f.

Aufgabe 10–10. Gegeben sei die Funktion $f : [0,5] \to \mathbf{R}$ mit

$$f(x) = x^2 - 4x + 7$$

Welche der folgenden Alternativen sind richtig?

A f besitzt ein globales Maximum bei $x = 0$.

B f besitzt ein globales Maximum bei $x = 2$.

C f besitzt ein globales Maximum bei $x = 5$.

D f besitzt ein globales Minimum bei $x = 0$.

E f besitzt ein globales Minimum bei $x = 2$.

F f besitzt ein globales Minimum bei $x = 5$.

Kapitel 11

Differentialrechnung in einer Variablen

Aufgabe	Lösung
11–1	
11–2	
11–3	
11–4	
11–5	
11–6	
11–7	
11–8	
11–9	
11–10	
11–11	

Aufgabe	Lösung
11–12	
11–13	
11–14	
11–15	
11–16	
11–17	
11–18	
11–19	
11–20	
11–21	
11–22	

Aufgabe 11–1. Gegeben sei die Funktion $f : (0, \infty) \to \mathbf{R}$ mit

$$f(x) \;=\; x^2 \ln(x)$$

Welche der folgenden Alternativen sind richtig?

A $f'(x) = 2x$

B $f'(x) = 2x \ln(x)$

C $f'(x) = 2x \ln(x) + x$

D $f''(x) = 2$

E $f''(x) = 2 \ln(x) + 2$

F $f''(x) = 2 \ln(x) + 3$

Aufgabe 11–2. Gegeben sei die Funktion $f : (0, \infty) \to \mathbf{R}$ mit

$$f(x) \;=\; \frac{\ln(x)}{x}$$

Welche der folgenden Alternativen sind richtig?

A $f'(x) = \dfrac{1 - \ln(x)}{x^2}$

B $f'(x) = \dfrac{1 + \ln(x)}{x^2}$

C $f''(x) = \dfrac{2 \ln(x) - 3}{x^3}$

D $f''(x) = \dfrac{2 \ln(x) - 1}{x^3}$

E $f''(x) = \dfrac{3 - 2 \ln(x)}{x^3}$

F $f''(x) = \dfrac{1 - 2 \ln(x)}{x^3}$

Aufgabe 11–3. Gegeben sei die Funktion $f : \mathbf{R} \to \mathbf{R}$ mit

$$f(x) \;=\; \exp(\cos(x))$$

Welche der folgenden Alternativen sind richtig?

A $f'(x) = \exp(\cos(x))$

B $f'(x) = \exp(\sin(x))$

C $f'(x) = \exp(-\sin(x))$

D $f'(x) = \exp(\cos(x)) \cdot \sin(x)$

E $f'(x) = -\exp(\cos(x)) \cdot \sin(x)$

F $f'(x) = \exp(\cos(x) - 1) \cdot \cos(x)$

Aufgabe 11–4. Gegeben sei die Funktion $f : (0, \infty) \to \mathbf{R}$ mit

$$f(x) = \Big(\sin(\ln(x))\Big)^2$$

Welche der folgenden Alternativen sind richtig?

A $f'(x) = (\cos(\ln(x))/x)^2$

B $f'(x) = 2\sin(\ln(x))\cos(\ln(x))$

C $f'(x) = 2\sin(\ln(x))\cos(\ln(x))/x^2$

D $f'(x) = 2\sin(\ln(x))\cos(\ln(x))/x$

E $f'(x) = 2\sin(\ln(x))\cos(x)/x$

Aufgabe 11–5. Gegeben sei die Funktion $f : (0, \infty) \to (0, \infty)$ mit

$$f(x) = x\, e^x$$

Sei ε_f die Elastizität von f. Welche der folgenden Alternativen sind richtig?

A $(\ln \circ f)'(x) = (1 + x)\, e^x$

B $(\ln \circ f)'(x) = 1/(1 + x)$

C $(\ln \circ f)'(x) = 1 + x$

D $\varepsilon_f(x) = (1 + x)\, e^x$

E $\varepsilon_f(x) = 1/(1 + x)$

F $\varepsilon_f(x) = 1 + x$

Aufgabe 11–6. Gegeben sei die Funktion $f : \mathbf{R} \to (0, \infty)$ mit

$$f(x) = \frac{1}{1 + e^{-x}}$$

Sei ϱ_f die Änderungsrate und ε_f die Elastizität von f. Welche der folgenden Alternativen sind richtig?

A $\varrho_f(x) = \dfrac{e^{-x}}{(1 + e^{-x})^2}$

B $\varrho_f(x) = \dfrac{e^{-x}}{1 + e^{-x}}$

C $\varrho_f(x) = \dfrac{x\, e^{-x}}{1 + e^{-x}}$

D $\varepsilon_f(x) = \dfrac{e^{-x}}{(1 + e^{-x})^2}$

E $\varepsilon_f(x) = \dfrac{e^{-x}}{1 + e^{-x}}$

F $\varepsilon_f(x) = \dfrac{x\, e^{-x}}{1 + e^{-x}}$

Aufgabe 11–7. Gegeben sei die Funktion $f : (1, \infty) \to (0, \infty)$ mit

$$f(x) = \frac{x-1}{x+1}$$

Sei ϱ_f die Änderungsrate und ε_f die Elastizität von f. Welche der folgenden Alternativen sind richtig?

A $\varrho_f(x) = \dfrac{2+x}{x\,(1+x)}$

B $\varrho_f(x) = \dfrac{1-x^2}{x\,(1+x^2)}$

C $\varrho_f(x) = \dfrac{2}{x^2-1}$

D $\varepsilon_f(x) = \dfrac{2+x}{1+x}$

E $\varepsilon_f(x) = \dfrac{1-x^2}{1+x^2}$

F $\varepsilon_f(x) = \dfrac{2x}{x^2-1}$

Aufgabe 11–8. Gegeben sei die Funktion $f : \mathbf{R} \to \mathbf{R}$ mit

$$f(x) = \frac{x}{x^2+3}$$

Welche der folgenden Alternativen sind richtig?

A f ist monoton wachsend.

B f ist monoton fallend.

C f ist beschränkt.

D f ist unbeschränkt.

Aufgabe 11–9. Gegeben sei die Funktion $f : \mathbf{R} \to \mathbf{R}$ mit

$$f(x) = (x-2)^2 - 3$$

Welche der folgenden Alternativen sind richtig?

A f ist monoton wachsend.

B f ist monoton fallend.

C f ist nach unten beschränkt.

D f ist nach oben beschränkt.

E f ist konvex.

F f ist konkav.

Aufgabe 11–10. Gegeben sei die Funktion $f : \mathbf{R} \to \mathbf{R}$ mit

$$f(x) = (x-2)^3 - 3$$

Welche der folgenden Alternativen sind richtig?

A f ist monoton wachsend.
B f ist monoton fallend.
C f ist nach unten beschränkt.
D f ist nach oben beschränkt.
E f ist konvex.
F f ist konkav.

Aufgabe 11–11. Auf welchen der folgenden Intervalle ist die Funktion $f : \mathbf{R} \to \mathbf{R}$ mit

$$f(x) = x^4 - 2x^3 - 12x^2 - 2$$

konvex?

A $(-\infty, -1]$
B $[-1, 0]$
C $[0, 1]$
D $[1, 2]$
E $[2, \infty)$

Aufgabe 11–12. Gegeben sei die Funktion $f : \mathbf{R} \to \mathbf{R}$ mit

$$f(x) = 2x^3 - 3x^2 - 12x$$

Welche der folgenden Alternativen sind richtig?

A f besitzt ein lokales Minimum bei $x = -1$.
B f besitzt ein lokales Minimum bei $x = 0$.
C f besitzt ein lokales Minimum bei $x = 2$.
D f besitzt ein lokales Maximum bei $x = -1$.
E f besitzt ein lokales Maximum bei $x = 0$.
F f besitzt ein lokales Maximum bei $x = 2$.

Aufgabe 11–13. Gegeben sei die Funktion $f : \mathbf{R} \to \mathbf{R}$ mit

$$f(x) = x^3 - 3x + 6$$

Welche der folgenden Alternativen sind richtig?

A f besitzt ein lokales Minimum bei $x = -1$.
B f besitzt ein lokales Minimum bei $x = 0$.
C f besitzt ein lokales Minimum bei $x = 1$.
D f besitzt kein lokales Minimum.
E f besitzt ein lokales Maximum bei $x = -1$.
F f besitzt ein lokales Maximum bei $x = 0$.
G f besitzt ein lokales Maximum bei $x = 1$.
H f besitzt kein lokales Maximum.

Aufgabe 11–14. Gegeben sei die Funktion $f : \mathbf{R} \to \mathbf{R}$ mit

$$f(x) = (x^2 - 3)\, e^x$$

Welche der folgenden Alternativen sind richtig?

A f besitzt genau ein lokales Minimum.
B f besitzt genau ein lokales Maximum.
C f besitzt bei $x = 1$ ein lokales Minimum.
D f besitzt bei $x = 1$ ein lokales Maximum.
E f besitzt bei $x = -1$ ein lokales Minimum.
F f besitzt bei $x = -1$ ein lokales Maximum.

Aufgabe 11–15. Gegeben sei die Funktion $f : (-2, \infty) \to \mathbf{R}$ mit

$$f(x) = \frac{x}{(x+2)^2}$$

Welche der folgenden Alternativen sind richtig?

A f besitzt ein lokales Minimum bei $x = 0$.
B f besitzt ein lokales Minimum bei $x = 2$.
C f besitzt ein lokales Maximum bei $x = 0$.
D f besitzt ein lokales Maximum bei $x = 2$.

Aufgabe 11–16. Gegeben sei die Funktion $f : [-2, 3] \to \mathbf{R}$ mit

$$f(x) = 2x^3 - 3x^2 - 12x$$

Welche der folgenden Alternativen sind richtig?

A f besitzt ein lokales Minimum oder Maximum bei $x = -1$.
B f besitzt ein lokales Minimum oder Maximum bei $x = 0$.
C f besitzt ein lokales Minimum oder Maximum bei $x = 2$.
D f besitzt ein lokales Minimum oder Maximum bei $x = 3$.

E f besitzt ein globales Minimum oder Maximum bei $x = -2$.
F f besitzt ein globales Minimum oder Maximum bei $x = -1$.
G f besitzt ein globales Minimum oder Maximum bei $x = 2$.
H f besitzt ein globales Minimum oder Maximum bei $x = 3$.

Aufgabe 11–17. Gegeben sei die Funktion $f : [0,2] \to \mathbf{R}$ mit

$$f(x) = x^3 - 3x + 2$$

Welche der folgenden Alternativen sind richtig?

A f besitzt ein globales Minimum bei $x = 0$.
B f besitzt ein globales Minimum bei $x = 1$.
C f besitzt ein globales Minimum bei $x = 2$.
D f besitzt ein globales Maximum bei $x = 0$.
E f besitzt ein globales Maximum bei $x = 1$.
F f besitzt ein globales Maximum bei $x = 2$.

Aufgabe 11–18. Gegeben sei die Funktion $f : [-1,1] \to \mathbf{R}$ mit

$$f(x) = x^3 + 3x^2 + 3$$

Welche der folgenden Alternativen sind richtig?

A f besitzt ein globales Maximum bei $x = -1$.
B f besitzt ein globales Maximum bei $x = 1$.
C f besitzt ein globales Maximum im Intervall $(-1, 1)$.
D f besitzt ein globales Minimum bei $x = -1$.
E f besitzt ein globales Minimum bei $x = 1$.
F f besitzt ein globales Minimum im Intervall $(-1, 1)$.

Aufgabe 11–19. Gegeben sei die Funktion $f : \mathbf{R} \to \mathbf{R}$ mit

$$f(x) = x^3 - 6x^2 + 3x - 1$$

Welche der folgenden Alternativen sind richtig?

A f besitzt keinen Wendepunkt.
B f besitzt genau einen Wendepunkt.
C f besitzt mehr als einen Wendepunkt.
D f besitzt einen Wendepunkt bei $x = 2$.
E f besitzt einen Wendepunkt bei $x = 3$.
F f besitzt einen Wendepunkt bei $x = 4$.

Aufgabe 11–20. Gegeben sei die Funktion $f : \mathbf{R} \to \mathbf{R}$ mit

$$f(x) = e^{-x^2/2}$$

Welche der folgenden Alternativen sind richtig?

A f besitzt einen Wendepunkt bei $x = 1$.
B f besitzt einen Wendepunkt bei $x = 0$.
C f besitzt einen Wendepunkt bei $x = -1$.
D f besitzt keinen Wendepunkt.
E Es gilt $f'''(x) = (-x^3 + 3x)\, e^{-x^2/2}$.

Aufgabe 11–21. Gegeben sei die Funktion $f : \mathbf{R} \to \mathbf{R}$ mit

$$f(x) = x^4 - 4x^3 - 18x^2 + 4x$$

Welche der folgenden Alternativen sind richtig?

A f besitzt einen Wendepunkt bei $x = -1$.
B f besitzt einen Wendepunkt bei $x = 0$.
C f besitzt einen Wendepunkt bei $x = 3$.
D f besitzt keinen Wendepunkt.
E f ist auf $(-\infty, -1)$ konvex.
F f ist auf $(-1, 3)$ konvex.
G f ist auf $(3, \infty)$ konvex.

Aufgabe 11–22. Gegeben sei die Funktion $f : \mathbf{R} \to \mathbf{R}$ mit

$$f(x) = x^3 + a_2 x^2 + a_1 x + a_0$$

und $a_0, a_1, a_2 \in \mathbf{R}$. Die Funktion f besitze eine Nullstelle bei $x_0 = 0$, ein lokales Minimum oder Maximum bei $x_1 = 1$ und einen Wendepunkt bei $x_2 = 2$. Welche der folgenden Alternativen sind richtig?

A $f(1) = 0$
B $f(1) = 1$
C $f(1) = 4$
D $f(2) = 0$
E $f(2) = 2$
F $f(2) = 8$

Kapitel 12

Lineare Differentialgleichungen

Aufgabe	Lösung
12–1	
12–2	
12–3	
12–4	
12–5	
12–6	
12–7	
12–8	
12–9	
12–10	
12–11	
12–12	
12–13	
12–14	

Aufgabe 12–1. Gegeben sei die Funktion $b : \mathbf{R} \to \mathbf{R}$ mit

$$b(x) = 2x^2 + e^x$$

und eine Funktion $f : \mathbf{R} \to \mathbf{R}$ mit $f' = b$. Welche der folgenden Alternativen sind richtig?

A f ist stetig differenzierbar.

B f ist monoton wachsend.

C Es gilt $f(1) - f(0) = e - 1/3$.

D Es gilt $f(1) - f(0) = e + 1/3$.

E Es gilt $f(1) - f(0) = e + 2/3$.

Aufgabe 12–2. Die Differentialgleichung

$$2xf'(x) + x^2 f(x) + 6x^3 e^x = 0$$

A ist eine Differentialgleichung 1. Ordnung.

B ist eine lineare Differentialgleichung.

C ist eine inhomogene lineare Differentialgleichung.

D ist eine homogene lineare Differentialgleichung.

E besitzt eine eindeutige Lösung.

F besitzt unendlich viele Lösungen.

G ist eine Differentialgleichung 2. Ordnung.

Aufgabe 12–3. Gegeben sei die lineare Differentialgleichung

$$f'(x) + h'(x) f(x) = h(x) h'(x)$$

für eine Funktion $f : (a, b) \to \mathbf{R}$, wobei $h : (a, b) \to \mathbf{R}$ eine differenzierbare Funktion sei. Welche der folgenden Alternativen sind richtig?

A Die Funktion $f^* : (a, b) \to \mathbf{R}$ mit $f^*(x) = h(x) - 1$ ist eine Lösung der Differentialgleichung.

B Die Funktion $f^* : (a, b) \to \mathbf{R}$ mit $f^*(x) = h(x)$ ist eine Lösung der Differentialgleichung.

C Die Funktion $f^* : (a, b) \to \mathbf{R}$ mit $f^*(x) = e^{-h(x)} + h(x) - 1$ ist eine Lösung der Differentialgleichung.

D Die Funktion $f^* : (a, b) \to \mathbf{R}$ mit $f^*(x) = \alpha e^{-h(x)} + h(x) - 1$ und $\alpha \in \mathbf{R}$ ist die allgemeine Lösung der Differentialgleichung.

Aufgabe 12–4. Gegeben sei die lineare Differentialgleichung

$$f'(x) + 2xf(x) = 2x^2 + 1$$

Welche der folgenden Alternativen sind richtig?

A Die Funktion f^* mit $f^*(x) = -x^2$ ist eine Lösung der Differentialgleichung.

B Die Funktion f^* mit $f^*(x) = x$ ist eine Lösung der Differentialgleichung.

C Die Funktion f^* mit $f^*(x) = x + e^{-x^2}$ ist eine Lösung der Differentialgleichung.

D Die Funktion f^* mit $f^*(x) = -x^2 + e^{-x^2}$ ist eine Lösung der Differentialgleichung.

E Die Funktion f^* mit $f^*(x) = x + \alpha e^{-x^2}$ und $\alpha \in \mathbf{R}$ ist die allgemeine Lösung der Differentialgleichung.

F Die Funktion f^* mit $f^*(x) = -x^2 + \alpha e^{-x^2}$ und $\alpha \in \mathbf{R}$ ist die allgemeine Lösung der Differentialgleichung.

Aufgabe 12–5. Gegeben sei die lineare Differentialgleichung (D)

$$f'(x) + 2f(x) = x$$

Welche der folgenden Alternativen sind richtig?

A Die Funktion f^* mit $f^*(x) = e^{-2x}$ ist eine Lösung der zugehörigen homogenen Differentialgleichung.

B Die Funktion f^* mit $f^*(x) = \alpha\, e^{-2x}$ und $\alpha \in \mathbf{R}$ ist die allgemeine Lösung der zugehörigen homogenen Differentialgleichung.

C Die Funktion f^* mit $f^*(x) = \frac{1}{2}\,x - \frac{1}{4}$ ist eine Lösung von (D).

D Die Funktion f^* mit $f^*(x) = \alpha\left(\frac{1}{2}\,x - \frac{1}{4}\right)$ und $\alpha \in \mathbf{R}$ ist die allgemeine Lösung von (D).

E Die Funktion f^* mit $f^*(x) = \frac{1}{2}\,x - \frac{1}{4} + \alpha\, e^{-2x}$ und $\alpha \in \mathbf{R}$ ist die allgemeine Lösung von (D).

F Die Funktion f^* mit $f^*(x) = e^{-2x} + \alpha\left(\frac{1}{2}\,x - \frac{1}{4}\right)$ und $\alpha \in \mathbf{R}$ ist die allgemeine Lösung von (D).

Aufgabe 12–6. Gegeben sei die lineare Differentialgleichung (D)

$$f'(x) - xf(x) = -3x$$

und die Anfangsbedingung (A)

$$f(0) = 4$$

Welche der folgenden Alternativen sind richtig?

A Die Funktion f^{**} mit $f^{**}(x) = 3$ ist eine Lösung von (D) und erfüllt die Anfangsbedingung (A).

B Die Funktion f^{**} mit $f^{**}(x) = 3 + e^{x^2/2}$ ist eine Lösung von (D) und erfüllt die Anfangsbedingung (A).

C Die Funktion f^{**} mit $f^{**}(x) = 3 - e^{x^2/2}$ ist eine Lösung von (D) und erfüllt die Anfangsbedingung (A).

D Die Funktion f^{**} mit $f^{**}(x) = -3$ ist eine Lösung von (D) und erfüllt die Anfangsbedingung (A).

E Die Funktion f^{**} mit $f^{**}(x) = -3 + e^{x^2/2}$ ist eine Lösung von (D) und erfüllt die Anfangsbedingung (A).

F Die Funktion f^{**} mit $f^{**}(x) = -3 - e^{x^2/2}$ ist eine Lösung von (D) und erfüllt die Anfangsbedingung (A).

Aufgabe 12–7. Gegeben sei die lineare Differentialgleichung

$$f'' + 4f' - 5f - 10 = 0$$

Welche der folgenden Alternativen sind richtig?

A Die Differentialgleichung ist homogen.

B Die Differentialgleichung ist inhomogen.

C Zur Bestimmung der allgemeinen Lösung der zugehörigen homogenen Differentialgleichung ist die Gleichung $\lambda^2 + 4\lambda - 5 = 0$ zu lösen.

D Zur Bestimmung der allgemeinen Lösung der zugehörigen homogenen Differentialgleichung ist die Gleichung $\lambda^2 + 4\lambda - 5 = 10$ zu lösen.

E Die Differentialgleichung besitzt die allgemeine Lösung f^* mit

$$f^*(x) = \alpha_1 e^x + \alpha_2 e^{-5x}$$

und $\alpha_1, \alpha_2 \in \mathbf{R}$.

F Die Differentialgleichung besitzt die allgemeine Lösung f^* mit

$$f^*(x) = \alpha_1 e^x + \alpha_2 e^{-5x} - 2$$

und $\alpha_1, \alpha_2 \in \mathbf{R}$.

Aufgabe 12–8. Gegeben sei die lineare Differentialgleichung

$$f'' + 4f' + 5f = 5$$

Welche der folgenden Alternativen sind richtig?

A Die Differentialgleichung ist homogen.

B Die Differentialgleichung ist inhomogen.

C Zur Bestimmung der allgemeinen Lösung der zugehörigen homogenen Differentialgleichung ist die Gleichung $\lambda^2 + 4\lambda + 5 = 0$ zu lösen.

D Zur Bestimmung der allgemeinen Lösung der zugehörigen homogenen Differentialgleichung ist die Gleichung $\lambda^2 + 4\lambda + 5 = 5$ zu lösen.

E Die Differentialgleichung besitzt die allgemeine Lösung f^* mit

$$f^*(x) = \alpha_1 e^{-2x}\cos(x) + \alpha_2 e^{-2x}\sin(x)$$

und $\alpha_1, \alpha_2 \in \mathbf{R}$.

F Die Differentialgleichung besitzt die allgemeine Lösung f^* mit

$$f^*(x) = \alpha_1 e^{-2x}\cos(x) + \alpha_2 e^{-2x}\sin(x) + 1$$

und $\alpha_1, \alpha_2 \in \mathbf{R}$.

Aufgabe 12–9. Gegeben sei die lineare Differentialgleichung (D)

$$f'' + 4f' + 4f = -8$$

Welche der folgenden Alternativen sind richtig?

A Zur Bestimmung der allgemeinen Lösung der zugehörigen homogenen Differentialgleichung ist die Gleichung $\lambda^2 + 4\lambda + 4 = 0$ zu lösen.

B Zur Bestimmung der allgemeinen Lösung der zugehörigen homogenen Differentialgleichung ist die Gleichung $\lambda^2 + 4\lambda + 4 = -8$ zu lösen.

C Die Differentialgleichung (D) besitzt die allgemeine Lösung f^* mit

$$f^*(x) = \alpha_1 e^{-2x} + \alpha_2 e^{-2x} - 2$$

und $\alpha_1, \alpha_2 \in \mathbf{R}$.

D Die Differentialgleichung (D) besitzt die allgemeine Lösung f^* mit

$$f^*(x) = \alpha_1 e^{-2x} + \alpha_2 x e^{-2x} - 2$$

und $\alpha_1, \alpha_2 \in \mathbf{R}$.

E Die Differentialgleichung (D) besitzt die allgemeine Lösung f^* mit

$$f^*(x) = \alpha_1 e^{-2x}\cos(x) + \alpha_2 e^{-2x}\sin(x) - 2$$

und $\alpha_1, \alpha_2 \in \mathbf{R}$.

Aufgabe 12–10. Gegeben sei die lineare Differentialgleichung (D)

$$f'' + f' - 12f = 24$$

Welche der folgenden Alternativen sind richtig?

A Die Funktion f^* mit $f^*(x) = \alpha_1 e^{3x} + \alpha_2 e^{-4x}$ und $\alpha_1, \alpha_2 \in \mathbf{R}$ ist die allgemeine Lösung von (D).

B Die Funktion f^* mit $f^*(x) = \alpha_1 e^{3x} + \alpha_2 e^{-4x}$ und $\alpha_1, \alpha_2 \in \mathbf{R}$ ist die allgemeine Lösung der zugehörigen homogenen Differentialgleichung.

C Die Funktion f^* mit $f^*(x) = -2$ ist eine Lösung von (D).

D Die Funktion f^* mit $f^*(x) = -2$ ist die allgemeine Lösung von (D).

E Die Funktion f^* mit $f^*(x) = 0$ ist die allgemeine Lösung der zugehörigen homogenen Differentialgleichung.

Aufgabe 12–11. Gegeben sei die lineare Differentialgleichung (D)

$$f''(x) + 5f'(x) + 6f(x) \;=\; 6x + 5$$

Welche der folgenden Alternativen sind richtig?

A Die allgemeine Lösung der zugehörigen homogenen Differentialgleichung ist durch die Funktion f^* mit $f^*(x) = \alpha_1 e^{-2x} + \alpha_2 e^{-3x} + 6x + 5$ und $\alpha_1, \alpha_2 \in \mathbf{R}$ gegeben.

B Die allgemeine Lösung der zugehörigen homogenen Differentialgleichung ist durch die Funktion f^* mit $f^*(x) = \alpha_1 e^{-2x} + \alpha_2 e^{-3x}$ und $\alpha_1, \alpha_2 \in \mathbf{R}$ gegeben.

C Die Funktion f^* mit $f^*(x) = x$ ist eine Lösung von (D).

D Die Funktion f^* mit $f^*(x) = 6x$ ist eine Lösung von (D).

E Die Funktion f^* mit $f^*(x) = 6x + 5$ ist eine Lösung von (D).

F Die Funktion f^* mit $f^*(x) = x + 5$ ist eine Lösung von (D).

Aufgabe 12–12. Von der linearen Differentialgleichung (D)

$$f'' + af' + bf \;=\; c$$

mit $a, b, c \in \mathbf{R}\backslash\{0\}$ ist bekannt, daß sie die Lösung f^{**} mit

$$f^{**}(x) \;=\; e^{-2x} + x\,e^{-2x} + 1$$

besitzt. Welche der folgenden Alternativen sind richtig?

A Die Funktion f^* mit $f^*(x) = \alpha_1 e^{-2x} + \alpha_2 x e^{-2x}$ und $\alpha_1, \alpha_2 \in \mathbf{R}$ ist die allgemeine Lösung von (D).

B Die Funktion f^* mit $f^*(x) = \alpha_1 e^{-2x} + \alpha_2 x e^{-2x}$ und $\alpha_1, \alpha_2 \in \mathbf{R}$ ist die allgemeine Lösung der zugehörigen homogenen Differentialgleichung.

C Die Funktion f^* mit $f^*(x) = 1$ ist eine Lösung von (D).

D Die Funktion f^* mit $f^*(x) = 1$ ist eine Lösung der zugehörigen homogenen Differentialgleichung.

Aufgabe 12–13. Gegeben sei die lineare Differentialgleichung (D)

$$f'' - 4f' + 4f \;=\; 8$$

und die Anfangsbedingung (A)

$$\begin{aligned} f(0) &= 3 \\ f'(0) &= 0 \end{aligned}$$

Welche der folgenden Alternativen sind richtig?

A (D) besitzt die allgemeine Lösung f^* mit $f^*(x) = \alpha_1 e^{2x} + \alpha_2 x e^{2x}$ und $\alpha_1, \alpha_2 \in \mathbf{R}$.

B (D) besitzt die allgemeine Lösung f^* mit $f^*(x) = \alpha_1 e^{2x} + \alpha_2 x e^{2x} + 2$ und $\alpha_1, \alpha_2 \in \mathbf{R}$.

C Die Funktion f^{**} mit $f^{**}(x) = e^{2x} - 2xe^{2x}$ ist eine Lösung von (D) und erfüllt die Anfangsbedingung (A).

D Die Funktion f^{**} mit $f^{**}(x) = e^{2x} - 2xe^{2x} + 2$ ist eine Lösung von (D) und erfüllt die Anfangsbedingung (A).

Aufgabe 12–14. Die lineare Differentialgleichung (D)

$$f'' - 4f' + 4f = 4$$

besitzt die allgemeine Lösung f^* mit

$$f^*(x) = \alpha_1 e^{2x} + \alpha_2 x e^{2x} + 1$$

und $\alpha_1, \alpha_2 \in \mathbf{R}$. Welche der folgenden Alternativen sind richtig?

A Die Funktion f^{**} mit

$$f^{**}(x) = e^{2x} - 2xe^{2x}$$

ist eine Lösung von (D) und erfüllt die Anfangsbedingung $f(0) = 2$ und $f'(0) = 0$.

B Die Funktion f^{**} mit

$$f^{**}(x) = e^{2x} - 2xe^{2x} + 1$$

ist eine Lösung von (D) und erfüllt die Anfangsbedingung $f(0) = 2$ und $f'(0) = 0$.

C Die Funktion f^{**} mit

$$f^{**}(x) = e^{2x} - 2xe^{2x}$$

ist eine Lösung von (D) und erfüllt die Anfangsbedingung $f(0) = 1$ und $f'(0) = 0$.

D Die Funktion f^{**} mit

$$f^{**}(x) = e^{2x} - 2xe^{2x} + 1$$

ist eine Lösung von (D) und erfüllt die Anfangsbedingung $f(0) = 1$ und $f'(0) = 0$.

Kapitel 13

Integralrechnung

Aufgabe	Lösung
13–1	
13–2	
13–3	
13–4	
13–5	
13–6	
13–7	
13–8	
13–9	
13–10	
13–11	

Aufgabe	Lösung
13–12	
13–13	
13–14	
13–15	
13–16	
13–17	
13–18	
13–19	
13–20	
13–21	
13–22	

Aufgabe 13–1. Das unbestimmte Integral

$$\int x \ln(x)\, dx$$

soll mit Hilfe der partiellen Integration umgeformt werden. Welche der folgenden Alternativen sind richtig?

A $\displaystyle\int x \ln(x)\, dx = \frac{x^2}{2} \ln(x) - \int \frac{x}{2}\, dx$

B $\displaystyle\int x \ln(x)\, dx = \frac{x^2}{2} \ln(x) + \int \frac{x}{2}\, dx$

C $\displaystyle\int x \ln(x)\, dx = x^2 \ln(x) - \int x\, dx$

D $\displaystyle\int x \ln(x)\, dx = x^2 \ln(x) + \int x\, dx$

Aufgabe 13–2. Auf welches Integral führt die Substitution $g(x) = 1 + 2e^x$ bei der Berechnung des Integrals

$$\int_0^{\ln(c)} e^x (1 + 2e^x)\, dx$$

mit $c \in (1, \infty)$?

A $\displaystyle\int_0^{\ln(c)} \frac{z}{2}\, dz$

B $\displaystyle\int_3^{1+2c} \frac{z}{2}\, dz$

C $\displaystyle\int_0^{\ln(c)} z\, dz$

D $\displaystyle\int_3^{1+2c} z\, dz$

E $\displaystyle\int_0^{\ln(c)} 2z\, dz$

F $\displaystyle\int_3^{1+2c} 2z\, dz$

Aufgabe 13–3. Auf welches Integral führt die Substitution $g(x) = x^3 + 3x$ bei der Berechnung des Integrals

$$\int_1^c \frac{x^2 + 1}{x^3 + 3x}\, dx$$

mit $c \in (1, \infty)$?

A $\displaystyle\int_1^c \frac{1}{z}\,dz$

B $\displaystyle\int_1^c \frac{1}{3z}\,dz$

C $\displaystyle\int_1^c 3z\,dz$

D $\displaystyle\int_4^{c^3+3c} \frac{1}{z}\,dz$

E $\displaystyle\int_4^{c^3+3c} \frac{1}{3z}\,dz$

F $\displaystyle\int_4^{c^3+3c} 3z\,dz$

Aufgabe 13–4. Auf welches Integral führt die Substitution $g(x) = x^2 + 1$ bei der Berechnung des Integrals

$$\int_0^c \frac{2x}{x^2+1}\,dx$$

mit $c \in (1, \infty)$?

A $\displaystyle\int_0^c \frac{1}{z}\,dz$

B $\displaystyle\int_0^c \frac{1}{z^2}\,dz$

C $\displaystyle\int_1^{c^2+1} \frac{1}{z}\,dz$

D $\displaystyle\int_1^{c^2+1} \frac{1}{z^2}\,dz$

Aufgabe 13–5. Das bestimmte Integral

$$\int_0^1 \left(2x^3 + x^2 - 1\right)dx$$

hat den Wert

A $-1/6$

B $1/12$

C $5/6$

D 8

E 11

F 20

Aufgabe 13–6. Das bestimmte Integral

$$\int_0^1 x\, e^x \, dx$$

hat den Wert

- **A** 1
- **B** e^{-1}
- **C** $2e^{-1}$
- **D** $e^{-1} - 1$
- **E** $2e^{-1} - 1$
- **F** $1 + 2e^{-1}$
- **G** $1 - 2e^{-1}$
- **H** $1 + e^{-1}$

Aufgabe 13–7. Das bestimmte Integral

$$\int_{-1}^1 \left(2x^2 + 3x + 3\right) e^x \, dx$$

hat den Wert

- **A** $5e - 7/e$
- **B** $5e - 11/e$
- **C** $5e - 14/e$
- **D** $6e - 7/e$
- **E** $6e - 11/e$
- **F** $6e - 14/e$

Aufgabe 13–8. Das bestimmte Integral

$$\int_0^\pi \sin(2x) \, dx$$

hat den Wert

- **A** 2π
- **B** π
- **C** $\pi/2$
- **D** 0
- **E** $-\pi/2$
- **F** $-\pi$
- **G** -2π

Aufgabe 13–9. Das bestimmte Integral

$$\int_0^{2\pi} x\,\cos(x)\,dx$$

hat den Wert

A -2π

B -2

C 0

D 2

E 2π

Aufgabe 13–10. Das bestimmte Integral

$$\int_0^{\pi/2} \sin^2(x)\cos(x)\,dx$$

hat den Wert

A 0

B $1/3$

C 1

D $\pi/6$

E $\pi/2$

Aufgabe 13–11. Gegeben sei die Funktion $f : [-2,3] \to \mathbf{R}$ mit

$$f(x) = \begin{cases} 1 & \text{falls} \quad -2 \le x \le 0 \\ x^2+1 & \text{falls} \quad 0 < x \le 3 \end{cases}$$

Welche der folgenden Alternativen sind richtig?

A f ist integrierbar.

B f ist nicht integrierbar.

C Es gilt $\int_{-2}^{3} f(x)\,dx = 10$.

D Es gilt $\int_{-2}^{3} f(x)\,dx = 11$.

E Es gilt $\int_{-2}^{3} f(x)\,dx = 12$.

F Es gilt $\int_{-2}^{3} f(x)\,dx = 13$.

G Es gilt $\int_{-2}^{3} f(x)\,dx = 14$.

Aufgabe 13–12. Gegeben sei die Funktion $f : [-1,1] \to \mathbf{R}$ mit

$$f(x) = \begin{cases} -1 & \text{falls} \quad -1 \le x \le 0 \\ x^3 & \text{falls} \quad 0 < x \le 1 \end{cases}$$

Welche der folgenden Alternativen sind richtig?

A f ist integrierbar.

B f ist nicht integrierbar.

C Es gilt $\int_{-1}^{1} f(x)\,dx = -1$.

D Es gilt $\int_{-1}^{1} f(x)\,dx = -3/4$.

E Es gilt $\int_{-1}^{1} f(x)\,dx = -1/2$.

F Es gilt $\int_{-1}^{1} f(x)\,dx = -1/4$.

G Es gilt $\int_{-1}^{1} f(x)\,dx = 0$.

H Es gilt $\int_{-1}^{1} f(x)\,dx = 1/4$.

Aufgabe 13–13. Gegeben seien die Funktionen $f, g : [0,1] \to \mathbf{R}$ mit

$$\begin{aligned} f(x) &= 5x^2 \\ g(x) &= -(x^3+1) \end{aligned}$$

Der Flächeninhalt zwischen f und g ist gleich

A $-7/12$

B $1/12$

C $5/12$

D $23/12$

E $31/12$

F $35/12$

Aufgabe 13–14. Gegeben seien die Funktionen $f, g : [-1,1] \to \mathbf{R}$ mit

$$\begin{aligned} f(x) &= 45\,(x^2-1)+1 \\ g(x) &= 45\,(1-x^2)+1 \end{aligned}$$

Der Flächeninhalt zwischen f und g ist gleich

A -120

B -90

C -60

D -30

E 30

F 60

G 90

H 120

Aufgabe 13–15. Gegeben seien die Funktionen $f, g : [-2,2] \to \mathbf{R}$ mit

$$\begin{aligned} f(x) &= 3x^2+6x-18 \\ g(x) &= 6x-6 \end{aligned}$$

Der Flächeninhalt zwischen f und g ist gleich

A 4
B 8
C 16
D 32
E 64
F 80
G 84
H 90

Aufgabe 13–16. Gegeben sei die Funktion $f : (0, \infty) \to \mathbf{R}$ mit

$$f(x) \;=\; x^2 + \sqrt{x} - 2$$

Welche der folgenden Alternativen sind richtig?

A $f(x) = \int_9^x \left(2y + \frac{1}{2\sqrt{y}}\right) dy$

B $f(x) = \int_4^x \left(2y + \frac{1}{2\sqrt{y}}\right) dy$

C $f(x) = \int_1^x \left(2y + \frac{1}{2\sqrt{y}}\right) dy$

D $f(x) = \int_{1/4}^x \left(2y + \frac{1}{2\sqrt{y}}\right) dy$

Aufgabe 13–17. Gegeben sei die Funktion $f : (-\infty, 0] \to \mathbf{R}$ mit

$$f(x) \;=\; e^x$$

Welche der folgenden Alternativen sind richtig?

A f ist nicht uneigentlich integrierbar.
B Es gilt $\int_{-\infty}^0 f(x)\,dx = 0$.
C Es gilt $\int_{-\infty}^0 f(x)\,dx = 1/e$.
D Es gilt $\int_{-\infty}^0 f(x)\,dx = 1$.
E Es gilt $\int_{-\infty}^0 f(x)\,dx = e$.

Aufgabe 13–18. Gegeben sei die Funktion $f : [4, \infty) \to \mathbf{R}$ mit

$$f(x) \;=\; \frac{1}{x\sqrt{x}}$$

Welche der folgenden Alternativen sind richtig?

A f ist nicht uneigentlich integrierbar.
B Es gilt $\int_4^\infty f(x)\,dx = 1/2$.
C Es gilt $\int_4^\infty f(x)\,dx = 1/4$.
D Es gilt $\int_4^\infty f(x)\,dx = 1$.
E Es gilt $\int_4^\infty f(x)\,dx = 2$.
F Es gilt $\int_4^\infty f(x)\,dx = 4$.

Aufgabe 13–19. Gegeben sei die Funktion $f : (-\infty, -4] \to \mathbf{R}$ mit

$$f(x) = \frac{1}{x^2}$$

Welche der folgenden Alternativen sind richtig?

A f ist nicht uneigentlich integrierbar.
B Es gilt $\int_{-\infty}^{-4} f(x)\,dx = 0$.
C Es gilt $\int_{-\infty}^{-4} f(x)\,dx = 1/4$.
D Es gilt $\int_{-\infty}^{-4} f(x)\,dx = 1/3$.
E Es gilt $\int_{-\infty}^{-4} f(x)\,dx = 1/2$.
F Es gilt $\int_{-\infty}^{-4} f(x)\,dx = 1$.

Aufgabe 13–20. Gegeben sei die Funktion $f : (0, 4] \to \mathbf{R}$ mit

$$f(x) = \frac{1}{\sqrt{x}}$$

Welche der folgenden Alternativen sind richtig?

A f ist nicht uneigentlich integrierbar.
B Es gilt $\int_0^4 f(x)\,dx = 1/4$.
C Es gilt $\int_0^4 f(x)\,dx = 1/2$.
D Es gilt $\int_0^4 f(x)\,dx = 1$.
E Es gilt $\int_0^4 f(x)\,dx = 2$.
F Es gilt $\int_0^4 f(x)\,dx = 4$.

Aufgabe 13–21. Gegeben sei die Funktion $f : (0, \infty) \to \mathbf{R}$ mit

$$f(x) = \frac{1}{x^2}$$

Welche der folgenden Alternativen sind richtig?

A f ist nicht uneigentlich integrierbar.

B Es gilt $\int_0^\infty f(x)\,dx = 0$.

C Es gilt $\int_0^\infty f(x)\,dx = 1/4$.

D Es gilt $\int_0^\infty f(x)\,dx = 1/3$.

E Es gilt $\int_0^\infty f(x)\,dx = 1/2$.

F Es gilt $\int_0^\infty f(x)\,dx = 1$.

Aufgabe 13–22. Gegeben sei die Funktion $f : [1, \infty) \to \mathbf{R}$ mit

$$f(x) \;=\; 2^{-x}$$

Welche der folgenden Alternativen sind richtig?

A Die Reihe $\sum_{k=1}^\infty f(k)$ ist konvergent.

B Die Reihe $\sum_{k=1}^\infty f(k)$ ist divergent.

C f ist uneigentlich integrierbar.

D Es gilt $\int_1^\infty f(x)\,dx = \infty$.

Kapitel 14

Differentialrechnung in mehreren Variablen

Aufgabe	Lösung
14–1	
14–2	
14–3	
14–4	
14–5	
14–6	
14–7	
14–8	
14–9	
14–10	
14–11	

Aufgabe	Lösung
14–12	
14–13	
14–14	
14–15	
14–16	
14–17	
14–18	
14–19	
14–20	
14–21	
14–22	

Aufgabe 14–1. Die Folge $\{\boldsymbol{a}_n\}_{n\in\mathbf{N}}$ mit

$$\boldsymbol{a}_n = \begin{pmatrix} \dfrac{n}{2n+1} \\ \dfrac{n^2+1}{3n^3+n} \end{pmatrix}$$

ist

A divergent.

B konvergent mit Grenzwert $\begin{pmatrix} 1/2 \\ 0 \end{pmatrix}$.

C konvergent mit Grenzwert $\begin{pmatrix} 0 \\ 1/3 \end{pmatrix}$.

D konvergent mit Grenzwert $\begin{pmatrix} 1/2 \\ 1/3 \end{pmatrix}$.

Aufgabe 14–2. Die Folge $\{\boldsymbol{a}_n\}_{n\in\mathbf{N}_0}$ mit

$$\boldsymbol{a}_n = \begin{pmatrix} \dfrac{n-3}{n+3} \\ \dfrac{n^2-2}{n+2} \end{pmatrix}$$

ist

A divergent.

B konvergent mit Grenzwert $\begin{pmatrix} 0 \\ 1 \end{pmatrix}$.

C konvergent mit Grenzwert $\begin{pmatrix} 1 \\ 0 \end{pmatrix}$.

D konvergent mit Grenzwert $\begin{pmatrix} 1 \\ 1 \end{pmatrix}$.

Aufgabe 14–3. Gegeben sei die Funktion $f : (0,\infty)^2 \to \mathbf{R}$ mit

$$f(x,y) = xy^2 + x^2y$$

Welche der folgenden Alternativen sind richtig?

A f ist inhomogen.

B f ist linear homogen.

C f ist homogen vom Grad 1.

D f ist homogen vom Grad 2.

E f ist homogen vom Grad 3.

Aufgabe 14–4. Gegeben sei die Funktion $f : (0,\infty)^3 \to \mathbf{R}$ mit

$$f(x,y,z) \;=\; x^2 + y^2 + \frac{x^2y^2}{z^2}$$

Welche der folgenden Alternativen sind richtig?

A f ist inhomogen.

B f ist linear homogen.

C f ist homogen vom Grad 1.

D f ist homogen vom Grad 2.

E f ist homogen vom Grad 3.

Aufgabe 14–5. Gegeben sei die Funktion $f : (0,\infty)^3 \to \mathbf{R}$ mit

$$f(x,y,z) \;=\; 3\,\frac{xy^2}{z^3}$$

Welche der folgenden Alternativen sind richtig?

A f ist inhomogen.

B f ist homogen vom Grad 0.

C f ist homogen vom Grad 1.

D f ist homogen vom Grad 2.

E f ist homogen vom Grad 3.

Aufgabe 14–6. Gegeben sei die Funktion $f : (0,\infty)^3 \to \mathbf{R}$ mit

$$f(x,y,z) \;=\; \sqrt{3x^2y + xyz}$$

Welche der folgenden Alternativen sind richtig?

A f ist homogen vom Grad 0.

B f ist homogen vom Grad 1.

C f ist homogen vom Grad $3/2$.

D f ist homogen vom Grad $\sqrt{3}$.

E f ist homogen vom Grad 3.

Aufgabe 14–7. Gegeben sei die Funktion $f : \mathbf{R} \times (0,\infty) \to \mathbf{R}$ mit

$$f(x,y) \;=\; \ln\left(\frac{x^2+1}{y^2}\right)$$

Welche der folgenden Alternativen sind richtig?

A $\dfrac{\partial f}{\partial x}(x,y) = \dfrac{2x}{x^2+1}$

B $\dfrac{\partial f}{\partial x}(x,y) = \dfrac{y^2}{x^2+1}$

C $\frac{\partial f}{\partial y}(x,y) = \frac{2}{y}$

D $\frac{\partial f}{\partial y}(x,y) = -\frac{2}{y}$

E $\frac{\partial^2 f}{\partial x\,\partial y}(x,y) = 0$

F $\frac{\partial^2 f}{\partial y\,\partial x}(x,y) = 0$

Aufgabe 14–8. Gegeben sei die Funktion $f : \mathbf{R}^2 \to \mathbf{R}$ mit

$$f(x,y) = \cos(x+y) + \cos(x-y)$$

Welche der folgenden Alternativen sind richtig?

A $\frac{\partial^2 f}{\partial x\,\partial y}(x,y) = -\sin(x+y) + \cos(x-y)$

B $\frac{\partial^2 f}{\partial x\,\partial y}(x,y) = -\sin(x+y) + \sin(x-y)$

C $\frac{\partial^2 f}{\partial x\,\partial y}(x,y) = -\cos(x+y) + \cos(x-y)$

D $\frac{\partial^2 f}{\partial x\,\partial y}(x,y) = -\cos(x+y) + \sin(x-y)$

Aufgabe 14–9. Gegeben sei die Funktion $f : \mathbf{R}^2 \to \mathbf{R}$ mit

$$f(x,y) = x^2y + 4xy$$

Welche der folgenden Alternativen sind richtig?

A $\mathrm{grad}_f(1,1) = \mathbf{0}$

B $\mathrm{grad}_f(-4,0) = \mathbf{0}$

C $\mathrm{grad}_f(0,-4) = \mathbf{0}$

D $\mathrm{grad}_f(0,0) = \mathbf{0}$

Aufgabe 14–10. Gegeben sei die Funktion $f : \mathbf{R}^2 \to \mathbf{R}$ mit

$$f(x,y) = x^4 + 6xy$$

Welche der folgenden Alternativen sind richtig?

A $\mathrm{Hess}_f(1,1)$ ist positiv definit.

B $\mathrm{Hess}_f(1,1)$ ist negativ definit.

C $\mathrm{Hess}_f(1,1)$ ist indefinit.

D $\mathrm{Hess}_f(1,1)$ ist nicht definiert.

Aufgabe 14–11. Gegeben sei die Funktion $f : \mathbf{R}^3 \to \mathbf{R}$ mit

$$f(x,y,z) \;=\; x^2 + y^2 + z^2 + 2x - 2y + 5$$

Welche der folgenden Alternativen sind richtig?

A f besitzt an der Stelle $(x,y,z) = (-1,1,0)$ ein lokales Maximum.

B f besitzt an der Stelle $(x,y,z) = (-1,1,0)$ ein lokales Minimum.

C f besitzt an der Stelle $(x,y,z) = (1,-1,0)$ ein lokales Maximum.

D f besitzt an der Stelle $(x,y,z) = (1,-1,0)$ ein lokales Minimum.

E f besitzt kein lokales Minimum oder Maximum.

F f besitzt genau ein lokales Minimum.

G f besitzt genau ein lokales Maximum.

Aufgabe 14–12. Gegeben sei die Funktion $f : \mathbf{R}^2 \to \mathbf{R}$ mit

$$f(x,y) \;=\; x^2 + xy + y^2 + x - y + 1$$

Welche der folgenden Alternativen sind richtig?

A $(x,y) = (-1,1)$ ist ein lokaler Minimierer.

B $(x,y) = (-1,1)$ ist ein lokaler Maximierer.

C $(x,y) = (-1,1)$ ist der einzige lokale Minimierer.

D $(x,y) = (-1,1)$ ist der einzige lokale Maximierer.

E Es gilt $\operatorname{grad}_f(-1,1) = \mathbf{0}$.

F $\operatorname{Hess}_f(-1,1)$ ist negativ definit.

G $\operatorname{Hess}_f(-1,1)$ ist positiv definit.

Aufgabe 14–13. Gegeben sei die Funktion $f : \mathbf{R}^2 \to \mathbf{R}$ mit

$$f(x,y) \;=\; 2x^2 + 2xy - y^2 - 56x + 32y + 32$$

Welche der folgenden Alternativen sind richtig?

A $(x,y) = (4,20)$ ist ein lokaler Minimierer.

B $(x,y) = (4,20)$ ist ein lokaler Maximierer.

C Es gilt $\operatorname{grad}_f(4,20) = \mathbf{0}$.

D $\operatorname{Hess}_f(4,20)$ ist negativ definit.

E $\operatorname{Hess}_f(4,20)$ ist positiv definit.

F $\operatorname{Hess}_f(4,20)$ ist indefinit.

Aufgabe 14–14. Gegeben sei die Funktion $f : \mathbf{R}^2 \to \mathbf{R}$ mit

$$f(x,y) \;=\; 2x^3 - 15x^2 + y^2 + 36x + 1$$

Welche der folgenden Alternativen sind richtig?

A $(x, y) = (3, 0)$ ist ein lokaler Minimierer.
B $(x, y) = (3, 0)$ ist ein lokaler Maximierer.
C Es gilt $\text{grad}_f(3, 0) = \mathbf{0}$.
D $\text{Hess}_f(3, 0)$ ist negativ definit.
E $\text{Hess}_f(3, 0)$ ist positiv definit.
F $\text{Hess}_f(3, 0)$ ist indefinit.

Aufgabe 14–15. Gegeben sei die Funktion $f : \mathbf{R}^2 \to \mathbf{R}$ mit

$$f(x, y) = x^2 - xy + y^2 - 4x - 16y + 42$$

Welche der folgenden Alternativen sind richtig?

A $(x, y) = (8, 12)$ ist ein lokaler Minimierer.
B $(x, y) = (8, 12)$ ist ein lokaler Maximierer.
C $(x, y) = (8, 12)$ ist der einzige lokale Minimierer.
D $(x, y) = (8, 12)$ ist der einzige lokale Maximierer.
E Es gilt $\text{grad}_f(8, 12) = \mathbf{0}$.
F $\text{Hess}_f(8, 12)$ ist negativ definit.
G $\text{Hess}_f(8, 12)$ ist positiv definit.
H $\text{Hess}_f(8, 12)$ ist indefinit.

Aufgabe 14–16. Das Optimierungsproblem

Maximiere die Funktion $f : \mathbf{R}^2 \to \mathbf{R}$ mit

$$f(x, y) = x^2 + 16y^2$$

unter der Nebenbedingung

$$x^2 + y^2 = x^2 y^2$$

kann mit Hilfe des Lagrange–Ansatzes gelöst werden. Welche der folgenden Paare (x, y) erfüllen die notwendige Bedingung an lokale Minimierer oder lokale Maximierer beim Lagrange–Ansatz?

A $(x, y) = (\sqrt{2}, \sqrt{2})$
B $(x, y) = (-\sqrt{2}, -\sqrt{2})$
C $(x, y) = (\sqrt{5}, \sqrt{5}/2)$
D $(x, y) = (-\sqrt{5}, -\sqrt{5}/2)$

Aufgabe 14–17. Gegeben seien die Funktionen $f, g : \mathbf{R}^2 \to \mathbf{R}$ mit

$$f(x, y) = x^2 + y^2$$
$$g(x, y) = x + y - 2$$

Bestimmen Sie die lokalen Minimierer und Maximierer von f unter der Nebenbedingung

$$g(x,y) = 0$$

Welche der folgenden Alternativen sind richtig?

A $(x,y) = (2,0)$ ist ein lokaler Maximierer.
B $(x,y) = (0,2)$ ist ein lokaler Maximierer.
C $(x,y) = (1,1)$ ist ein lokaler Maximierer.
D $(x,y) = (2,0)$ ist ein lokaler Minimierer.
E $(x,y) = (0,2)$ ist ein lokaler Minimierer.
F $(x,y) = (1,1)$ ist ein lokaler Minimierer.

Aufgabe 14–18. Gegeben seien die Funktionen $f, g : \mathbf{R}^2 \to \mathbf{R}$ mit

$$\begin{aligned} f(x,y) &= x - y \\ g(x,y) &= x^2 + y^2 - 1 \end{aligned}$$

Bestimmen Sie die lokalen Minimierer und Maximierer von f unter der Nebenbedingung

$$g(x,y) = 0$$

Welche der folgenden Alternativen sind richtig?

A $(x,y) = (1/\sqrt{2}, 1/\sqrt{2})$ ist ein lokaler Minimierer.
B $(x,y) = (1/\sqrt{2}, 1/\sqrt{2})$ ist ein lokaler Maximierer.
C $(x,y) = (-1/\sqrt{2}, 1/\sqrt{2})$ ist ein lokaler Minimierer.
D $(x,y) = (-1/\sqrt{2}, 1/\sqrt{2})$ ist ein lokaler Maximierer.
E $(x,y) = (-1/\sqrt{2}, -1/\sqrt{2})$ ist ein lokaler Minimierer.
F $(x,y) = (-1/\sqrt{2}, -1/\sqrt{2})$ ist ein lokaler Maximierer.
G $(x,y) = (1/\sqrt{2}, -1/\sqrt{2})$ ist ein lokaler Minimierer.
H $(x,y) = (1/\sqrt{2}, -1/\sqrt{2})$ ist ein lokaler Maximierer.

Aufgabe 14–19. Bestimmen Sie die lokalen Minimierer und Maximierer der Funktion $f : \mathbf{R}^2 \to \mathbf{R}$ mit

$$f(x,y) = 3x + y$$

unter der Nebenbedingung

$$3x^2 + y^2 = 4$$

Welche der folgenden Alternativen sind richtig?

A $(x,y) = (1,1)$ ist ein lokaler Maximierer.
B $(x,y) = (1,1)$ ist ein lokaler Minimierer.
C $(x,y) = (-1,-1)$ ist ein lokaler Maximierer.
D $(x,y) = (-1,-1)$ ist ein lokaler Minimierer.

Aufgabe 14–20. Bestimmen Sie die lokalen Minimierer und Maximierer der Funktion $f : \mathbf{R}^2 \to \mathbf{R}$ mit

$$f(x,y) = 2x + 4y - 3$$

unter der Nebenbedingung

$$x^2 + y^2 = 20$$

Welche der folgenden Alternativen sind richtig?

A $(x,y) = (-4,-2)$ ist ein lokaler Minimierer.
B $(x,y) = (-4,-2)$ ist ein lokaler Maximierer.
C $(x,y) = (2,4)$ ist ein lokaler Minimierer.
D $(x,y) = (2,4)$ ist ein lokaler Maximierer.
E $(x,y) = (4,4)$ ist ein lokaler Minimierer.
F $(x,y) = (4,4)$ ist ein lokaler Maximierer.

Aufgabe 14–21. Bestimmen Sie die lokalen Minimierer und Maximierer der Funktion $f : (\mathbf{R}\backslash\{0\}) \times (\mathbf{R}\backslash\{0\}) \to \mathbf{R}$ mit

$$f(x,y) = \frac{1}{x} + \frac{4}{y}$$

unter der Nebenbedingung

$$x + y = 6$$

Welche der folgenden Alternativen sind richtig?

A $(x,y) = (2,4)$ ist ein lokaler Maximierer.
B $(x,y) = (2,4)$ ist ein lokaler Minimierer.
C $(x,y) = (-6,12)$ ist ein lokaler Maximierer.
D $(x,y) = (-6,12)$ ist ein lokaler Minimierer.

Aufgabe 14–22. Bestimmen Sie die lokalen Minimierer und Maximierer der Funktion $f : \mathbf{R}^2 \to \mathbf{R}$ mit

$$f(x,y) = x + y$$

unter der Nebenbedingung

$$xy = 1$$

Welche der folgenden Alternativen sind richtig?

A $(x,y) = (1,1)$ ist ein lokaler Maximierer.
B $(x,y) = (1,1)$ ist ein lokaler Minimierer.
C $(x,y) = (-1,-1)$ ist ein lokaler Maximierer.
D $(x,y) = (-1,-1)$ ist ein lokaler Minimierer.

Teil II

Lösungen

Kapitel 1

Formale Logik

Aufgabe	Lösung
1–1	B
1–2	D
1–3	C
1–4	A
1–5	A, D
1–6	B, C
1–7	A, C, D, E, F
1–8	A, B, C
1–9	C, E
1–10	A, D, E
1–11	B, D
1–12	A, B, C, D

Aufgabe 1–1. Welche der folgenden Wahrheitstafeln sind richtig?

A

A	B	$A \wedge \overline{B}$
w	w	w
w	f	f
f	w	w
f	f	w

B

A	B	$A \wedge \overline{B}$
w	w	f
w	f	w
f	w	f
f	f	f

C

A	B	$A \wedge \overline{B}$
w	w	f
w	f	w
f	w	w
f	f	f

D

A	B	$A \wedge \overline{B}$
w	w	w
w	f	w
f	w	f
f	f	w

Lösungsweg: Es gilt

A	B	$\overline{B}$	$A \wedge \overline{B}$
w	w	f	f
w	f	w	w
f	w	f	f
f	f	w	f

Daher ist **B** richtig und **A**, **C**, **D** sind falsch.

Lösung: B

Aufgabe 1–2. Gegeben sei die folgende unvollständige Wahrheitstafel:

A	B	$B \Leftrightarrow \overline{A}$
w	w	
w	f	
f	w	
f	f	

Welche der folgenden Spalten vervollständigen die Wahrheitstafel?

A

$B \Leftrightarrow \overline{A}$
w
f
f
w

B

$B \Leftrightarrow \overline{A}$
f
w
w
w

C

$B \Leftrightarrow \overline{A}$
w
f
w
w

D

$B \Leftrightarrow \overline{A}$
f
w
w
f

Lösungsweg: Es gilt

A	B	$\overline{A}$	$B \Leftrightarrow \overline{A}$
w	w	f	f
w	f	f	w
f	w	w	w
f	f	w	f

Daher ist **D** richtig und **A**, **B**, **C** sind falsch.

Lösung: D

Aufgabe 1–3. Gegeben sei die folgende unvollständige Wahrheitstafel:

A	B	$*$
w	w	w
w	f	w
f	w	f
f	f	w

Für welche der folgenden Aussagen an der Stelle von $*$ ist die Wahrheitstafel richtig?

A $A \Rightarrow \overline{B}$

B $A \Leftrightarrow \overline{B}$

C $A \vee \overline{B}$

D $A \wedge \overline{B}$

Lösungsweg: Es gilt

A	B	$\overline{B}$	$A \Rightarrow \overline{B}$	$A \Leftrightarrow \overline{B}$	$A \vee \overline{B}$	$A \wedge \overline{B}$
w	w	f	f	f	w	f
w	f	w			w	
f	w	f			f	
f	f	w			w	

Daher ist **C** richtig und **A**, **B**, **D** sind falsch.

Lösung: C

Aufgabe 1–4. Gegeben sei die folgende unvollständige Wahrheitstafel:

A	B	$(A \Rightarrow B) \wedge \overline{B} \Longrightarrow \overline{A}$
w	w	
w	f	
f	w	
f	f	

Welche der folgenden Spalten vervollständigen die Wahrheitstafel?

A

$(A \Rightarrow B) \wedge \overline{B} \Longrightarrow \overline{A}$
w
w
w
w

B

$(A \Rightarrow B) \wedge \overline{B} \Longrightarrow \overline{A}$
w
w
f
f

C

$(A \Rightarrow B) \wedge \overline{B} \Longrightarrow \overline{A}$
w
f
w
f

D

$(A \Rightarrow B) \wedge \overline{B} \Longrightarrow \overline{A}$
w
w
w
f

E

$(A \Rightarrow B) \wedge \overline{B} \Longrightarrow \overline{A}$
f
f
f
w

F

$(A \Rightarrow B) \wedge \overline{B} \Longrightarrow \overline{A}$
f
f
f
f

Lösungsweg: Es gilt

A	B	$\overline{A}$	$\overline{B}$	$A \Rightarrow B$	$(A \Rightarrow B) \wedge \overline{B}$	$(A \Rightarrow B) \wedge \overline{B} \Longrightarrow \overline{A}$
w	w	f	f	w	f	w
w	f	f	w	f	f	w
f	w	w	f	w	f	w
f	f	w	w	w	w	w

Daher ist **A** richtig und **B**, **C**, **D**, **E**, **F** sind falsch.

Lösung: A

Aufgabe 1–5. Seien A und B Aussagen. Dann ist die Aussage $A \wedge B \Longrightarrow A$

A wahr, falls B wahr ist.

B falsch, falls A falsch ist.

C eine Kontradiktion.

D eine Tautologie.

Lösungsweg: Es gilt

A	B	$A \wedge B$	$A \wedge B \Longrightarrow A$
w	w	w	w
w	f	f	w
f	w	f	w
f	f	f	w

Daher sind **A**, **D** richtig und **B**, **C** sind falsch.

Lösung: A, D

Aufgabe 1–6. Seien A und B Aussagen. Dann ist die Aussage $A \vee B \iff A$

A wahr, falls A falsch ist.

B wahr, falls A wahr ist.

C wahr, falls B falsch ist.

D wahr, falls B wahr ist.

Lösungsweg: Es gilt

A	B	$A \vee B$	$A \vee B \iff A$
w	w	w	w
w	f	w	w
f	w	w	f
f	f	f	w

Daher sind **B**, **C** richtig und **A**, **D** sind falsch.

Lösung: B, C

Aufgabe 1–7. Welche der folgenden Aussagen sind wahr, wenn A wahr und B falsch ist?

A $A \wedge \overline{B}$

B $\overline{A} \wedge B$

C $\overline{A \wedge B}$

D $A \vee \overline{B}$

E $\overline{\overline{A} \wedge B}$

F $\overline{\overline{A} \vee B} \wedge \overline{\overline{A}}$

Lösungsweg:

- $\overline{A}$ ist falsch und $\overline{B}$ ist wahr. Daher sind **A**, **D** richtig und **B** ist falsch.
- Nach den Gesetzen von DeMorgan gilt

$$\overline{A \wedge B} \iff \overline{A} \vee \overline{B}$$

und

$$\begin{aligned} \overline{\overline{A} \wedge B} &\iff \overline{\overline{A}} \vee \overline{B} \\ &\iff A \vee \overline{B} \end{aligned}$$

Daher sind **C**, **E** richtig.

- Es gilt

$$\begin{aligned} \overline{\overline{A} \vee B} \wedge \overline{\overline{A}} &\iff A \wedge \overline{B} \wedge A \\ &\iff A \wedge \overline{B} \end{aligned}$$

Daher ist **F** richtig.

Lösung: A, C, D, E, F

Aufgabe 1–8. Welche der folgenden Aussagen sind wahr, wenn A wahr und B falsch ist?

A $A \Rightarrow \overline{B}$

B $\overline{A} \Rightarrow B$

C $A \wedge \overline{A} \Longrightarrow A$

D $B \vee \overline{B} \Longrightarrow B$

E $A \Rightarrow B$

Lösungsweg:

- Da B falsch ist, ist $\overline{B}$ wahr. Daher ist **A** richtig.
- Da A wahr ist, ist $\overline{A}$ falsch. Daher ist **B** richtig.
- $A \wedge \overline{A}$ ist (stets) falsch. Daher ist **C** richtig.
- $B \vee \overline{B}$ ist (stets) wahr und B ist falsch. Daher ist **D** falsch.
- A ist wahr und B ist falsch. Daher ist **E** falsch.

Lösung: A, B, C

Aufgabe 1–9. Seien A, B, C Aussagen mit folgenden Eigenschaften:

$$\begin{array}{rl} A \wedge B & \text{ist falsch} \\ A \wedge C & \text{ist wahr} \end{array}$$

Welche der folgenden Aussagen sind wahr?

A $\overline{A}$

B B

C $C \wedge \overline{B}$

D $A \Rightarrow B$

E $B \Rightarrow C$

Lösungsweg:

- Da $A \wedge C$ wahr ist, sind A und C wahr. Daher ist **A** falsch und **E** ist richtig.
- Da A wahr und $A \wedge B$ falsch ist, ist B falsch. Daher sind **B**, **D** falsch.
- C ist wahr und B ist falsch. Daher ist **C** richtig.

Lösung: C, E

Aufgabe 1–10. Seien A, B, C Aussagen mit folgenden Eigenschaften:

$$\begin{array}{rl} A \wedge B \wedge C & \text{ist falsch} \\ A \wedge C & \text{ist wahr} \end{array}$$

Welche der folgenden Alternativen sind richtig?

A A ist wahr.

B A ist falsch.

C B ist wahr.

D B ist falsch.

E C ist wahr.

F C ist falsch.

Lösungsweg:

- Da $A \wedge C$ wahr ist, sind A und C wahr. Daher sind **A**, **E** richtig und **B**, **F** sind falsch.
- Da $A \wedge C$ wahr und $A \wedge B \wedge C$ falsch ist, ist B falsch. Daher ist **D** richtig und **C** ist falsch.

Lösung: A, D, E

Aufgabe 1–11. Seien A und B Aussagen. Welche der folgenden Aussagen ist eine Tautologie?

A $A \vee (\overline{A} \wedge \overline{B}) \Longleftrightarrow \overline{B}$

B $A \vee (\overline{A} \wedge \overline{B}) \Longleftrightarrow A \vee \overline{B}$

C $A \vee (\overline{A} \wedge \overline{B}) \Longleftrightarrow \overline{A} \wedge \overline{B}$

D $A \vee (\overline{A} \wedge \overline{B}) \Longleftrightarrow (B \Rightarrow A)$

E $A \vee (\overline{A} \wedge \overline{B}) \Longleftrightarrow A \wedge \overline{B}$

F $A \vee (\overline{A} \wedge \overline{B}) \Longleftrightarrow (A \vee \overline{A}) \wedge \overline{B}$

Lösungsweg:

- Es gilt
$$\begin{aligned} A \vee (\overline{A} \wedge \overline{B}) &\Longleftrightarrow (A \vee \overline{A}) \wedge (A \vee \overline{B}) \\ &\Longleftrightarrow A \vee \overline{B} \\ &\Longleftrightarrow (B \Rightarrow A) \end{aligned}$$
Daher sind **B**, **D** richtig.
- Sind A und B wahr, so ist $A \vee (\overline{A} \wedge \overline{B})$ wahr und $\overline{B}$ falsch; insbesondere ist jede der Aussagen $\overline{B}$, $\overline{A} \wedge \overline{B}$, $A \wedge \overline{B}$, $(A \vee \overline{A}) \wedge \overline{B}$ falsch. Daher sind **A**, **C**, **E**, **F** falsch.

Lösung: B, D

Aufgabe 1–12. Seien A und B Aussagen. Welche der folgenden Alternativen sind richtig?

A $(\overline{A} \Rightarrow B) \Longleftrightarrow A \vee B$ ist wahr.

B $(\overline{A} \Rightarrow B) \Longleftrightarrow A \vee B$ ist eine Tautologie.

C $(\overline{A} \Rightarrow B) \Longrightarrow A \vee B$ ist eine Tautologie.

D $A \vee B \Longrightarrow (\overline{A} \Rightarrow B)$ ist eine Tautologie.

Lösungsweg: Es gilt

$$\begin{aligned}(\overline{A} \Rightarrow B) &\iff \overline{\overline{A}} \vee B \\ &\iff A \vee B\end{aligned}$$

Daher sind **A**, **B**, **C**, **D** richtig.

Lösung: A, **B**, **C**, **D**

Kapitel 2

Mengenlehre

Aufgabe	Lösung
2–1	D, F, G
2–2	A, E
2–3	A, B, C, E
2–4	A, C, D
2–5	A, C, E
2–6	A, C
2–7	A, C, D
2–8	A, B, C, D, E
2–9	E
2–10	A, C, D

Aufgabe	Lösung
2–11	A, C, D
2–12	B, C, E
2–13	A, C, D, E
2–14	A, E
2–15	A, D, E
2–16	B, D, E
2–17	B, H
2–18	A, E
2–19	B, C, D, E
2–20	A, D, E

Aufgabe 2–1. Sei S die Menge der Sachsen und sei

$R \subseteq S$ die Menge der rauchenden Sachsen
$M \subseteq S$ die Menge der männlichen Sachsen
$A \subseteq S$ die Menge der Sachsen, die ein Auto besitzen

Welche der folgenden Alternativen sind richtig?

A $\overline{R} \cap M$ ist die Menge der weiblichen rauchenden Sachsen.

B $\overline{R} \cap M$ ist die Menge der weiblichen nichtrauchenden Sachsen.

C $\overline{R} \cap M$ ist die Menge der männlichen rauchenden Sachsen.

D $\overline{R} \cap M$ ist die Menge der männlichen nichtrauchenden Sachsen.

E $R \cap M = A$ gilt genau dann, wenn alle männlichen rauchenden Sachsen ein Auto besitzen.

F $R \cap M \subseteq A$ gilt genau dann, wenn alle männlichen rauchenden Sachsen ein Auto besitzen.

G $R \cap M = A$ gilt genau dann, wenn die Menge der männlichen rauchenden Sachsen mit der Menge der Sachsen, die ein Auto besitzen, übereinstimmt.

Lösungsweg:

- $\overline{R} = S \setminus R$ ist die Menge der nichtrauchenden Sachsen und $\overline{R} \cap M$ ist die Menge der männlichen nichtrauchenden Sachsen. Daher ist **D** richtig und **A**, **B**, **C** sind falsch.
- $R \cap M$ ist die Menge der männlichen rauchenden Sachsen. Daher sind **F**, **G** richtig und **E** ist falsch.

Lösung: D, F, G

Aufgabe 2–2. Sei X die Menge der Studierenden, die im letzten Semester einen Schein in Mathematik erwerben wollten, und sei

$A \subseteq X$ die Menge der Studierenden, die die Vorlesungen besuchten
$B \subseteq X$ die Menge der Studierenden, die die Übungen besuchten
$C \subseteq X$ die Menge der Studierenden, die den Schein erwarben

Welche der folgenden Alternativen sind richtig?

A $A \cap \overline{B}$ ist die Menge der Studierenden, die die Vorlesungen, aber nicht die Übungen besuchten.

B $A \cap \overline{B}$ ist die Menge der Studierenden, die die Übungen, aber nicht die Vorlesungen besuchten.

C $A \cap \overline{B}$ ist die Menge der Studierenden, die weder die Vorlesungen noch die Übungen besuchten.

D $A \cap \overline{B}$ ist die Menge der Studierenden, die die Vorlesungen und die Übungen besuchten.

E $C \subseteq A \cap B$ gilt genau dann, wenn alle Studierenden, die den Schein erwarben, sowohl die Vorlesungen als auch die Übungen besuchten.

F $C \subseteq A \cap B$ gilt genau dann, wenn alle Studierenden, die sowohl die Vorlesungen als auch die Übungen besuchten, den Schein erwarben.

Lösungsweg:

- $\overline{B}$ ist die Menge der Studierenden, die nicht die Übungen besuchten. Daher ist **A** richtig und **B**, **C**, **D** sind falsch.
- Offensichtlich ist **E** richtig und **F** ist falsch.

Lösung: A, **E**

Aufgabe 2–3. Seien A und B Teilmengen einer Menge Ω. Welche der folgenden Alternativen sind richtig?

A $\overline{A \cap B} = \overline{A} \cup \overline{B}$

B $A \subseteq B \Longleftrightarrow \overline{B} \subseteq \overline{A}$

C $A \subseteq B \Longleftrightarrow A \cap B = A$

D $A \subseteq B \Longleftrightarrow A \cap B = B$

E $\emptyset \subseteq A \cap \overline{B}$

Lösungsweg:

- Aufgrund der Gesetze von DeMorgan ist **A** richtig.
- Aus der Definition des Komplements einer Menge ist unmittelbar klar, daß **B** richtig ist.
- Aus $A \subseteq B$ folgt $A = A \cap A \subseteq A \cap B \subseteq A$ und damit $A = A \cap B$, und aus $A = A \cap B$ folgt $A \subseteq B$. Daher ist **C** richtig.
- Im Fall $A = \emptyset \neq B$ gilt $A \subseteq B$ und $A \cap B = \emptyset \neq B$. Daher ist **D** falsch.
- Jede Menge enthält die leere Menge als Teilmenge. Daher ist **E** richtig.

Lösung: A, **B**, **C**, **E**

Aufgabe 2–4. Seien A, B, C Teilmengen einer Menge Ω. Welche der folgenden Alternativen sind richtig?

A $A \cap B = \emptyset \Longrightarrow A \setminus B = A$

B $A \cap B \cap C = \emptyset \Longrightarrow B \cap C = \emptyset$

C $B \cap C = \emptyset \Longrightarrow A \cap B \cap C = \emptyset$

D $A \setminus B = C \Longrightarrow C \subseteq A$

E $A \setminus B = B \setminus A$

Lösungsweg:

- Aus $A \cap B = \emptyset$ folgt $A = (A \cap B) \cup (A \setminus B) = \emptyset \cup (A \setminus B) = A \setminus B$. Daher ist **A** richtig.

- Im Fall $A = \emptyset \neq B = C$ gilt $A \cap B \cap C = \emptyset$ und $B \cap C = C \neq \emptyset$. Daher ist **B** falsch.
- Aus $B \cap C = \emptyset$ folgt $A \cap B \cap C \subseteq B \cap C = \emptyset$ und damit $A \cap B \cap C = \emptyset$. Daher ist **C** richtig.
- Aus $A \setminus B = C$ folgt $C = A \setminus B = A \cap \overline{B} \subseteq A$. Daher ist **D** richtig.
- Im Fall $A = \emptyset \neq B$ gilt $A \setminus B = \emptyset \neq B = B \setminus A$. Daher ist **E** falsch.

Lösung: A, C, D

Aufgabe 2–5. Seien A, B, C Teilmengen einer Menge Ω mit

$$A \subseteq B \qquad \text{und} \qquad B \cap C = \emptyset$$

Welche der folgenden Alternativen sind richtig?

A $A \setminus B = \emptyset$
B $A \setminus C = \emptyset$
C $A \setminus C = A$
D $B \setminus A \neq \emptyset$
E $C \setminus A = C$
F $C \setminus A = \emptyset$
G $C \setminus A \neq \emptyset$

Lösungsweg:

- Wegen $A \subseteq B$ gilt $A \setminus B = \emptyset$. Daher ist **A** richtig.
- Im Fall $A = B$ gilt $B \setminus A = \emptyset$. Daher ist **D** falsch.
- Wegen $A \subseteq B$ und $B \cap C = \emptyset$ gilt $A \cap C = \emptyset$. Daraus folgt

$$A = (A \cap C) \cup (A \setminus C) = \emptyset \cup (A \setminus C) = A \setminus C$$

  und analog $C = C \setminus A$. Daher sind **C**, **E** richtig.
- Im Fall $A \neq \emptyset$ gilt $A \setminus C = A \neq \emptyset$. Daher ist **B** falsch.
- Im Fall $C \neq \emptyset$ gilt $C \setminus A = C \neq \emptyset$. Daher ist **F** falsch.
- Im Fall $C = \emptyset$ gilt $C \setminus A = C = \emptyset$. Daher ist **G** falsch.

Lösung: A, C, E

Aufgabe 2–6. Seien A, B, C Teilmengen einer Menge Ω mit

$$A \cap B = B \cap C = A \cap C = \emptyset$$

Welche der folgenden Alternativen sind richtig?

A $A \cap B \cap C = \emptyset$
B $(A \setminus B) \cup (A \setminus C) = \emptyset$

C $(A \setminus B) \cup (A \setminus C) = A$

D $(A \setminus B) \cup (A \setminus C) = B \cup C$

E $(A \setminus B) \cup (A \setminus C) = A \cup B \cup C$

Lösungsweg:

- Wegen $A \cap B = \emptyset$ gilt $A \cap B \cap C \subseteq A \cap B = \emptyset$ und damit $A \cap B \cap C = \emptyset$. Daher ist **A** richtig.
- Wegen $A \cap B = \emptyset$ und $A \cap C = \emptyset$ gilt

$$(A \setminus B) \cup (A \setminus C) = A \cup A = A$$

  Daher ist **C** richtig.
- Im Fall $A \neq \emptyset$ gilt $(A \setminus B) \cup (A \setminus C) = A \neq \emptyset$. Daher ist **B** falsch.
- Im Fall $A \neq \emptyset = B = C$ gilt $(A \setminus B) \cup (A \setminus C) = A \neq \emptyset = B \cup C$. Daher ist **D** falsch.
- Im Fall $A = \emptyset \neq B = C$ gilt $(A \setminus B) \cup (A \setminus C) = A = \emptyset \neq B = A \cup B \cup C$. Daher ist **E** falsch.

Lösung: A, C

Aufgabe 2–7. Gegeben seien folgende Teilmengen der reellen Zahlen:

$$\begin{aligned} A &= (0, 100) \\ B &= (-20, 100) \\ C &= (0, \infty) \end{aligned}$$

Welche der folgenden Alternativen sind richtig?

A $A \cup B = B$

B $A \cup B \cup C = C$

C $A \cap B = A$

D $B \cap C = A$

Lösungsweg:

- Wegen $A = (0, 100) \subseteq (-20, 100) = B$ sind **A**, **C** richtig.
- Wegen $A \cup B \cup C = (0, 100) \cup (-20, 100) \cup (0, \infty) = (-20, \infty) \neq C$ ist **B** falsch.
- Wegen $B \cap C = (-20, 100) \cap (0, \infty) = (0, 100) = A$ ist **D** richtig.

Lösung: A, C, D

Aufgabe 2–8. Gegeben seien folgende Teilmengen der reellen Zahlen:

$$\begin{aligned} A &= (-\infty, 10] \\ B &= [-4, 7) \\ C &= (0, 7] \end{aligned}$$

Welche der folgenden Alternativen sind richtig?

A $A \cup B = A$

B $A \cup B \cup C = A$

C $A \cap C = C$

D $\overline{A} \cup \overline{B} = \overline{B}$

E $B \setminus A = \emptyset$

Lösungsweg:

- Wegen $C \subseteq B \subseteq A$ sind **A**, **B**, **C** richtig.
- Wegen $B \subseteq A$ gilt $\overline{A} \subseteq \overline{B}$. Daher ist **D** richtig.
- Wegen $B \subseteq A$ ist **E** richtig.

Lösung: A, B, C, D, E

Aufgabe 2–9. Gegeben seien folgende Teilmengen der reellen Zahlen:

$$\begin{aligned} A &= [-5,3) \\ B &= (1,4] \end{aligned}$$

Welche der folgenden Alternativen sind richtig?

A $A \triangle B = \emptyset$

B $A \triangle B = [-5,1]$

C $A \triangle B = [-5,4]$

D $A \triangle B = \mathbf{R}$

E $A \triangle B = [-5,1] \cup [3,4]$

F $A \triangle B = (-\infty,-5) \cup (4,\infty)$

Lösungsweg: Es gilt $A \setminus B = [-5,1]$ und $B \setminus A = [3,4]$, und damit

$$A \triangle B = (A \setminus B) \cup (B \setminus A) = [-5,1] \cup [3,4]$$

Daher ist **E** richtig und **A**, **B**, **C**, **D**, **F** sind falsch.

Lösung: E

Aufgabe 2–10. Gegeben seien die Mengen $A, B, C \subseteq \mathbf{R}$ mit

$$\begin{aligned} A &= \{0,1,2\} \\ B &= [2,7] \\ C &= \{x \in \mathbf{R} \mid 1 < x \leq 8\} \end{aligned}$$

sowie die Menge

$$D = \{A, B, C\}$$

Welche der folgenden Alternativen sind richtig?

A $B \subseteq C$

B $A \cap B = 2$

C $\{2, 3, 4, 5\} \subseteq B$

D $A \in D$

E $A \subseteq D$

Lösungsweg:

- Es gilt $C = (1, 8]$ und damit $B \subseteq C$. Daher ist **A** richtig.
- Es gilt $A \cap B = \{2\}$. Daher ist **B** falsch.
- Offensichtlich ist **C** richtig.
- Offensichtlich ist **D** richtig und **E** ist falsch.

Lösung: A, C, D

Aufgabe 2–11. Gegeben seien folgende Teilmengen der reellen Zahlen:

$$\begin{aligned} M_1 &= [2, 6) \\ M_2 &= \{x \in \mathbf{N} \mid 2 \leq x \leq 10\} \\ M_3 &= \{x \in \mathbf{R} \mid 2 \leq x < 6\} \\ M_4 &= \{2, 3, 4, 5\} \end{aligned}$$

Welche der folgenden Alternativen sind richtig?

A $M_1 = M_3$

B $M_1 \subseteq M_2$

C $M_1 \cap M_2 = M_4$

D $M_1 \cap M_2 \cap M_3 = M_4$

Lösungsweg: Es gilt $M_2 = \{2, 3, 4, 5, 6, 7, 8, 9, 10\}$ und $M_3 = [2, 6)$. Daher sind **A**, **C**, **D** richtig und **B** ist falsch.

Lösung: A, C, D

Aufgabe 2–12. Gegeben seien die Mengen

$$\begin{aligned} A &= \{x \in \mathbf{R} \mid x < 3\} \\ B &= \{x \in \mathbf{R} \mid x > -2\} \\ C &= \{x \in \mathbf{R} \mid (x+2)(x-3) < 0\} \end{aligned}$$

Welche der folgenden Alternativen sind richtig?

A $C = (-\infty, -2) \cup (3, \infty)$

B $C = (-2, 3)$

C $A \cup B = \mathbf{R}$

D $A \cup B = C$

E $A \cap B = C$

Lösungsweg:

- Wir bestimmen zunächst die Menge C: Für $x \in \mathbf{R}$ gilt $x \in C$ genau dann, wenn entweder $x+2>0$ und $x-3<0$ oder aber $x+2<0$ und $x-3>0$ gilt, und dies ist genau dann der Fall, wenn entweder $x \in (-2,\infty) \cap (-\infty,3) = (-2,3)$ oder aber $x \in (-\infty,-2) \cap (3,\infty) = \emptyset$ gilt. Also gilt
$$C = (-2,3)$$
Daher ist **B** richtig und **A** ist falsch.
- Es gilt $A = (-\infty,3)$ und $B = (-2,\infty)$ und damit
$$\begin{aligned} A \cup B &= \mathbf{R} \\ A \cap B &= (-2,3) \end{aligned}$$
Daher sind **C**, **E** richtig und **D** ist falsch.

Lösung: B, C, E

Aufgabe 2–13. Gegeben seien die Mengen
$$\begin{aligned} A &= \{(x,y) \in \mathbf{R}\times\mathbf{R} \mid x^2+y^2>1\} \\ B &= \{(x,y) \in \mathbf{R}\times\mathbf{R} \mid x^2+y^2 \le 4\} \end{aligned}$$
Welche der folgenden Alternativen sind richtig?

A $A \subseteq \mathbf{R}\times\mathbf{R}$

B $A \subseteq B$

C $A \cap B \neq \emptyset$

D $(-1,1) \in A \cap B$

E $(0,3) \in A \setminus B$

Lösungsweg:

- Offensichtlich ist **A** richtig.
- Wegen
$$A \cap B = \{(x,y) \in \mathbf{R}\times\mathbf{R} \mid 1 < x^2+y^2 \le 4\}$$
gilt $(-1,1) \in A \cap B$. Daher sind **D**, **C** richtig.
- Wegen
$$A \setminus B = \{(x,y) \in \mathbf{R}\times\mathbf{R} \mid 4 < x^2+y^2\}$$
gilt $(0,3) \in A \setminus B$. Daher ist **E** richtig und **B** ist falsch.

Lösung: A, C, D, E

Aufgabe 2–14. Gegeben sei die Menge $M = \{1,2,3\}$ und die Relation
$$R = \{(1,1),(2,2),(2,3),(3,1),(3,3)\}$$
Welche der folgenden Alternativen sind richtig?

A R ist reflexiv.
B R ist transitiv.
C R ist vollständig.
D R ist symmetrisch.
E R ist antisymmetrisch.

Lösungsweg:

- Die Relation R läßt sich wie folgt darstellen:

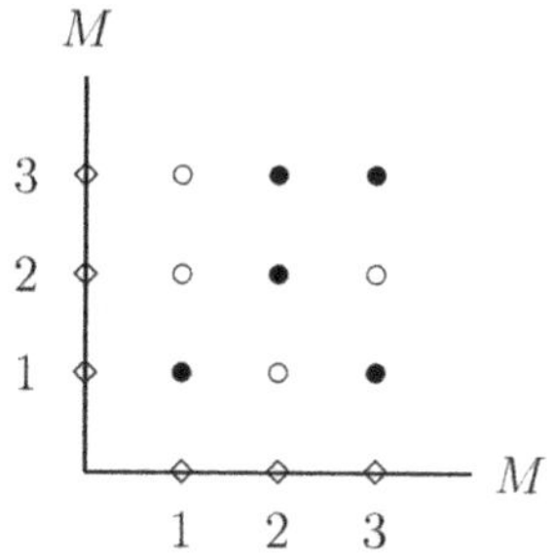

- An der Darstellung von R erkennt man, daß R reflexiv und antisymmetrisch, aber weder symmetrisch noch vollständig ist. Daher sind **A**, **E** richtig und **C**, **D** sind falsch.
- Die Relation R ist nicht transitiv, denn es gilt $(2,3) \in R$ und $(3,1) \in R$, aber $(2,1) \notin R$. Daher ist **B** falsch.

Lösung: A, E

Aufgabe 2–15. Die Relation $R = \{(x,y) \in \mathbf{Z} \times \mathbf{Z} \mid x + y \text{ gerade}\}$ ist

A symmetrisch.
B antisymmetrisch.
C vollständig.
D reflexiv.
E transitiv.

Lösungsweg:

- Wegen $x + y = y + x$ gilt $(x,y) \in R$ genau dann, wenn $(y,x) \in R$ gilt. Daher ist **A** richtig und **B** falsch.
- Ist x gerade und y ungerade, so ist $x + y = y + x$ ungerade und es gilt $(x,y) \notin R$ und $(y,x) \notin R$. Daher ist **C** falsch.
- Für alle $x \in \mathbf{Z}$ ist $x + x = 2x$ gerade. Daher ist **D** richtig.
- Für $x, y, z \in \mathbf{Z}$ mit $(x,y) \in R$ und $(y,z) \in R$ sind $x+y$ und $y+z$ gerade.
  - Ist y gerade, so sind x und z gerade.
  - Ist y ungerade, so sind x und z ungerade.

In beiden Fällen ist $x + z$ gerade; es gilt also $(x, z) \in R$. Daher ist **E** richtig.

Lösung: A, D, E

Aufgabe 2–16. Die Relation $R = \{(x, y) \in \mathbf{N} \times \mathbf{N} \mid \exists_{k \in \mathbf{N}}\ y = kx\}$ ist

A vollständig.

B antisymmetrisch.

C symmetrisch.

D reflexiv.

E transitiv.

Lösungsweg:

- Es gilt $(2, 3) \notin R$ und $(3, 2) \notin R$. Daher ist **A** falsch.
- Für alle $x, y \in \mathbf{N}$ mit $(x, y) \in R$ und $(y, x) \in R$ gibt es $k, l \in \mathbf{N}$ mit $y = kx$ und $x = ly$. Daraus folgt $x = ly = lkx$ und damit $lk = 1$. Wegen $k, l \in \mathbf{N}$ folgt daraus $k = 1 = l$, und damit $x = y$. Daher ist **B** richtig.
- Es gilt $(2, 4) \in R$ und $(4, 2) \notin R$. Daher ist **C** falsch.
- Für alle $x \in \mathbf{N}$ gilt $(x, x) \in R$. Daher ist **D** richtig.
- Für alle $x, y, z \in \mathbf{N}$ mit $(x, y) \in R$ und $(y, z) \in R$ gibt es $k, l \in \mathbf{N}$ mit $y = kx$ und $z = ly$. Daraus folgt $z = ly = lkx$. Wegen $k, l \in \mathbf{N}$ gilt $lk \in \mathbf{N}$ und damit $(x, z) \in R$. Daher ist **E** richtig.

Lösung: B, D, E

Aufgabe 2–17. Gegeben sei die Menge $M = \{a, b, c, d\}$ und die Relation

$$R = \{(a, b), (a, c), (a, d), (b, c), (b, d), (c, d)\}$$

Welche der folgenden Alternativen sind richtig?

A R ist vollständig.

B R ist antisymmetrisch.

C R ist symmetrisch.

D R ist eine Ordnungsrelation.

E R ist eine Präferenzrelation.

F R ist eine Äquivalenzrelation.

G R ist reflexiv.

H R ist transitiv.

Lösungsweg:

- Die Relation R läßt sich wie folgt darstellen:

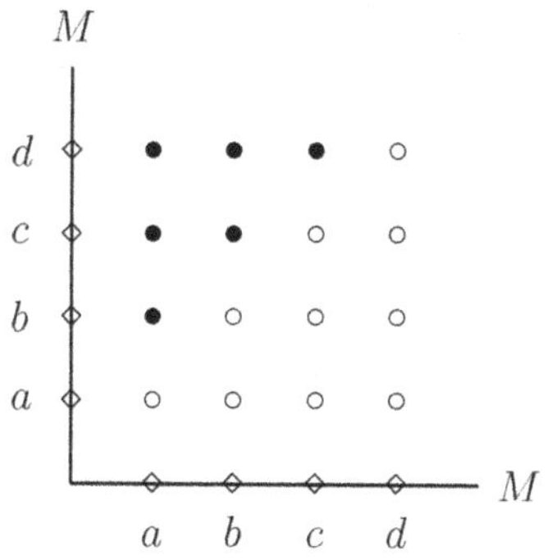

- Für alle $x \in M$ gilt $(x,x) \notin R$. Die Relation R ist also nicht reflexiv. Daher sind **D**, **E**, **F**, **G** falsch.
- Für alle $x, y, z \in M$ mit $(x,y) \in R$ und $(y,z) \in R$ gilt $(x,z) \in R$. Die Relation R ist also transitiv. Daher ist **H** richtig.
- Die Relation R ist antisymmetrisch, aber sie ist weder symmetrisch noch vollständig. Daher ist **B** richtig und **A**, **C** sind falsch.

Lösung: B, H

Aufgabe 2–18. Die Relation $R = \{(x,y) \in \mathbf{R} \times \mathbf{R} \mid x^2 \leq y^2\}$ ist

A vollständig.
B antisymmetrisch.
C symmetrisch.
D eine Ordnungsrelation.
E eine Präferenzrelation.
F eine Äquivalenzrelation.

Lösungsweg:

- Für alle $x \in \mathbf{R}$ gilt $x^2 \leq x^2$; also ist R reflexiv.
- Für alle $x, y, z \in \mathbf{R}$ mit $(x,y) \in R$ und $(y,z) \in R$ gilt $x^2 \leq y^2$ und $y^2 \leq z^2$ und damit $x^2 \leq z^2$; also ist R transitiv.
- Es gilt $(0,1) \in R$ und $(1,0) \notin R$; also ist R nicht symmetrisch. Daher sind **C**, **F** falsch.
- Es gilt $(-1,1) \in R$ und $(1,-1) \in R$ sowie $-1 \neq 1$; also ist R nicht antisymmetrisch. Daher sind **B**, **D** falsch.
- Für alle $x, y \in \mathbf{R}$ gilt $x^2 \leq y^2$ oder $y^2 \leq x^2$; also ist R vollständig. Daher ist **A** richtig.
- Da R reflexiv, transitiv und vollständig ist, ist R eine Präferenzrelation. Daher ist **E** richtig.

Lösung: A, E

Aufgabe 2–19. Die Relation $R = \{(x, y) \in \mathbf{R} \times \mathbf{R} \mid x \leq y\}$ ist

A symmetrisch.
B antisymmetrisch.
C vollständig.
D eine Ordnungsrelation.
E eine Präferenzrelation.
F eine Äquivalenzrelation.

Lösungsweg:

- Für alle $x \in \mathbf{R}$ gilt $x \leq x$; also ist R reflexiv.
- Für alle $x, y, z \in \mathbf{R}$ mit $x \leq y$ und $y \leq z$ gilt $x \leq z$; also ist R transitiv.
- Es gilt $(0,1) \in R$ und $(1,0) \notin R$; also ist R nicht symmetrisch. Daher sind **A**, **F** falsch.
- Für alle $x, y \in \mathbf{R}$ mit $x \leq y$ und $y \leq x$ gilt $x = y$; also ist R antisymmetrisch. Daher ist **B** richtig.
- Für alle $x, y \in \mathbf{R}$ gilt $x \leq y$ oder $y \leq x$; also ist R vollständig. Daher ist **C** richtig.
- Da R reflexiv und transitiv und außerdem antisymmetrisch und vollständig ist, ist R sowohl eine Ordnungsrelation als auch eine Präferenzrelation. Daher sind **D**, **E** richtig.

Lösung: B, C, D, E

Aufgabe 2–20. Gegeben sei die Menge $M = \{1, 2, 3\}$ und eine Ordnungsrelation $R \subseteq M \times M$ mit $(1,3) \in R$ und $(2,1) \in R$. Welche der folgenden Alternativen sind richtig?

A $(1,1) \in R$
B $(1,1) \notin R$
C $(3,1) \in R$
D $(3,1) \notin R$
E $(2,3) \in R$
F $(2,3) \notin R$

Lösungsweg:

- Da jede Ordnungsrelation reflexiv ist, gilt $(1,1) \in R$. Daher ist **A** richtig und **B** ist falsch.
- Da jede Ordnungsrelation transitiv ist, gilt mit $(2,1) \in R$ und $(1,3) \in R$ auch $(2,3) \in R$. Daher ist **E** richtig und **F** ist falsch.
- Da jede Ordnungsrelation antisymmetrisch ist und $(1,3) \in R$ gilt, ergibt sich $(3,1) \notin R$. Daher ist **D** richtig und **C** ist falsch.

Lösung: A, D, E

Kapitel 3

Zahlen

Aufgabe	Lösung
3–1	B
3–2	B
3–3	C
3–4	A, D, E
3–5	A, B, C, D
3–6	C
3–7	A
3–8	E
3–9	D
3–10	A, C, D
3–11	A, E
3–12	A, C
3–13	A, E
3–14	A, D, F, H
3–15	A, D

Aufgabe 3–1. Für die binäre Kodierung aller $2^7 = 128$ Zeichen des ASCII–Zeichensatzes werden 7 Bits (Binärzeichen, können nur die Werte 0 oder 1 annehmen) benötigt. Wieviele der binären Kodierungen dieser 128 Zeichen enthalten genau 5 Einsen?

A 14

B 21

C 35

D 42

Lösungsweg: Die Anzahl der binären Kodierungen mit genau 5 Einsen (und damit genau 2 Nullen) ist gleich der Anzahl der 5–elementigen Teilmengen einer 7–elementigen Menge; sie ist daher gleich

$$\binom{7}{5} = \binom{7}{2} = \frac{7 \cdot 6}{2 \cdot 1} = 21$$

Daher ist **B** richtig und **A**, **C**, **D** sind falsch.

Lösung: B

Aufgabe 3–2. Ein Kind baut durch Übereinanderlegen von zwei roten, drei schwarzen und vier weißen Bausteinen gleicher Form einen Turm; es werden alle Bausteine verwendet. Wie groß ist die Anzahl der möglichen Türme, die mit einem roten Baustein beginnen?

A 144

B 280

C 420

D 560

Lösungsweg: Der Turm besteht aus neun Bausteinen. Da der erste Baustein rot ist, sind noch ein roter, drei schwarze und vier weiße, insgesamt also acht Bausteine anzuordnen.

- Es bleiben $\binom{8}{1}$ Möglichkeiten, den zweiten roten Baustein anzuordnen.
- Es bleiben $\binom{7}{3}$ Möglichkeiten, die drei schwarzen Bausteine anzuordnen.
- Es bleiben $\binom{4}{4}$ Möglichkeiten, die vier weißen Bausteine anzuordnen.

Es gibt also

$$\binom{8}{1}\binom{7}{3}\binom{4}{4} = 8 \cdot 35 \cdot 1 = 280$$

Möglichkeiten, einen Turm zu bauen, der mit einem roten Baustein beginnt und alle Bausteine verwendet. Daher ist **B** richtig und **A**, **C**, **D** sind falsch.

Lösung: B

Aufgabe 3–3. Wieviele Möglichkeiten gibt es, fünf unterscheidbare Münzen in einer Reihe anzuordnen, wenn neben der Reihenfolge auch Kopf und Zahl unterschieden werden soll?

A $(5!)^2$

B $2 \cdot 5!$

C $2^5 \cdot 5!$

D $10!$

E $10!/5!$

F $10!/2$

Lösungsweg:

- Es gibt $5! = 120$ Möglichkeiten, die fünf Münzen ohne Unterscheidung von Kopf und Zahl anzuordnen.
- Für jede dieser Anordnungen gibt es $2^5 = 32$ Möglichkeiten, für jede der fünf Münzen Kopf oder Zahl auszuwählen.
- Insgesamt gibt es also

$$5! \cdot 2^5 = 120 \cdot 32 = 3840$$

  Möglichkeiten, die fünf Münzen mit Unterscheidung von Kopf und Zahl anzuordnen. Daher ist **C** richtig.
- Jeder der Ausdrücke unter **A**, **B**, **D**, **E**, **F** ist von 3840 verschieden. Daher sind **A**, **B**, **D**, **E**, **F** falsch.

Lösung: C

Aufgabe 3–4. Der Binomialkoeffizient

$$\binom{17}{15}$$

ist gleich

A $17 \cdot 8$

B $17 \cdot 16$

C 128

D 136

E $\binom{17}{2}$

Lösungsweg: Es gilt

$$\binom{17}{15} = \binom{17}{2} = \frac{17 \cdot 16}{2 \cdot 1} = 17 \cdot 8 = 136$$

Daher sind **A**, **D**, **E** richtig und **B**, **C** sind falsch.

Lösung: A, D, E

Aufgabe 3–5. Bei der Restrukturierung eines Unternehmens sollen aus einer 30 Mitarbeiter umfassenden Arbeitsgruppe zwei Untergruppen gebildet werden, wobei die eine Untergruppe aus 12 Mitarbeitern und die andere aus 8 Mitarbeitern bestehen soll. Wieviele Möglichkeiten gibt es, solche Untergruppen zu bilden?

A $\binom{30}{20}\binom{20}{12}$

B $\binom{30}{12}\binom{18}{8}$

C $\binom{30}{8}\binom{22}{12}$

D $\dfrac{30!}{12! \cdot 10! \cdot 8!}$

Lösungsweg:

- Es gibt $\binom{30}{20}$ Möglichkeiten, aus den 30 Mitarbeitern 20 für beide Untergruppen auszuwählen, und es gibt $\binom{20}{12}$ Möglichkeiten, aus diesen 20 Mitarbeitern 12 für die eine (und 8 für die andere) Untergruppe auszuwählen. Damit gibt es
$$\binom{30}{20}\binom{20}{12} = \frac{30!}{20! \cdot 10!} \cdot \frac{20!}{12! \cdot 8!} = \frac{30!}{12! \cdot 10! \cdot 8!}$$
Möglichkeiten, zwei Untergruppen mit 12 bzw. 8 Mitarbeitern zu bilden. Daher sind **A**, **D** richtig.
- Es gibt $\binom{30}{12}$ Möglichkeiten, aus den 30 Mitarbeitern 12 für die eine Untergruppe auszuwählen, und es gibt $\binom{18}{8}$ Möglichkeiten, aus den verbleibenden 18 Mitarbeitern 8 für die andere Untergruppe auszuwählen. Damit gibt es
$$\binom{30}{12}\binom{18}{8} = \frac{30!}{12! \cdot 18!} \cdot \frac{18!}{8! \cdot 10!} = \frac{30!}{12! \cdot 10! \cdot 8!}$$
Möglichkeiten, zwei Untergruppen mit 12 bzw. 8 Mitarbeitern zu bilden. Daher ist **B** richtig.
- Es gibt $\binom{30}{8}$ Möglichkeiten, aus den 30 Mitarbeitern 8 für die eine Untergruppe auszuwählen, und es gibt $\binom{22}{12}$ Möglichkeiten, aus den verbleibenden 22 Mitarbeitern 12 für die andere Untergruppe auszuwählen. Damit gibt es
$$\binom{30}{8}\binom{22}{12} = \frac{30!}{8! \cdot 22!} \cdot \frac{22!}{12! \cdot 10!} = \frac{30!}{12! \cdot 10! \cdot 8!}$$
Möglichkeiten, zwei Untergruppen mit 12 bzw. 8 Mitarbeitern zu bilden. Daher ist **C** richtig.

Lösung: A, B, C, D

Aufgabe 3–6. Wieviele fünfstellige Zahlen lassen sich unter ausschließlicher Verwendung der Ziffern $1, 2, 3$ bilden?

A 36

B 125

C 243

D 120^5

Lösungsweg: Für jede der Ziffern einer fünfstelligen Zahl, die aus den Ziffern $1, 2, 3$ gebildet wird, gibt es 3 Möglichkeiten. Insgesamt gibt es also $3^5 = 243$ Möglichkeiten, eine fünfstellige Zahl unter ausschließlicher Verwendung der Ziffern $1, 2, 3$ zu bilden. Daher ist **C** richtig und **A**, **B**, **D** sind falsch.

Lösung: C

Aufgabe 3–7. Sei $L \subseteq \mathbf{R}$ die Lösungsmenge der Ungleichung

$$1 - 2x \;\le\; (1-x)^2$$

Welche der folgenden Alternativen sind richtig?

A $L = \mathbf{R}$

B $L = \emptyset$

C $L = \{\, x \in \mathbf{R} \mid -1 \le x \le 1 \,\}$

D $L = \{\, x \in \mathbf{R} \mid x \ge 0 \,\}$

Lösungsweg: Für alle $x \in \mathbf{R}$ gilt $x^2 \ge 0$ und damit

$$(1-x)^2 \;=\; 1 - 2x + x^2 \;\ge\; 1 - 2x$$

Daher ist **A** richtig und **B**, **C**, **D** sind falsch.

Lösung: A

Aufgabe 3–8. Sei $L \subseteq \mathbf{R}$ die Lösungsmenge der Ungleichung

$$|x-4| \;<\; x$$

Welche der folgenden Alternativen sind richtig?

A $L = (-\infty, 1)$

B $L = (-\infty, 2)$

C $L = (-\infty, 4)$

D $L = (1, \infty)$

E $L = (2, \infty)$

F $L = (4, \infty)$

Lösungsweg: Die Menge L läßt sich mit Hilfe der Mengen

$$\begin{aligned} L_1 &= L \cap (-\infty, 4] \\ L_2 &= L \cap (4, \infty) \end{aligned}$$

in der Form

$$L = L_1 \cup L_2$$

darstellen. Wegen

$$\begin{aligned} L_1 &= L \cap (-\infty, 4] \\ &= \{x \in (-\infty, 4] \mid |x-4| < x\} \\ &= \{x \in (-\infty, 4] \mid -(x-4) < x\} \\ &= \{x \in (-\infty, 4] \mid 2 < x\} \\ &= (2, 4] \end{aligned}$$

und

$$\begin{aligned} L_2 &= L \cap (4, \infty) \\ &= \{x \in (4, \infty) \mid |x-4| < x\} \\ &= \{x \in (4, \infty) \mid x-4 < x\} \\ &= (4, \infty) \end{aligned}$$

gilt $L = L_1 \cup L_2 = (2, 4] \cup (4, \infty) = (2, \infty)$. Daher ist **E** richtig und **A**, **B**, **C**, **D**, **F** sind falsch.

Lösung: E

Aufgabe 3–9. Sei $L \subseteq \mathbf{R}$ die Lösungsmenge der Ungleichung

$$|x-1| + |x+2| < 3$$

Welche der folgenden Alternativen sind richtig?

A $L = \{-2, 1\}$
B $L = (-2, 1)$
C $L = [-2, 1]$
D $L = \emptyset$
E $L = (-\infty, -2) \cup (1, \infty)$
F $L = (-\infty, -2] \cup [1, \infty)$

Lösungsweg: Die Menge L läßt sich mit Hilfe der Mengen

$$\begin{aligned} L_1 &= L \cap (-\infty, -2] \\ L_2 &= L \cap (-2, 1] \\ L_3 &= L \cap (1, \infty) \end{aligned}$$

in der Form

$$L = L_1 \cup L_2 \cup L_3$$

darstellen. Es gilt

$$\begin{aligned} L_1 &= L \cap (-\infty, -2] \\ &= \{ x \in (-\infty, -2] \mid |x-1| + |x+2| < 3 \} \\ &= \{ x \in (-\infty, -2] \mid -(x-1) - (x+2) < 3 \} \\ &= \{ x \in (-\infty, -2] \mid -2 < x \} \\ &= \emptyset \end{aligned}$$

und analog zeigt man $L_2 = \emptyset$ und $L_3 = \emptyset$. Daraus folgt $L = L_1 \cup L_2 \cup L_3 = \emptyset$. Daher ist **D** richtig und **A**, **B**, **C**, **E**, **F** sind falsch.

Lösung: D

Aufgabe 3–10. Sei $L_1 \subseteq \mathbf{R}$ die Lösungsmenge der Ungleichung $|x| > 1$ und sei $L_2 \subseteq \mathbf{R} \setminus \{0\}$ die Lösungsmenge der Ungleichung $1/x < 0$. Welche der folgenden Alternativen sind richtig?

A $L_1 = (-\infty, -1) \cup (1, \infty)$

B $L_1 = [-1, 1]$

C $(-\infty, -2) \subseteq L_2$

D $L_1 \cap L_2 = (-\infty, -1)$

E $L_1 \cup L_2 = L_1$

Lösungsweg:

- Für $x \in \mathbf{R}$ gilt $|x| > 1$ genau dann, wenn $x < -1$ oder $x > 1$ gilt; es gilt also
$$L_1 = (-\infty, -1) \cup (1, \infty)$$
Daher ist **A** richtig und **B** ist falsch.
- Für $x \in \mathbf{R} \setminus \{0\}$ gilt $1/x < 0$ genau dann, wenn $x < 0$ gilt; es gilt also
$$L_2 = (-\infty, 0)$$
Daher ist **C** richtig.
- Es gilt
$$L_1 \cap L_2 = \Big((-\infty, -1) \cup (1, \infty)\Big) \cap (-\infty, 0) = (-\infty, -1)$$
Daher ist **D** richtig.
- Es gilt
$$L_1 \cup L_2 = \Big((-\infty, -1) \cup (1, \infty)\Big) \cup (-\infty, 0) = (-\infty, 0) \cup (1, \infty)$$
Daher ist **E** falsch.

Lösung: A, C, D

Aufgabe 3–11. Gegeben sei die komplexe Zahl

$$z = \frac{1}{1+i}$$

Welche der folgenden Alternativen sind richtig?

A $\operatorname{Re}(z) = \frac{1}{2}$

B $\operatorname{Re}(z) = 1$

C $|z| = \frac{1}{2}$

D $|z| = 1$

E $|z| = \frac{1}{2}\sqrt{2}$

F $|z| = \sqrt{2}$

Lösungsweg:

- Es gilt
$$z = \frac{1}{1+i} = \frac{1}{1+i} \cdot \frac{1-i}{1-i} = \frac{1-i}{2}$$
und damit $\operatorname{Re}(z) = \frac{1}{2}$. Daher ist **A** richtig und **B** ist falsch.
- Es gilt
$$|z| = \sqrt{z \cdot \overline{z}} = \sqrt{\frac{1-i}{2} \cdot \frac{1+i}{2}} = \frac{1}{2}\sqrt{2}$$
Daher ist **E** richtig und **C**, **D**, **F** sind falsch.

Lösung: A, E

Aufgabe 3–12. Gegeben sei die komplexe Zahl

$$z = \frac{1+i}{1-i}$$

Welche der folgenden Alternativen sind richtig?

A $\operatorname{Re}(z) = 0$

B $\operatorname{Im}(z) = 0$

C $\overline{z} = 1/z$

D $\overline{z} = -1/z$

E $\overline{z} = i/z$

F $\overline{z} = -i/z$

Lösungsweg:

- Es gilt
$$z = \frac{1+i}{1-i} = \frac{1+i}{1-i} \cdot \frac{1+i}{1+i} = \frac{2i}{2} = i$$
Daher ist **A** richtig und **B** ist falsch.

- Es gilt

$$\overline{z} = -i$$

und damit $\overline{z} \cdot z = (-i) \cdot i = 1$. Daher ist **C** richtig und **D**, **E**, **F** sind falsch.

Lösung: A, C

Aufgabe 3–13. Gegeben seien die komplexen Zahlen

$$z_1 = -2 + 2i \qquad \text{und} \qquad z_2 = 1 + i$$

Welche der folgenden Alternativen sind richtig?

A $\operatorname{Re}(z_1 \cdot z_2) = -4$

B $\operatorname{Re}(z_1 \cdot z_2) = 0$

C $\operatorname{Re}(z_1 \cdot z_2) = 4$

D $\operatorname{Im}(z_1 / z_2) = -2$

E $\operatorname{Im}(z_1 / z_2) = 2$

Lösungsweg:

- Es gilt

$$z_1 \cdot z_2 = (-2 + 2i)(1 + i) = -2(1 - i)(1 + i) = -4$$

Daher ist **A** richtig und **B**, **C** sind falsch.

- Es gilt

$$\frac{z_1}{z_2} = \frac{-2 + 2i}{1 + i} = -2 \cdot \frac{1 - i}{1 + i} = -2 \cdot \frac{1 - i}{1 + i} \cdot \frac{1 - i}{1 - i} = -2 \cdot \frac{-2i}{2} = 2i$$

Daher ist **E** richtig und **D** ist falsch.

Lösung: A, E

Aufgabe 3–14. Gegeben seien die komplexen Zahlen

$$z_1 = 2i \qquad \text{und} \qquad z_2 = -1 + i$$

Welche der folgenden Alternativen sind richtig?

A $\operatorname{Re}(z_1 + z_2) < 0$

B $\operatorname{Re}(z_1 + z_2) = 0$

C $\operatorname{Re}(z_1 + z_2) > 0$

D $\operatorname{Im}(z_1 \cdot z_2) = -2$

E $\operatorname{Im}(z_1 \cdot z_2) = 2$

F $|z_1 + z_2|$ ist reell.

G $|z_1 + z_2| = 0$

H $(z_1 \cdot z_2)^2$ ist imaginär.

Lösungsweg:

- Es gilt
$$z_1 + z_2 = 2i + (-1+i) = -1+3i$$
Daher ist **A** richtig und **B**, **C** sind falsch.
- Es gilt
$$z_1 \cdot z_2 = 2i \cdot (-1+i) = -2-2i$$
Daher ist **D** richtig und **E** ist falsch.
- Der Betrag einer komplexen Zahl ist stets reell. Daher ist **F** richtig.
- Für den Betrag einer komplexen Zahl z gilt $|z| = 0$ genau dann, wenn $z = 0$ gilt. Daher ist **G** falsch.
- Es gilt
$$(z_1 \cdot z_2)^2 = (-2-2i)^2 = 4\,(1+i)^2 = 8i$$
Daher ist **H** richtig.

Lösung: A, D, F, H

Aufgabe 3–15. Gegeben seien die komplexen Zahlen

$$z_1 = 4+3i \qquad \text{und} \qquad z_2 = -iz_1$$

Welche der folgenden Alternativen sind richtig?

A $z_2 = 3 - 4i$

B $z_2 = -3 - 4i$

C $\overline{z}_1 = i\overline{z}_2$

D $\overline{z}_1 = -i\overline{z}_2$

E $\overline{z}_1 = -\overline{z}_2$

F $\overline{z}_1 = \overline{z}_2$

Lösungsweg:

- Es gilt
$$z_2 = (-i)\,z_1 = (-i)\,(4+3i) = 3-4i$$
Daher ist **A** richtig und **B** ist falsch.
- Es gilt
$$\begin{aligned} \overline{z}_1 &= 4-3i \\ \overline{z}_2 &= 3+4i \end{aligned}$$
und damit
$$\frac{\overline{z}_1}{\overline{z}_2} = \frac{4-3i}{3+4i} = \frac{4-3i}{3+4i} \cdot \frac{3-4i}{3-4i} = -i$$
Daher ist **D** richtig und **C**, **E**, **F** sind falsch.

Lösung: A, D

Kapitel 4

Vektoren

Aufgabe	Lösung
4–1	B, C, D
4–2	A, B, C, D
4–3	A, C
4–4	B, C
4–5	C, D, E
4–6	D
4–7	A, D, E
4–8	A, B
4–9	B, C, E
4–10	A, B, C, E
4–11	A, B, D
4–12	A, B

Aufgabe 4–1. Gegeben seien die Vektoren

$$\boldsymbol{a} = \begin{pmatrix} 2 \\ 6 \end{pmatrix} \qquad \boldsymbol{b} = \begin{pmatrix} 8 \\ 2 \end{pmatrix} \qquad \boldsymbol{c} = \begin{pmatrix} 5 \\ 4 \end{pmatrix}$$

Welche der folgenden Alternativen sind richtig?

A $\boldsymbol{a}+\boldsymbol{b} \in \operatorname{conv}\{\boldsymbol{a},\boldsymbol{b}\}$

B $\boldsymbol{a}+\boldsymbol{b} \in \operatorname{conv}\{2\boldsymbol{a},2\boldsymbol{b}\}$

C $\frac{1}{2}(\boldsymbol{a}+\boldsymbol{b}) \in \operatorname{conv}\{\boldsymbol{a},\boldsymbol{b}\}$

D $\operatorname{conv}\{\boldsymbol{a},\boldsymbol{c}\} \subseteq \operatorname{conv}\{\boldsymbol{a},\boldsymbol{b}\}$

Lösungsweg:

- Wir stellen alle auftretenden Vektoren graphisch dar:

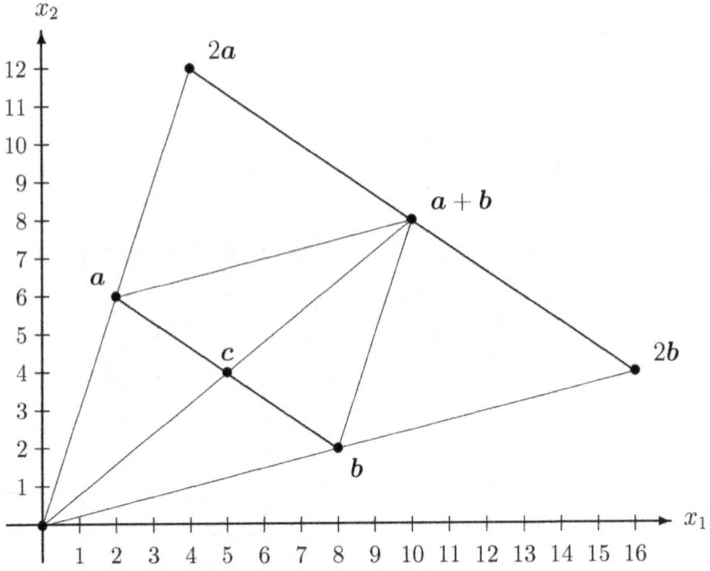

- Nach Definition der konvexen Hülle von $\boldsymbol{a}$ und $\boldsymbol{b}$ gilt (stets)

$$\tfrac{1}{2}\boldsymbol{a} + \tfrac{1}{2}\boldsymbol{b} \in \operatorname{conv}\{\boldsymbol{a},\boldsymbol{b}\}$$

und damit

$$\boldsymbol{a}+\boldsymbol{b} \in \operatorname{conv}\{2\boldsymbol{a},2\boldsymbol{b}\}$$

Daher sind **B**, **C** richtig.

- Es gilt

$$\boldsymbol{c} = \tfrac{1}{2}\boldsymbol{a} + \tfrac{1}{2}\boldsymbol{b}$$

und damit $\boldsymbol{c} \in \operatorname{conv}\{\boldsymbol{a},\boldsymbol{b}\}$. Wegen $\boldsymbol{a} \in \operatorname{conv}\{\boldsymbol{a},\boldsymbol{b}\}$ und $\boldsymbol{c} \in \operatorname{conv}\{\boldsymbol{a},\boldsymbol{b}\}$ gilt $\operatorname{conv}\{\boldsymbol{a},\boldsymbol{c}\} \subseteq \operatorname{conv}\{\boldsymbol{a},\boldsymbol{b}\}$. Daher ist **D** richtig.

- Wir nehmen an, es gelte $\boldsymbol{a}+\boldsymbol{b} \in \operatorname{conv}\{\boldsymbol{a}, \boldsymbol{b}\}$. Dann gibt es ein $\lambda \in [0,1]$ mit $\boldsymbol{a}+\boldsymbol{b} = \lambda\,\boldsymbol{a} + (1-\lambda)\,\boldsymbol{b}$ und damit $\boldsymbol{a} = \lambda\,(\boldsymbol{a}-\boldsymbol{b})$, also

$$\begin{pmatrix} 2 \\ 6 \end{pmatrix} = \lambda\left(\begin{pmatrix} 2 \\ 6 \end{pmatrix} - \begin{pmatrix} 8 \\ 2 \end{pmatrix}\right) = \lambda\begin{pmatrix} -6 \\ 4 \end{pmatrix}$$

Dies ist ein Widerspruch. Daher ist **A** falsch.

Lösung: B, C, D

Aufgabe 4–2. Gegeben seien die Vektoren

$$\boldsymbol{a} = \begin{pmatrix} 3 \\ 0 \end{pmatrix} \qquad \boldsymbol{b} = \begin{pmatrix} 0 \\ -7 \end{pmatrix} \qquad \boldsymbol{c} = \begin{pmatrix} 5 \\ -2 \end{pmatrix}$$

Welche der folgenden Alternativen sind richtig?

A $\operatorname{span}\{\boldsymbol{a}, \boldsymbol{b}\} = \mathbf{R}^2$

B $\operatorname{conv}\{\boldsymbol{a}, \boldsymbol{b}\} \subseteq \operatorname{span}\{\boldsymbol{a}, \boldsymbol{b}\}$

C $\operatorname{conv}\{\boldsymbol{a}, \boldsymbol{c}\} \subseteq \operatorname{span}\{\boldsymbol{a}, \boldsymbol{b}\}$

D $\operatorname{conv}\{\boldsymbol{a}, \boldsymbol{b}, \boldsymbol{c}\} \subseteq \operatorname{span}\{\boldsymbol{a}, \boldsymbol{b}\}$

Lösungsweg: Offenbar gilt

$$\operatorname{span}\{\boldsymbol{a}, \boldsymbol{b}\} \;\subseteq\; \mathbf{R}^2$$

Andererseits gilt für alle $\boldsymbol{x} \in \mathbf{R}^2$

$$\boldsymbol{x} = \begin{pmatrix} x_1 \\ x_2 \end{pmatrix} = x_1\begin{pmatrix} 1 \\ 0 \end{pmatrix} + x_2\begin{pmatrix} 0 \\ 1 \end{pmatrix} = \frac{x_1}{3}\begin{pmatrix} 3 \\ 0 \end{pmatrix} - \frac{x_2}{7}\begin{pmatrix} 0 \\ -7 \end{pmatrix} = \frac{x_1}{3}\,\boldsymbol{a} - \frac{x_2}{7}\,\boldsymbol{b}$$

und damit $\boldsymbol{x} \in \operatorname{span}\{\boldsymbol{a}, \boldsymbol{b}\}$. Also gilt auch

$$\mathbf{R}^2 \;\subseteq\; \operatorname{span}\{\boldsymbol{a}, \boldsymbol{b}\}$$

und damit

$$\operatorname{span}\{\boldsymbol{a}, \boldsymbol{b}\} \;=\; \mathbf{R}^2$$

Daher sind **A**, **B**, **C**, **D** richtig.

Lösung: A, B, C, D

Aufgabe 4–3. Gegeben seien die Vektoren

$$\boldsymbol{a} = \begin{pmatrix} 1 \\ 0 \end{pmatrix} \qquad \boldsymbol{b} = \begin{pmatrix} 0 \\ 1 \end{pmatrix} \qquad \boldsymbol{c} = \begin{pmatrix} 2 \\ 2 \end{pmatrix}$$

Welche der folgenden Alternativen sind richtig?

A $\quad c \in \text{span}\{a, b\}$

B $\quad c \in \text{conv}\{a, b\}$

C $\quad a + b \in \text{conv}\{a, b, c\}$

D $\quad 2a + b \in \text{conv}\{a, b, c\}$

Lösungsweg:

- Wir stellen alle auftretenden Vektoren graphisch dar:

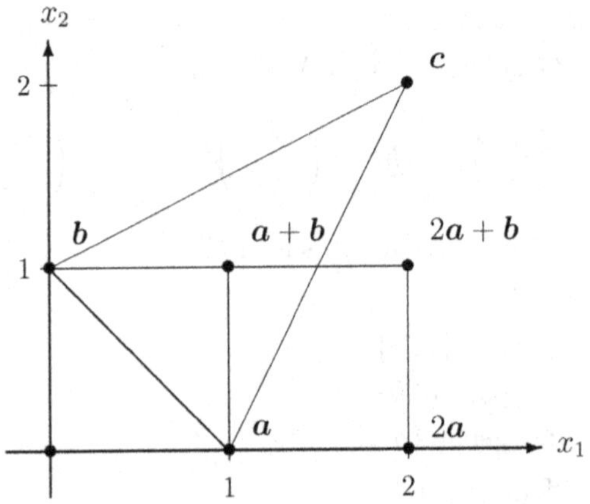

- Es gilt

$$c = 2a + 2b$$

und damit $c \in \text{span}\{a, b\}$. Daher ist **A** richtig.

- Für alle $x \in \text{conv}\{a, b\}$ gibt es ein $\lambda \in [0, 1]$ mit

$$x = \lambda\, a + (1-\lambda)\, b$$

Andererseits gilt $c = 2a + 2b$. Daher ist **B** falsch.

- Wegen $c = 2a + 2b$ gilt

$$\begin{aligned} a + b &= \tfrac{1}{3}\, a + \tfrac{1}{3}\, b + \tfrac{1}{3}\,(2a+2b) \\ &= \tfrac{1}{3}\, a + \tfrac{1}{3}\, b + \tfrac{1}{3}\, c \end{aligned}$$

Daher ist **C** richtig.

- Wir nehmen an, es gebe $\lambda_1, \lambda_2, \lambda_3 \in [0, 1]$ mit $\lambda_1 + \lambda_2 + \lambda_3 = 1$ und

$$2\, a + b = \lambda_1\, a + \lambda_2\, b + \lambda_3\, c$$

Dann gilt

$$\begin{aligned} 2\, a + b &= \lambda_1\, a + \lambda_2\, b + \lambda_3\, c \\ &= \lambda_1\, a + \lambda_2\, b + \lambda_3\,(2a+2b) \\ &= (\lambda_1+2\lambda_3)\, a + (\lambda_2+2\lambda_3)\, b \end{aligned}$$

Da $\boldsymbol{a}$ und $\boldsymbol{b}$ die Einheitsvektoren des $\mathbf{R}^2$ sind, ergibt sich

$$\begin{aligned} \lambda_1 + 2\lambda_3 &= 2 \\ \lambda_2 + 2\lambda_3 &= 1 \end{aligned}$$

und damit

$$\lambda_1 - \lambda_2 = 1$$

Wegen $\lambda_1, \lambda_2 \in [0,1]$ folgt daraus $\lambda_1 = 1$ und $\lambda_2 = 0$, und damit $\lambda_3 = \frac{1}{2}$. Dies ist ein Widerspruch. Daher ist **D** falsch.

Lösung: A, C

Aufgabe 4–4. Gegeben seien die Vektoren

$$\boldsymbol{a} = \begin{pmatrix} 0 \\ \sqrt{2} \end{pmatrix} \qquad \boldsymbol{b} = \begin{pmatrix} 0 \\ 2 \end{pmatrix} \qquad \boldsymbol{c} = \begin{pmatrix} 1 \\ -2 \end{pmatrix}$$

Welche der folgenden Alternativen sind richtig?

A span $\{\boldsymbol{a}, \boldsymbol{b}\} = \mathbf{R}^2$

B span $\{\boldsymbol{a}, \boldsymbol{c}\} = \mathbf{R}^2$

C span $\{\boldsymbol{a}, \boldsymbol{b}\} =$ span $\{\boldsymbol{b}\}$

D conv $\{\boldsymbol{a}, \boldsymbol{b}\} =$ conv $\{\boldsymbol{b}\}$

E conv $\{\boldsymbol{a}, \boldsymbol{b}, \boldsymbol{c}\} \subseteq$ span $\{\boldsymbol{a}, \boldsymbol{b}\}$

Lösungsweg:

- Da $\boldsymbol{a}$ ein Vielfaches von $\boldsymbol{b}$ ist, gilt $\boldsymbol{a} \in \operatorname{span}\{\boldsymbol{b}\}$ und damit

$$\operatorname{span}\{\boldsymbol{a}, \boldsymbol{b}\} = \operatorname{span}\{\boldsymbol{b}\} \neq \mathbf{R}^2$$

  Daher ist **C** richtig und **A** ist falsch.

- Die Einheitsvektoren $\boldsymbol{e}^1$ und $\boldsymbol{e}^2$ lassen sich in der Form

$$\begin{aligned} \boldsymbol{e}^1 &= \sqrt{2}\,\boldsymbol{a} + \boldsymbol{c} \\ \boldsymbol{e}^2 &= (1/\sqrt{2})\,\boldsymbol{a} \end{aligned}$$

  darstellen. Es gilt also $\boldsymbol{e}^1, \boldsymbol{e}^2 \in \operatorname{span}\{\boldsymbol{a}, \boldsymbol{c}\} \subseteq \mathbf{R}^2$ und damit

$$\mathbf{R}^2 = \operatorname{span}\{\boldsymbol{e}^1, \boldsymbol{e}^2\} \subseteq \operatorname{span}\{\boldsymbol{a}, \boldsymbol{c}\} \subseteq \mathbf{R}^2$$

  Daher ist **B** richtig.

- Wegen $\boldsymbol{a} \neq \boldsymbol{b}$ gilt $\operatorname{conv}\{\boldsymbol{a}, \boldsymbol{b}\} \neq \{\boldsymbol{b}\} = \operatorname{conv}\{\boldsymbol{b}\}$. Daher ist **D** falsch.
- Es gilt $\boldsymbol{c} \in \operatorname{conv}\{\boldsymbol{a}, \boldsymbol{b}, \boldsymbol{c}\}$ und $\boldsymbol{c} \notin \operatorname{span}\{\boldsymbol{a}, \boldsymbol{b}\}$. Daher ist **E** falsch.

Lösung: B, C

Aufgabe 4–5. Gegeben seien die Vektoren

$$\boldsymbol{a} = \begin{pmatrix} 2 \\ 2 \\ 0 \end{pmatrix} \qquad \boldsymbol{b} = \begin{pmatrix} 1 \\ 2 \\ 0 \end{pmatrix} \qquad \boldsymbol{c} = \begin{pmatrix} 2 \\ 2 \\ 2 \end{pmatrix} \qquad \boldsymbol{d} = \begin{pmatrix} 2 \\ 2 \\ 1 \end{pmatrix}$$

Welche der folgenden Alternativen sind richtig?

A $\quad \boldsymbol{c} \in \operatorname{conv}\{\boldsymbol{a}, \boldsymbol{b}\}$

B $\quad \boldsymbol{c} \in \operatorname{span}\{\boldsymbol{a}, \boldsymbol{b}\}$

C $\quad \boldsymbol{d} \in \operatorname{conv}\{\boldsymbol{a}, \boldsymbol{c}\}$

D $\quad \boldsymbol{d} \in \operatorname{span}\{\boldsymbol{a}, \boldsymbol{c}\}$

E $\quad \boldsymbol{d} \in \operatorname{conv}\{\boldsymbol{a}, \boldsymbol{b}, \boldsymbol{c}\}$

Lösungsweg:

- Es gilt $\boldsymbol{c} \notin \operatorname{span}\{\boldsymbol{a}, \boldsymbol{b}\}$ und damit $\boldsymbol{c} \notin \operatorname{conv}\{\boldsymbol{a}, \boldsymbol{b}\}$. Daher sind **A**, **B** falsch.
- Es gilt
$$\boldsymbol{d} = \tfrac{1}{2}\boldsymbol{a} + \tfrac{1}{2}\boldsymbol{c}$$
und damit $\boldsymbol{d} \in \operatorname{conv}\{\boldsymbol{a}, \boldsymbol{c}\} \subseteq \operatorname{conv}\{\boldsymbol{a}, \boldsymbol{b}, \boldsymbol{c}\} \cap \operatorname{span}\{\boldsymbol{a}, \boldsymbol{c}\}$. Daher sind **C**, **D**, **E** richtig.

Lösung: C, D, E

Aufgabe 4–6. Gegeben seien die Vektoren

$$\boldsymbol{a} = \begin{pmatrix} 2 \\ 2 \\ 0 \end{pmatrix} \qquad \boldsymbol{b} = \begin{pmatrix} 1 \\ 2 \\ 0 \end{pmatrix} \qquad \boldsymbol{c} = \begin{pmatrix} 2 \\ 2 \\ 2 \end{pmatrix} \qquad \boldsymbol{d} = \begin{pmatrix} 2 \\ 2 \\ 1 \end{pmatrix}$$

Welche der folgenden Alternativen sind richtig?

A $\quad \operatorname{span}\{\boldsymbol{a}, \boldsymbol{b}\} = \mathbf{R}^3$

B $\quad \operatorname{span}\{\boldsymbol{a}, \boldsymbol{c}\} = \mathbf{R}^3$

C $\quad \operatorname{span}\{\boldsymbol{a}, \boldsymbol{d}\} = \mathbf{R}^3$

D $\quad \operatorname{span}\{\boldsymbol{a}, \boldsymbol{b}, \boldsymbol{c}\} = \mathbf{R}^3$

E $\quad \operatorname{span}\{\boldsymbol{a}, \boldsymbol{c}, \boldsymbol{d}\} = \mathbf{R}^3$

Lösungsweg:

- Der dreidimensionale Euklidische Raum $\mathbf{R}^3$ kann nicht durch zwei Vektoren aufgespannt werden. Daher sind **A**, **B**, **C** falsch.
- Die Einheitsvektoren $\boldsymbol{e}^1, \boldsymbol{e}^2, \boldsymbol{e}^3 \in \mathbf{R}^3$ lassen sich in der Form
$$\begin{aligned} \boldsymbol{e}^1 &= \boldsymbol{a} - \boldsymbol{b} \\ \boldsymbol{e}^2 &= \boldsymbol{b} - \tfrac{1}{2}\boldsymbol{a} \\ \boldsymbol{e}^3 &= \tfrac{1}{2}\boldsymbol{c} - \tfrac{1}{2}\boldsymbol{a} \end{aligned}$$

darstellen. Es gilt also $\boldsymbol{e}^1, \boldsymbol{e}^2, \boldsymbol{e}^3 \in \operatorname{span}\{\boldsymbol{a}, \boldsymbol{b}, \boldsymbol{c}\}$ und damit

$$\mathbf{R}^3 = \operatorname{span}\{\boldsymbol{e}^1, \boldsymbol{e}^2, \boldsymbol{e}^3\} \subseteq \operatorname{span}\{\boldsymbol{a}, \boldsymbol{b}, \boldsymbol{c}\} \subseteq \mathbf{R}^3$$

Daher ist **D** richtig.

- Es gilt

$$\boldsymbol{d} = \tfrac{1}{2}\boldsymbol{a} + \tfrac{1}{2}\boldsymbol{c}$$

und damit $\operatorname{span}\{\boldsymbol{a}, \boldsymbol{c}, \boldsymbol{d}\} = \operatorname{span}\{\boldsymbol{a}, \boldsymbol{c}\} \neq \mathbf{R}^3$. Daher ist **E** falsch.

Lösung: D

Aufgabe 4–7. Gegeben seien die Vektoren $\boldsymbol{a}, \boldsymbol{b} \in \mathbf{R}^3$ und der Vektor

$$\boldsymbol{c} = \tfrac{1}{4}\boldsymbol{a} + \tfrac{3}{4}\boldsymbol{b}$$

Welche der folgenden Alternativen sind richtig?

A $\boldsymbol{c} \in \operatorname{span}\{\boldsymbol{a}, \boldsymbol{b}\}$

B $\operatorname{span}\{\boldsymbol{a}, \boldsymbol{b}\} = \mathbf{R}^3$

C $\operatorname{span}\{\boldsymbol{a}, \boldsymbol{b}, \boldsymbol{c}\} = \mathbf{R}^3$

D $\boldsymbol{c} \in \operatorname{conv}\{\boldsymbol{a}, \boldsymbol{b}\}$

E $\operatorname{span}\{\boldsymbol{a}, \boldsymbol{b}, \boldsymbol{c}\} = \operatorname{span}\{\boldsymbol{a}, \boldsymbol{b}\}$

Lösungsweg:

- Es gilt $\boldsymbol{c} \in \operatorname{conv}\{\boldsymbol{a}, \boldsymbol{b}\} \subseteq \operatorname{span}\{\boldsymbol{a}, \boldsymbol{b}\}$ und damit

$$\operatorname{span}\{\boldsymbol{a}, \boldsymbol{b}, \boldsymbol{c}\} = \operatorname{span}\{\boldsymbol{a}, \boldsymbol{b}\}$$

Daher sind **D**, **A**, **E** richtig.

- Der dreidimensionale Euklidische Raum $\mathbf{R}^3$ kann nicht durch zwei Vektoren aufgespannt werden. Daher sind **B**, **C** falsch.

Lösung: A, D, E

Aufgabe 4–8. Welche der folgenden Alternativen sind richtig?

A Die Menge von Vektoren

$$\left\{ \begin{pmatrix} 1 \\ 0 \\ 0 \end{pmatrix}, \begin{pmatrix} 0 \\ 2 \\ 0 \end{pmatrix}, \begin{pmatrix} 0 \\ 0 \\ 3 \end{pmatrix} \right\}$$

ist linear unabhängig.

B Die Menge von Vektoren

$$\left\{ \begin{pmatrix} 1 \\ 5 \\ 7 \end{pmatrix}, \begin{pmatrix} 7 \\ -5 \\ -1 \end{pmatrix} \right\}$$

ist linear unabhängig.

C Die Menge von Vektoren

$$\left\{ \begin{pmatrix} 12 \\ -30 \\ 3 \end{pmatrix}, \begin{pmatrix} -4 \\ 10 \\ -1 \end{pmatrix} \right\}$$

ist linear unabhängig.

Lösungsweg:

- Für alle $\alpha_1, \alpha_2, \alpha_3 \in \mathbf{R}$ mit

$$\alpha_1 \begin{pmatrix} 1 \\ 0 \\ 0 \end{pmatrix} + \alpha_2 \begin{pmatrix} 0 \\ 2 \\ 0 \end{pmatrix} + \alpha_3 \begin{pmatrix} 0 \\ 0 \\ 3 \end{pmatrix} = \begin{pmatrix} 0 \\ 0 \\ 0 \end{pmatrix}$$

gilt $\alpha_1 = \alpha_2 = \alpha_3 = 0$. Daher ist **A** richtig.

- Für alle $\alpha_1, \alpha_2 \in \mathbf{R}$ mit

$$\alpha_1 \begin{pmatrix} 1 \\ 5 \\ 7 \end{pmatrix} + \alpha_2 \begin{pmatrix} 7 \\ -5 \\ 1 \end{pmatrix} = \begin{pmatrix} 0 \\ 0 \\ 0 \end{pmatrix}$$

gilt $5\alpha_1 - 5\alpha_2 = 0$ und damit $\alpha_1 = \alpha_2$. Dann gilt aber $\alpha_1 = \alpha_2 = 0$. Daher ist **B** richtig.

- Es gilt

$$\begin{pmatrix} 12 \\ -30 \\ 3 \end{pmatrix} + 3 \begin{pmatrix} -4 \\ 10 \\ -1 \end{pmatrix} = \begin{pmatrix} 0 \\ 0 \\ 0 \end{pmatrix}$$

Daher ist **C** falsch.

Lösung: A, B

Aufgabe 4–9. Welche der folgenden Alternativen sind richtig?

A Die Menge von Vektoren

$$\left\{ \begin{pmatrix} 1 \\ 3 \\ 5 \end{pmatrix}, \begin{pmatrix} 1 \\ 0 \\ -1 \end{pmatrix} \right\}$$

ist linear abhängig.

B Die Menge von Vektoren

$$\left\{ \begin{pmatrix} 1 \\ 3 \\ 5 \end{pmatrix}, \begin{pmatrix} 1 \\ 0 \\ -1 \end{pmatrix} \right\}$$

ist linear unabhängig.

C Die Menge von Vektoren

$$\left\{ \begin{pmatrix} 1 \\ 0 \\ 1 \end{pmatrix}, \begin{pmatrix} 0 \\ 1 \\ 2 \end{pmatrix}, \begin{pmatrix} 0 \\ 0 \\ 2 \end{pmatrix}, \begin{pmatrix} 1 \\ 2 \\ 0 \end{pmatrix} \right\}$$

ist linear abhängig.

D Die Menge von Vektoren

$$\left\{ \begin{pmatrix} 1 \\ 0 \\ 1 \end{pmatrix}, \begin{pmatrix} 0 \\ 1 \\ 2 \end{pmatrix}, \begin{pmatrix} 0 \\ 0 \\ 2 \end{pmatrix}, \begin{pmatrix} 1 \\ 2 \\ 0 \end{pmatrix} \right\}$$

ist linear unabhängig.

E Die Menge von Vektoren

$$\left\{ \begin{pmatrix} 1 \\ 3 \\ 5 \end{pmatrix}, \begin{pmatrix} -4 \\ -12 \\ -20 \end{pmatrix}, \begin{pmatrix} 1 \\ 0 \\ -1 \end{pmatrix} \right\}$$

ist linear abhängig.

F Die Menge von Vektoren

$$\left\{ \begin{pmatrix} 1 \\ 3 \\ 5 \end{pmatrix}, \begin{pmatrix} -4 \\ -12 \\ -20 \end{pmatrix}, \begin{pmatrix} 1 \\ 0 \\ -1 \end{pmatrix} \right\}$$

ist linear unabhängig.

Lösungsweg:

- Für alle $\alpha_1, \alpha_2 \in \mathbf{R}$ mit

$$\alpha_1 \begin{pmatrix} 1 \\ 3 \\ 5 \end{pmatrix} + \alpha_2 \begin{pmatrix} 1 \\ 0 \\ -1 \end{pmatrix} = \begin{pmatrix} 0 \\ 0 \\ 0 \end{pmatrix}$$

gilt $3\alpha_1 = 0$ und damit $\alpha_1 = 0$. Daraus folgt $\alpha_2 = 0$. Daher ist **B** richtig und **A** ist falsch.

- Eine linear unabhängige Menge von Vektoren des dreidimensionalen Euklidischen Raumes $\mathbf{R}^3$ enthält höchstens drei Vektoren. Daher ist **C** richtig und **D** ist falsch.

- Es gilt

$$4 \begin{pmatrix} 1 \\ 3 \\ 5 \end{pmatrix} + 1 \begin{pmatrix} -4 \\ -12 \\ -20 \end{pmatrix} + 0 \begin{pmatrix} 1 \\ 0 \\ -1 \end{pmatrix} = \begin{pmatrix} 0 \\ 0 \\ 0 \end{pmatrix}$$

Daher ist **E** richtig und **F** ist falsch.

Lösung: B, C, E

Aufgabe 4–10. Gegeben seien die Vektoren

$$\boldsymbol{a} = \begin{pmatrix} 3 \\ 2 \\ 1 \end{pmatrix} \qquad \boldsymbol{b} = \begin{pmatrix} 4 \\ 5 \\ 2 \end{pmatrix} \qquad \boldsymbol{c} = \begin{pmatrix} 1 \\ 3 \\ 1 \end{pmatrix}$$

Welche der folgenden Alternativen sind richtig?

A Die Menge $\{\boldsymbol{a}, \boldsymbol{b}\}$ ist linear unabhängig.

B Die Menge $\{\boldsymbol{a}, \boldsymbol{c}\}$ ist linear unabhängig.

C Die Menge $\{\boldsymbol{b}, \boldsymbol{c}\}$ ist linear unabhängig.

D Die Menge $\{\boldsymbol{a}, \boldsymbol{b}, \boldsymbol{c}\}$ ist linear unabhängig.

E Die Menge $\{\boldsymbol{a}, \boldsymbol{b}, \boldsymbol{c}\}$ ist linear abhängig.

Lösungsweg:

- Für alle $\alpha_1, \alpha_2 \in \mathbf{R}$ mit $\alpha_1 \boldsymbol{a} + \alpha_2 \boldsymbol{b} = \mathbf{0}$ gilt $\alpha_1 = \alpha_2 = 0$. Daher ist **A** richtig.
- Analog zeigt man, daß **B**, **C** richtig sind.
- Es gilt $\boldsymbol{a} - \boldsymbol{b} + \boldsymbol{c} = \mathbf{0}$. Daher ist **E** richtig und **D** ist falsch.

Lösung: A, B, C, E

Aufgabe 4–11. Gegeben seien die Halbräume

$$\begin{aligned} H_1 &= \{\boldsymbol{x} \in \mathbf{R}^2 \mid x_1 \geq 0\} \\ H_2 &= \{\boldsymbol{x} \in \mathbf{R}^2 \mid x_2 \geq 0\} \\ H_3 &= \{\boldsymbol{x} \in \mathbf{R}^2 \mid 2x_1 + 2x_2 \leq 10\} \end{aligned}$$

Sei

$$H = H_1 \cap H_2 \cap H_3$$

Welche der folgenden Alternativen sind richtig?

A Die Menge H ist konvex.

B Es gilt $\begin{pmatrix} 0 \\ 0 \end{pmatrix} \in H$.

C Es gilt $\begin{pmatrix} 6 \\ 0 \end{pmatrix} \in H$.

D Es gilt $\begin{pmatrix} 2 \\ 2 \end{pmatrix} \in H$.

E Es gilt $\begin{pmatrix} 0 \\ 6 \end{pmatrix} \in H$.

Lösungsweg:

- Jeder Halbraum ist eine konvexe Menge und der Durchschnitt konvexer Mengen ist wieder konvex. Daher ist **A** richtig.
- Es gilt
$$\begin{pmatrix} 0 \\ 0 \end{pmatrix}, \begin{pmatrix} 6 \\ 0 \end{pmatrix}, \begin{pmatrix} 2 \\ 2 \end{pmatrix}, \begin{pmatrix} 0 \\ 6 \end{pmatrix} \in H_1 \cap H_2$$
sowie
$$\begin{pmatrix} 0 \\ 0 \end{pmatrix}, \begin{pmatrix} 2 \\ 2 \end{pmatrix} \in H_3$$
und
$$\begin{pmatrix} 6 \\ 0 \end{pmatrix}, \begin{pmatrix} 0 \\ 6 \end{pmatrix} \notin H_3$$
Daher sind **B**, **D** richtig und **C**, **E** sind falsch.

Lösung: A, B, D

Aufgabe 4–12. Gegeben seien die Halbräume

$$\begin{aligned} H_1 &= \{\, \boldsymbol{x} \in \mathbf{R}^2 \mid \langle \boldsymbol{x}, -\boldsymbol{e}^1 \rangle \leq 0 \,\} \\ H_2 &= \{\, \boldsymbol{x} \in \mathbf{R}^2 \mid \langle \boldsymbol{x}, -\boldsymbol{e}^2 \rangle \leq 0 \,\} \\ H_3 &= \{\, \boldsymbol{x} \in \mathbf{R}^2 \mid \langle \boldsymbol{x}, \boldsymbol{e}^1 \rangle \leq 3 \,\} \\ H_4 &= \{\, \boldsymbol{x} \in \mathbf{R}^2 \mid \langle \boldsymbol{x}, \boldsymbol{e}^2 \rangle \leq 5 \,\} \end{aligned}$$

Sei

$$H = H_1 \cap H_2 \cap H_3 \cap H_4$$

Welche der folgenden Alternativen sind richtig?

A $\begin{pmatrix} 0 \\ 0 \end{pmatrix} \in H$

B $H = \left[\begin{pmatrix} 0 \\ 0 \end{pmatrix}, \begin{pmatrix} 3 \\ 5 \end{pmatrix} \right]$

C $H = \left[\begin{pmatrix} 0 \\ 3 \end{pmatrix}, \begin{pmatrix} 0 \\ 5 \end{pmatrix} \right]$

D $H = \left[\begin{pmatrix} 0 \\ 3 \end{pmatrix}, \begin{pmatrix} 5 \\ 0 \end{pmatrix} \right]$

Lösungsweg: Es gilt

$$\begin{aligned} \langle \boldsymbol{x}, -\boldsymbol{e}^1 \rangle &= -x_1 \\ \langle \boldsymbol{x}, -\boldsymbol{e}^2 \rangle &= -x_2 \\ \langle \boldsymbol{x}, \boldsymbol{e}^1 \rangle &= x_1 \\ \langle \boldsymbol{x}, \boldsymbol{e}^2 \rangle &= x_2 \end{aligned}$$

und damit

$$\begin{aligned} H_1 &= \{\boldsymbol{x} \in \mathbf{R}^2 \mid 0 \leq x_1\} \\ H_2 &= \{\boldsymbol{x} \in \mathbf{R}^2 \mid 0 \leq x_2\} \\ H_3 &= \{\boldsymbol{x} \in \mathbf{R}^2 \mid x_1 \leq 3\} \\ H_4 &= \{\boldsymbol{x} \in \mathbf{R}^2 \mid x_2 \leq 5\} \end{aligned}$$

Für $\boldsymbol{x} \in \mathbf{R}^2$ gilt daher $\boldsymbol{x} \in H$ genau dann, wenn die Ungleichungen

$$\begin{array}{ccccc} 0 & \leq & x_1 & \leq & 3 \\ 0 & \leq & x_2 & \leq & 5 \end{array}$$

erfüllt sind. Dies ist aber genau dann der Fall, wenn

$$\begin{pmatrix} 0 \\ 0 \end{pmatrix} \leq \begin{pmatrix} x_1 \\ x_2 \end{pmatrix} \leq \begin{pmatrix} 3 \\ 5 \end{pmatrix}$$

gilt. Daher sind **A**, **B** richtig und **C**, **D** sind falsch.

Lösung: A, B

Kapitel 5

Matrizen

Aufgabe	Lösung
5–1	C, D, E, F
5–2	A, B, C, D
5–3	B
5–4	A, C
5–5	∅
5–6	A, C
5–7	A, D
5–8	C, E
5–9	A, B, C, D, F

Aufgabe	Lösung
5–10	A, C, D, E, F
5–11	A, B, D
5–12	A, C, D
5–13	D, F
5–14	B, D, E, F
5–15	A, C, D
5–16	A, D, F
5–17	A, B, C
5–18	A, B

Aufgabe 5–1. Gegeben seien die Matrizen

$$A = \begin{pmatrix} 2 & 3 & 4 \\ -1 & 7 & 8 \end{pmatrix} \qquad B = \begin{pmatrix} -2 & 5 \\ 0 & 10 \end{pmatrix} \qquad C = \begin{pmatrix} 0 & 1 \\ -1 & 5 \\ 7 & -3 \end{pmatrix}$$

Welche der folgenden Ausdrücke sind erklärt?

A $A + B$

B AB

C BA

D $A'B$

E $A' + C$

F $A + C'$

Lösungsweg:

- A ist eine 2×3–Matrix und B ist eine 2×2–Matrix. Daher sind **A**, **B** falsch.
- B ist eine 2×2–Matrix und A ist eine 2×3–Matrix. Daher ist **C** richtig.
- A' ist eine 3×2–Matrix und B ist eine 2×2–Matrix. Daher ist **D** richtig.
- A' und C sind 3×2–Matrizen. Daher ist **E** richtig.
- A und C' sind 2×3–Matrizen. Daher ist **F** richtig.

Lösung: C, **D**, **E**, **F**

Aufgabe 5–2. Gegeben seien die Matrizen

$$A = \begin{pmatrix} 1 & -2 & 4 \\ -2 & 3 & -5 \end{pmatrix} \qquad \text{und} \qquad B = \begin{pmatrix} 2 & 4 \\ 3 & 6 \\ 1 & 2 \end{pmatrix}$$

Welche der folgenden Alternativen sind richtig?

A $AB = \begin{pmatrix} 0 & 0 \\ 0 & 0 \end{pmatrix}$

B $BA = \begin{pmatrix} -6 & 8 & -12 \\ -9 & 12 & -18 \\ -3 & 4 & -6 \end{pmatrix}$

C $A' + B = \begin{pmatrix} 3 & 2 \\ 1 & 9 \\ 5 & -3 \end{pmatrix}$

D $A + B' = \begin{pmatrix} 3 & 1 & 5 \\ 2 & 9 & -3 \end{pmatrix}$

Lösungsweg:

- Durch Ausrechnen überzeugt man sich, daß **A**, **B** richtig sind.
- Es gilt

$$A' + B = \begin{pmatrix} 1 & -2 \\ -2 & 3 \\ 4 & -5 \end{pmatrix} + \begin{pmatrix} 2 & 4 \\ 3 & 6 \\ 1 & 2 \end{pmatrix} = \begin{pmatrix} 3 & 2 \\ 1 & 9 \\ 5 & -3 \end{pmatrix}$$

  Daher ist **C** richtig.
- Wegen $A + B' = (A' + B)'$ ist auch **D** richtig.

Lösung: A, B, C, D

Aufgabe 5–3. Gegeben seien die Matrizen

$$A = \begin{pmatrix} 1 & 1 \\ 2 & 0 \\ 0 & 3 \end{pmatrix} \quad \text{und} \quad B = \begin{pmatrix} 2 & 3 & 0 \\ 4 & 0 & 1 \end{pmatrix}$$

Welche der folgenden Alternativen sind richtig?

A $AB = BA$

B $AB = \begin{pmatrix} 6 & 3 & 1 \\ 4 & 6 & 0 \\ 12 & 0 & 3 \end{pmatrix}$

C $AB = \begin{pmatrix} 6 & 4 & 12 \\ 3 & 6 & 0 \\ 1 & 0 & 3 \end{pmatrix}$

D $AB = \begin{pmatrix} 6 & 3 & 1 \\ 8 & 0 & 2 \\ 6 & 9 & 0 \end{pmatrix}$

Lösungsweg:

- Da A eine 3×2–Matrix und B eine 2×3–Matrix ist, ist AB eine 3×3–Matrix und BA eine 2×2–Matrix. Daher ist **A** falsch.
- Es gilt

$$AB = \begin{pmatrix} 1 & 1 \\ 2 & 0 \\ 0 & 3 \end{pmatrix} \cdot \begin{pmatrix} 2 & 3 & 0 \\ 4 & 0 & 1 \end{pmatrix} = \begin{pmatrix} 6 & 3 & 1 \\ 4 & 6 & 0 \\ 12 & 0 & 3 \end{pmatrix}$$

  Daher ist **B** richtig und **C**, **D** sind falsch.

Lösung: B

Aufgabe 5–4. Gegeben seien die Matrizen

$$A = \begin{pmatrix} 4 & 2 \\ -1 & 5 \end{pmatrix} \quad \text{und} \quad B = \begin{pmatrix} 1 & -5 & 3 \\ 0 & 2 & 0 \end{pmatrix}$$

Welche der folgenden Alternativen sind richtig?

A $(AB)' = B'A'$

B $AB = \begin{pmatrix} -3 & 15 & -1 \\ 12 & -16 & 4 \end{pmatrix}$

C $AB = \begin{pmatrix} 4 & -16 & 12 \\ -1 & 15 & -3 \end{pmatrix}$

D $AB = \begin{pmatrix} 5 & -27 & 15 \\ 2 & -2 & 6 \end{pmatrix}$

Lösungsweg:

- Da A eine 2×2–Matrix und B eine 2×3–Matrix ist, ist AB definiert. Also ist auch $B'A'$ definiert und es gilt $(AB)' = B'A'$. Daher ist **A** richtig.
- Es gilt

$$AB = \begin{pmatrix} 4 & 2 \\ -1 & 5 \end{pmatrix} \cdot \begin{pmatrix} 1 & -5 & 3 \\ 0 & 2 & 0 \end{pmatrix} = \begin{pmatrix} 4 & -16 & 12 \\ -1 & 15 & -3 \end{pmatrix}$$

Daher ist **C** richtig und **B**, **D** sind falsch.

Lösung: A, C

Aufgabe 5–5. Gegeben seien die Matrizen

$$A = \begin{pmatrix} 1 & 2 \\ 0 & 1 \\ 1 & 0 \end{pmatrix} \qquad B = \begin{pmatrix} 1 & 2 & 0 \\ 2 & 2 & 1 \end{pmatrix} \qquad C = \begin{pmatrix} 11 & 12 & 5 \\ 4 & 4 & 2 \\ 3 & 4 & 1 \end{pmatrix}$$

Für welche der folgenden Matrizen X ist die Gleichung $AXB = C$ erfüllt?

A $X = \begin{pmatrix} 1 & 0 & 0 \\ 0 & 2 & 2 \\ 1 & 2 & 2 \end{pmatrix}$

B $X = \begin{pmatrix} 1 & 0 & 0 \\ 0 & 2 & 2 \end{pmatrix}$

C $X = \begin{pmatrix} 1 & 0 \\ 0 & 2 \\ 1 & 2 \end{pmatrix}$

D $X = \begin{pmatrix} 1 & 0 \\ 0 & 2 \end{pmatrix}$

Lösungsweg:

- Da A eine 3×2–Matrix und B eine 2×3–Matrix ist, muß jede Matrix X, die die Gleichung $AXB = C$ erfüllt, eine 2×2–Matrix sein. Daher sind **A**, **B**, **C** falsch.
- Es gilt

$$\begin{pmatrix} 1 & 2 \\ 0 & 1 \\ 1 & 0 \end{pmatrix} \cdot \begin{pmatrix} 1 & 0 \\ 0 & 2 \end{pmatrix} \cdot \begin{pmatrix} 1 & 2 & 0 \\ 2 & 2 & 1 \end{pmatrix} = \begin{pmatrix} 1 & 4 \\ 0 & 2 \\ 1 & 0 \end{pmatrix} \cdot \begin{pmatrix} 1 & 2 & 0 \\ 2 & 2 & 1 \end{pmatrix}$$

$$= \begin{pmatrix} * & * & 4 \\ * & * & 2 \\ * & * & 0 \end{pmatrix}$$

Daher ist **D** falsch.

Lösung: ∅

Aufgabe 5–6. Gegeben seien die Matrizen

$$A = \begin{pmatrix} 1 & 0 & 4 & 2 \\ 1 & -1 & 3 & 1 \end{pmatrix} \qquad \text{und} \qquad B = \begin{pmatrix} 1 & 2 & 1 \\ 0 & 0 & 1 \\ -1 & -2 & -1 \\ 0 & -1 & 0 \end{pmatrix}$$

Welche der folgenden Alternativen sind richtig?

A rang $(A) = 2$

B rang $(A) = 4$

C rang $(B) = 3$

D rang $(B) = 4$

Lösungsweg:

- Es gilt rang $(A) \leq \min\{2, 4\} = 2$. Daher ist **B** falsch.
- Eine Menge von zwei Vektoren ist genau dann linear unabhängig, wenn die Vektoren nicht Vielfache voneinander sind. Also sind die Zeilenvektoren von A linear unabhängig. Daher ist **A** richtig.
- Es gilt rang $(B) \leq \min\{3, 4\} = 3$. Daher ist **D** falsch.
- Die Spaltenvektoren von B sind linear unabhängig, denn aus

$$\alpha_1 \begin{pmatrix} 1 \\ 0 \\ -1 \\ 0 \end{pmatrix} + \alpha_2 \begin{pmatrix} 2 \\ 0 \\ -2 \\ -1 \end{pmatrix} + \alpha_3 \begin{pmatrix} 1 \\ 1 \\ -1 \\ 0 \end{pmatrix} = \begin{pmatrix} 0 \\ 0 \\ 0 \\ 0 \end{pmatrix}$$

folgt zunächst $\alpha_2 = \alpha_3 = 0$ und sodann $\alpha_1 = 0$. Daher ist **C** richtig.

Lösung: A, C

Aufgabe 5–7. Gegeben sei die Matrix

$$A = \begin{pmatrix} 3 & 4 & 1 \\ 2 & 5 & 3 \\ 1 & 2 & 1 \end{pmatrix}$$

mit den Spaltenvektoren

$$\boldsymbol{a}^1 = \begin{pmatrix} 3 \\ 2 \\ 1 \end{pmatrix} \qquad \boldsymbol{a}^2 = \begin{pmatrix} 4 \\ 5 \\ 2 \end{pmatrix} \qquad \boldsymbol{a}^3 = \begin{pmatrix} 1 \\ 3 \\ 1 \end{pmatrix}$$

Welche der folgenden Alternativen sind richtig?

A Die Menge $\{\boldsymbol{a}^1, \boldsymbol{a}^2\}$ ist linear unabhängig.

B Die Menge $\{\boldsymbol{a}^1, \boldsymbol{a}^2, \boldsymbol{a}^3\}$ ist linear unabhängig.

C Es gilt $\operatorname{rang}(A) = 1$.

D Es gilt $\operatorname{rang}(A) = 2$.

E Es gilt $\operatorname{rang}(A) = 3$.

Lösungsweg:

- Die Vektoren $\boldsymbol{a}^1$ und $\boldsymbol{a}^2$ sind nicht Vielfache voneinander. Daher ist **A** richtig.
- Es gilt $\boldsymbol{a}^2 = \boldsymbol{a}^1 + \boldsymbol{a}^3$. Daher ist **B** falsch.
- Da die Menge $\{\boldsymbol{a}^1, \boldsymbol{a}^2\}$ linear unabhängig ist und $\boldsymbol{a}^3 = \boldsymbol{a}^1 - \boldsymbol{a}^2$ gilt, ist die maximale Zahl linear unabhängiger Spaltenvektoren von A gleich 2. Daher ist **D** richtig und **C**, **E** sind falsch.

Lösung: A, D

Aufgabe 5–8. Gegeben sei die Matrix

$$A = \begin{pmatrix} 2 & 0 & -1 \\ 0 & 1 & 0 \\ -12 & -1 & 6 \end{pmatrix}$$

mit den Spaltenvektoren

$$\boldsymbol{a}^1 = \begin{pmatrix} 2 \\ 0 \\ -12 \end{pmatrix} \qquad \boldsymbol{a}^2 = \begin{pmatrix} 0 \\ 1 \\ -1 \end{pmatrix} \qquad \boldsymbol{a}^3 = \begin{pmatrix} -1 \\ 0 \\ 6 \end{pmatrix}$$

Welche der folgenden Alternativen sind richtig?

A Die Menge $\{\boldsymbol{a}^1, \boldsymbol{a}^2, \boldsymbol{a}^3\}$ ist linear unabhängig.

B A hat den Rang 3.

C A hat den Rang 2.

D A' hat den Rang 3.

E A' hat den Rang 2.

Lösungsweg:

- Wegen $\boldsymbol{a}^1 = -2\boldsymbol{a}^3$ ist die Menge $\{\boldsymbol{a}^1, \boldsymbol{a}^2, \boldsymbol{a}^3\}$ linear abhängig; es gilt also $\text{rang}\,(A) \leq 2$. Daher sind **A**, **B** falsch.
- Die Menge $\{\boldsymbol{a}^1, \boldsymbol{a}^2\}$ ist linear unabhängig; es gilt also $\text{rang}\,(A) \geq 2$ und damit $\text{rang}\,(A) = 2$. Daher ist **C** richtig.
- Es gilt stets $\text{rang}\,(A') = \text{rang}\,(A)$. Daher ist **E** richtig und **D** ist falsch.

Lösung: C, E

Aufgabe 5–9. Gegeben sei die Matrix

$$A = \begin{pmatrix} 2 & 1 & -1 & 0 \\ -3 & a & 1 & 0 \\ -1 & 2 & 0 & 0 \end{pmatrix}$$

mit $a \in \mathbf{R}$. Welche der folgenden Alternativen sind richtig?

A Für alle $a \in \mathbf{R}$ gilt $\text{rang}\,(A) \geq 2$.

B Für alle $a \in \mathbf{R}$ gilt $\text{rang}\,(A) \leq 3$.

C Es existiert ein $a \in \mathbf{R}$ mit $\text{rang}\,(A) = 2$.

D Es existiert ein $a \in \mathbf{R}$ mit $\text{rang}\,(A) = 3$.

E Für $a = 1$ besitzt A vollen Rang.

F Für $a = 0$ besitzt A vollen Rang.

Lösungsweg:

- Aus
$$\alpha_1 \begin{pmatrix} 2 \\ -3 \\ -1 \end{pmatrix} + \alpha_3 \begin{pmatrix} -1 \\ 1 \\ 0 \end{pmatrix} = \begin{pmatrix} 0 \\ 0 \\ 0 \end{pmatrix}$$
folgt $\alpha_1 = 0$ und damit $\alpha_3 = 0$. Daher ist **A** richtig.
- Es gilt $\text{rang}\,(A) \leq \min\{3, 4\} = 3$. Daher ist **B** richtig.
- Für $a = 1$ ist die letzte Zeile der Matrix gleich der Summe der ersten beiden Zeilen; es gilt also $\text{rang}\,(A) = 2$. Daher ist **C** richtig und **E** ist falsch.
- Für $a = 0$ sind die ersten drei Spaltenvektoren von A linear unabhängig, denn aus
$$\alpha_1 \begin{pmatrix} 2 \\ -3 \\ -1 \end{pmatrix} + \alpha_2 \begin{pmatrix} 1 \\ 0 \\ 2 \end{pmatrix} + \alpha_3 \begin{pmatrix} -1 \\ 1 \\ 0 \end{pmatrix} = \begin{pmatrix} 0 \\ 0 \\ 0 \end{pmatrix}$$
folgt $\alpha_1 = 2\alpha_2$ und damit $\alpha_3 = 2\alpha_1 + \alpha_2 = 5\alpha_2$ sowie $\alpha_3 = 3\alpha_1 = 6\alpha_2$. Dann gilt aber $\alpha_2 = 0$ und damit $\alpha_1 = \alpha_3 = 0$. Daher sind **D**, **F** richtig.

Lösung: A, B, C, D, F

Aufgabe 5–10. Gegeben seien die Matrizen

$$A = \begin{pmatrix} 1 & 0 & 1 \\ 0 & 1 & 0 \end{pmatrix} \quad \text{und} \quad B = \begin{pmatrix} 2 & 1 \\ 0 & 1 \\ -1 & -1 \end{pmatrix}$$

Welche der folgenden Alternativen sind richtig?

A $(AB)^{-1}$ existiert.

B $(BA)^{-1}$ existiert.

C Es gilt $\operatorname{rang}(A) = 2$.

D Es gilt $\operatorname{rang}(B) = 2$.

E Es gilt $\operatorname{rang}(AB) = 2$.

F Es gilt $\operatorname{rang}(BA) = 2$.

Lösungsweg:

- Es gilt $\operatorname{rang}(A) \le \min\{2,3\} = 2$. Da die beiden Zeilenvektoren von A nicht Vielfache voneinander sind, sind sie linear unabhängig. Daher ist **C** richtig.
- Es gilt $\operatorname{rang}(B) \le \min\{3,2\} = 2$. Da die beiden Spaltenvektoren von B nicht Vielfache voneinander sind, sind sie linear unabhängig. Daher ist **D** richtig.
- Es gilt

$$AB = \begin{pmatrix} 1 & 0 & 1 \\ 0 & 1 & 0 \end{pmatrix} \cdot \begin{pmatrix} 2 & 1 \\ 0 & 1 \\ -1 & -1 \end{pmatrix} = \begin{pmatrix} 1 & 0 \\ 0 & 1 \end{pmatrix}$$

  Daher sind **A**, **E** richtig.
- Es gilt

$$BA = \begin{pmatrix} 2 & 1 \\ 0 & 1 \\ -1 & -1 \end{pmatrix} \cdot \begin{pmatrix} 1 & 0 & 1 \\ 0 & 1 & 0 \end{pmatrix} = \begin{pmatrix} 2 & 1 & 2 \\ 0 & 1 & 0 \\ -1 & -1 & -1 \end{pmatrix}$$

  Da der zweite Spaltenvektor von BA kein Vielfaches des ersten Spaltenvektors ist, gilt $\operatorname{rang}(BA) \ge 2$. Da der dritte Spaltenvektor von BA mit dem ersten Spaltenvektor übereinstimmt, gilt $\operatorname{rang}(BA) \le 2$. Also gilt $\operatorname{rang}(BA) = 2$. Daher ist **F** richtig und **B** ist falsch.

Lösung: A, C, D, E, F

Aufgabe 5–11. Gegeben sei die Matrix

$$A = \begin{pmatrix} 1 & 2 & -3 \\ 0 & 1 & 2 \\ 0 & 0 & 1 \end{pmatrix}$$

Welche der folgenden Alternativen sind richtig?

A A^{-1} existiert.

B Es gilt

$$A^{-1} = \begin{pmatrix} 1 & -2 & 7 \\ 0 & 1 & -2 \\ 0 & 0 & 1 \end{pmatrix}$$

C Es gilt

$$A^{-1} = \begin{pmatrix} 1 & 0 & 0 \\ -2 & 1 & 0 \\ 7 & -2 & 1 \end{pmatrix}$$

D Es gilt $\det(A) \neq 0$.

E Es gilt $\det(A) = 0$.

F Es gilt $\text{rang}\,(A) = 2$.

Lösungsweg:

- Offenbar gilt $\det(A) = 1$. Daher ist **D** richtig und **E** ist falsch.
- Wegen $\det(A) = 1 \neq 0$ gilt $\text{rang}\,(A) = 3$. Daher ist **F** falsch.
- Wegen $\text{rang}\,(A) = 3$ ist A regulär. Daher ist **A** richtig.
- Die Inverse einer regulären oberen Dreiecksmatrix ist eine obere Dreiecksmatrix. Daher ist **C** falsch.
- Es gilt

$$\begin{pmatrix} 1 & 2 & -3 \\ 0 & 1 & 2 \\ 0 & 0 & 1 \end{pmatrix} \cdot \begin{pmatrix} 1 & -2 & 7 \\ 0 & 1 & -2 \\ 0 & 0 & 1 \end{pmatrix} = \begin{pmatrix} 1 & 0 & 0 \\ 0 & 1 & 0 \\ 0 & 0 & 1 \end{pmatrix}$$

Daher ist **B** richtig.

Lösung: A, B, D

Aufgabe 5–12. Gegeben sei die Matrix

$$A = \begin{pmatrix} 1 & 1 & -1 \\ 1 & -1 & 1 \\ -1 & 1 & 1 \end{pmatrix}$$

Welche der folgenden Alternativen sind richtig?

A A ist regulär.

B Es gilt $\text{rang}\,(A) < 3$.

C A^{-1} existiert.

D Es gilt $\det(A) \neq 0$.

Lösungsweg:

- Mit der Sarrus'schen Regel erhält man

$$\det(A) \;=\; (-1-1-1)-(1+1-1) \;=\; -4$$

Daher ist **D** richtig.

- Wegen $\det(A) \neq 0$ ist A regulär. Insbesondere existiert A^{-1} und es gilt $\operatorname{rang}(A) = 3$. Daher sind **A**, **C** richtig und **B** ist falsch.

Lösung: A, C, D

Aufgabe 5–13. Gegeben sei die Matrix

$$A = \begin{pmatrix} 3 & 1 & -1 \\ 1 & 1 & 1 \\ -1 & 1 & 1 \end{pmatrix}$$

Welche der folgenden Alternativen sind richtig?

A Die Eigenwerte von A sind $\lambda_1 = 2$, $\lambda_2 = 1+\sqrt{3}$, $\lambda_3 = 1-\sqrt{3}$.

B Es gilt $\det(A) = 0$.

C Es gilt $\det(A) = 4$.

D Es gilt $\det(A) = -4$.

E Es gilt $\operatorname{spur}(A) = 4$.

F Es gilt $\operatorname{spur}(A) = 5$.

Lösungsweg:

- Es gilt

$$\operatorname{spur}\begin{pmatrix} 3 & 1 & -1 \\ 1 & 1 & 1 \\ -1 & 1 & 1 \end{pmatrix} \;=\; 3+1+1 \;=\; 5$$

Daher ist **F** richtig und **E** ist falsch.

- Mit dem Entwicklungssatz von Laplace erhält man

$$\begin{aligned}
&\det\begin{pmatrix} 3 & 1 & -1 \\ 1 & 1 & 1 \\ -1 & 1 & 1 \end{pmatrix} \\
&= 3\cdot\det\begin{pmatrix} 1 & 1 \\ 1 & 1 \end{pmatrix} - 1\cdot\det\begin{pmatrix} 1 & 1 \\ -1 & 1 \end{pmatrix} + (-1)\cdot\det\begin{pmatrix} 1 & 1 \\ -1 & 1 \end{pmatrix} \\
&= 3\cdot 0 - 1\cdot 2 + (-1)\cdot 2 \\
&= -4
\end{aligned}$$

Daher ist **D** richtig und **B**, **C** sind falsch.

- Die Summe der Eigenwerte ist gleich der Spur. Daher ist **A** falsch.

Lösung: D, F

Aufgabe 5–14. Gegeben sei die Matrix

$$A = \begin{pmatrix} 2 & 1 & -1 \\ 1 & 1 & 1 \\ -1 & 1 & 1 \end{pmatrix}$$

Dann sind $\lambda_1 = 1 + \sqrt{3}$ und $\lambda_2 = 1 - \sqrt{3}$ Eigenwerte von A. Welche der folgenden Alternativen sind richtig?

A Der dritte Eigenwert von A ist $\lambda_3 = 0$.

B Der dritte Eigenwert von A ist $\lambda_3 = 2$.

C Es gilt $\operatorname{spur}(A) = 2$.

D Es gilt $\operatorname{spur}(A) = 4$.

E Der Vektor $\boldsymbol{x} = \mathbf{0}$ ist ein Eigenvektor zum Eigenwert $\lambda_1 = 1 + \sqrt{3}$.

F Der Vektor $\boldsymbol{x} = \mathbf{0}$ ist ein Eigenvektor zum Eigenwert $\lambda_2 = 1 - \sqrt{3}$.

Lösungsweg:

- Es gilt $\operatorname{spur}(A) = 2 + 1 + 1 = 4$. Daher ist **D** richtig und **C** ist falsch.
- Es gilt

$$\begin{aligned} 4 &= \operatorname{spur}(A) \\ &= \lambda_1 + \lambda_2 + \lambda_3 \\ &= (1+\sqrt{3}) + (1-\sqrt{3}) + \lambda_3 \\ &= 2 + \lambda_3 \end{aligned}$$

  und damit $\lambda_3 = 2$. Daher ist **B** richtig und **A** ist falsch.
- Der Vektor $\boldsymbol{x} = \mathbf{0}$ ist ein Eigenvektor zu jedem Eigenwert. Daher sind **E**, **F** richtig.

Lösung: B, D, E, F

Aufgabe 5–15. Berechnen Sie die Eigenwerte der Matrix

$$A = \begin{pmatrix} 1 & 2 & 1 \\ 1 & 1 & 2 \\ 0 & 0 & 1 \end{pmatrix}$$

Welche der folgenden Alternativen sind richtig?

A A besitzt den Eigenwert 1.

B A besitzt den Eigenwert -1.

C A besitzt den Eigenwert $1 + \sqrt{2}$.

D A besitzt den Eigenwert $1 - \sqrt{2}$.

E A besitzt den Eigenwert $-1 + \sqrt{2}$.

F A besitzt den Eigenwert $-1 - \sqrt{2}$.

Lösungsweg: Eine reelle Zahl $\lambda \in \mathbf{R}$ ist genau dann ein Eigenwert von A, wenn es einen Vektor $\boldsymbol{x} \in \mathbf{R}^3$ mit $\boldsymbol{x} \neq \mathbf{0}$ gibt, der die Gleichung $A\boldsymbol{x} = \lambda\boldsymbol{x}$ erfüllt. Mit Hilfe der Einheitsmatrix E läßt sich diese Gleichung in der Form

$$(A - \lambda E)\,\boldsymbol{x} = \mathbf{0}$$

schreiben. Gesucht sind also alle $\lambda \in \mathbf{R}$, für die $\operatorname{kern}(A-\lambda E) \neq \mathbf{0}$ gilt; dies sind aber genau alle $\lambda \in \mathbf{R}$ mit $\det(A-\lambda E) = 0$. Es gilt

$$\begin{aligned}
\det(A-\lambda E) &= \det\begin{pmatrix} 1-\lambda & 2 & 1 \\ 1 & 1-\lambda & 2 \\ 0 & 0 & 1-\lambda \end{pmatrix} \\
&= (1-\lambda)\Big((1-\lambda)^2 - 2\Big) \\
&= (1-\lambda)\,(\lambda^2-2\lambda-1) \\
&= (1-\lambda)\,(1-\sqrt{2}-\lambda)\,(1+\sqrt{2}-\lambda)
\end{aligned}$$

Es gilt also $\det(A-\lambda E) = 0$ genau dann, wenn $\lambda \in \{1, 1-\sqrt{2}, 1+\sqrt{2}\}$ gilt. Daher sind **A**, **C**, **D** richtig und **B**, **E**, **F** sind falsch.

Lösung: A, C, D

Aufgabe 5–16. Die Matrix

$$A = \begin{pmatrix} 2 & -1 & 0 \\ -1 & 4 & 0 \\ 0 & 0 & 1 \end{pmatrix}$$

ist

A symmetrisch.

B indefinit.

C negativ semidefinit.

D positiv semidefinit.

E negativ definit.

F positiv definit.

Lösungsweg:

- Für die Matrix A gilt $A' = A$. Daher ist **A** richtig.
- Wegen

$$\begin{aligned}
\det(A-\lambda E) &= \det\begin{pmatrix} 2-\lambda & -1 & 0 \\ -1 & 4-\lambda & 0 \\ 0 & 0 & 1-\lambda \end{pmatrix} \\
&= (1-\lambda)\Big((2-\lambda)(4-\lambda) - 1\Big) \\
&= (1-\lambda)\,(\lambda^2-6\lambda+7)
\end{aligned}$$

erhält man aus der Gleichung $\det(A-\lambda E)=0$ die Eigenwerte

$$\begin{aligned}\lambda_1 &= 1\\ \lambda_2 &= 3+\sqrt{2}\\ \lambda_3 &= 3-\sqrt{2}\end{aligned}$$

Insbesondere gilt $\lambda_1, \lambda_2, \lambda_3 > 0$. Da A symmetrisch ist, folgt daraus, daß A positiv definit und damit auch positiv semidefinit ist. Daher sind **D**, **F** richtig und **B**, **C**, **E** sind falsch.

Lösung: A, **D**, **F**

Aufgabe 5–17. Die Matrix

$$A = \begin{pmatrix} 1 & 1 & 0 \\ 1 & 3 & 0 \\ 0 & 0 & 1 \end{pmatrix}$$

ist

A symmetrisch.

B positiv definit.

C positiv semidefinit.

D indefinit.

E negativ semidefinit.

F negativ definit.

Lösungsweg:

- Für die Matrix A gilt $A' = A$. Daher ist **A** richtig.
- Für alle $\boldsymbol{x} \in \mathbf{R}^3$ gilt

$$\begin{aligned}\langle \boldsymbol{x}, A\boldsymbol{x}\rangle &= \begin{pmatrix} x_1 & x_2 & x_3 \end{pmatrix} \begin{pmatrix} 1 & 1 & 0 \\ 1 & 3 & 0 \\ 0 & 0 & 1 \end{pmatrix} \begin{pmatrix} x_1 \\ x_2 \\ x_3 \end{pmatrix}\\ &= x_1^2 + 2x_1x_2 + 3x_2^2 + x_3^2\\ &= (x_1+x_2)^2 + 2x_2^2 + x_3^2\\ &\geq 0\end{aligned}$$

  Daher ist **C** richtig und **D** ist falsch.
- Wegen

$$\langle \boldsymbol{x}, A\boldsymbol{x}\rangle = (x_1+x_2)^2 + 2x_2^2 + x_3^2$$

  gilt $\langle \boldsymbol{x}, A\boldsymbol{x}\rangle = 0$ genau dann, wenn $x_1 = x_2 = x_3 = 0$, also $\boldsymbol{x} = \mathbf{0}$, gilt. Daher ist **B** richtig und **E**, **F** sind falsch.

Lösung: A, **B**, **C**

Aufgabe 5–18. Gegeben sei die Matrix

$$A = \begin{pmatrix} 1 & 0 & 0 \\ 0 & 1 & -1 \end{pmatrix}$$

Dann ist die Matrix $B = A'A$

A symmetrisch.

B positiv semidefinit.

C indefinit.

D negativ semidefinit.

E positiv definit.

F negativ definit.

Lösungsweg:

- Es gilt $B' = (A'A)' = A'A'' = A'A = B$. Daher ist **A** richtig.
- Die Matrix B ist eine 3×3–Matrix und für alle $\boldsymbol{x} \in \mathbf{R}^3$ gilt

$$\langle \boldsymbol{x}, B\boldsymbol{x} \rangle = \boldsymbol{x}'B\boldsymbol{x} = \boldsymbol{x}'A'A\boldsymbol{x} = (A\boldsymbol{x})'A\boldsymbol{x} = \langle A\boldsymbol{x}, A\boldsymbol{x} \rangle \geq 0$$

  Daher ist **B** richtig und **C**, **F** sind falsch.
- Für den Vektor $\boldsymbol{x} \in \mathbf{R}^3$ mit

$$\boldsymbol{x} = \begin{pmatrix} 1 \\ 0 \\ 0 \end{pmatrix}$$

  gilt $A\boldsymbol{x} \neq \mathbf{0}$ und damit

$$\langle \boldsymbol{x}, B\boldsymbol{x} \rangle = \langle A\boldsymbol{x}, A\boldsymbol{x} \rangle > 0$$

  Daher ist **D** falsch.
- Für den Vektor $\boldsymbol{x} \in \mathbf{R}^3$ mit

$$\boldsymbol{x} = \begin{pmatrix} 0 \\ 1 \\ 1 \end{pmatrix}$$

  gilt $\boldsymbol{x} \neq \mathbf{0}$ sowie $A\boldsymbol{x} = \mathbf{0}$ und damit

$$\langle \boldsymbol{x}, B\boldsymbol{x} \rangle = \langle A\boldsymbol{x}, A\boldsymbol{x} \rangle = 0$$

  Daher ist **E** falsch.

Lösung: A, B

Kapitel 6

Lineare Gleichungssysteme

Aufgabe	Lösung
6–1	∅
6–2	A, B, C
6–3	A, C
6–4	A, B, C, E
6–5	A, B, C, H
6–6	A, B, D, E
6–7	A, C, F
6–8	C, F
6–9	B
6–10	B

Aufgabe	Lösung
6–11	A, D
6–12	A
6–13	A, D
6–14	C, E
6–15	B, D, I
6–16	A, D
6–17	D
6–18	C
6–19	B, D
6–20	A, B, C, D, E

Aufgabe 6–1. Gegeben sei das lineare Gleichungssystem

$$\begin{array}{rcrcrcrcr} x_1 & + & 3x_2 & + & x_3 & - & x_4 & = & 0 \\ & & x_2 & - & x_3 & - & 4x_4 & = & 0 \\ & & 2x_2 & + & x_3 & - & 3x_4 & = & 1 \end{array}$$

Welche der folgenden Alternativen sind richtig?

A Das lineare Gleichungssystem ist eindeutig lösbar.

B Das lineare Gleichungssystem ist nicht lösbar.

C $\boldsymbol{x} = (0, -2, 2, -1)'$ ist eine Lösung.

D $\boldsymbol{x} = (4, 3, 2, 1)'$ ist eine Lösung.

Lösungsweg:

- Die Vektoren $(0, -2, 2, -1)'$ und $(4, 3, 2, 1)'$ lösen das lineare Gleichungssystem nicht. Daher sind **C**, **D** falsch.
- Die Zeilenvektoren der Koeffizientenmatrix

$$A = \begin{pmatrix} 1 & 3 & 1 & -1 \\ 0 & 1 & -1 & -4 \\ 0 & 2 & 1 & -3 \end{pmatrix}$$

des linearen Gleichungssystems sind linear unabhängig; wären sie linear abhängig, so wären (aufgrund des Koeffizienten der ersten Spalte) der zweite und der dritte Zeilenvektor Vielfache voneinander. Es gilt also $\text{rang}\,(A) = 3$ und damit $\dim(\text{kern}\,(A)) = 4 - 3 = 1$. Da A vollen Rang hat, besitzt das lineare Gleichungssystem $A\boldsymbol{x} = \boldsymbol{b}$ für jede Wahl von $\boldsymbol{b} \in \mathbf{R}^3$ mindestens eine Lösung; wegen $\dim(\text{kern}\,(A)) = 1$ besitzt es für jede Wahl von $\boldsymbol{b} \in \mathbf{R}^3$ sogar unendlich viele Lösungen. Daher sind **A**, **B** falsch.

Lösung: ∅

Aufgabe 6–2. Gegeben sei das lineare Gleichungssystem

$$\begin{array}{rrcrcrcr} & x_1 & + & 2x_2 & - & 3x_3 & = & -2 \\ - & 3x_1 & - & 3x_2 & + & 8x_3 & = & 4 \\ & & & 9x_2 & - & 3x_3 & = & -6 \end{array}$$

Welche der folgenden Alternativen sind richtig?

A $\boldsymbol{x} = (4, 0, 2)'$ ist eine Lösung.

B $\boldsymbol{x} = (-3, -1, -1)'$ ist eine Lösung.

C Das lineare Gleichungssystem besitzt unendlich viele Lösungen.

D Das lineare Gleichungssystem besitzt genau zwei Lösungen.

E Das lineare Gleichungssystem besitzt genau eine Lösung.

F Das lineare Gleichungssystem besitzt keine Lösung.

Lösungsweg:

- Jeder der Vektoren $(4,0,2)'$ und $(-3,-1,-1)'$ ist eine Lösung des linearen Gleichungssystems. Daher sind **A**, **B** richtig.
- Ein lineares Gleichungssystem besitzt entweder keine oder genau eine oder unendlich viele Lösungen. Daher ist **C** richtig und **D**, **E**, **F** sind falsch.

Lösung: A, B, C

Aufgabe 6–3. Gegeben sei das lineare Gleichungssystem

$$\begin{array}{rcrcrcl} 5x_1 & + & 3x_2 & & & = & 3 \\ 7x_1 & - & x_2 & + & x_3 & = & a \\ x_1 & & & + & x_3 & = & 7 \end{array}$$

mit $a \in \mathbf{R}$. Welche der folgenden Alternativen sind richtig?

A Für $a = 6$ ist $\boldsymbol{x} = (0,1,7)'$ eine Lösung.

B Für $a = 6$ besitzt das lineare Gleichungssystem unendlich viele Lösungen.

C Das lineare Gleichungssystem besitzt für alle $a \in \mathbf{R}$ genau eine Lösung.

D Das lineare Gleichungssystem besitzt in Abhängigkeit von $a \in \mathbf{R}$ keine Lösung oder unendlich viele Lösungen.

Lösungsweg:

- Offensichtlich ist **A** richtig.
- Für die Koeffizientenmatrix

$$A = \begin{pmatrix} 5 & 3 & 0 \\ 7 & -1 & 1 \\ 1 & 0 & 1 \end{pmatrix}$$

des linearen Gleichungssystems gilt $\det(A) \neq 0$. Daher ist **C** richtig und **B**, **D** sind falsch.

Lösung: A, C

Aufgabe 6–4. Gegeben sei das lineare Gleichungssystem

$$\begin{array}{rrcrcrcl} - & 2x_1 & - & 4x_2 & + & 6x_3 & = & 4 \\ - & 3x_1 & - & 3x_2 & + & 8x_3 & = & 4 \\ & & & 3x_2 & - & x_3 & = & a \end{array}$$

mit $a \in \mathbf{R}$. Welche der folgenden Alternativen sind richtig?

A Für $a = -2$ ist $\boldsymbol{x} = (4,0,2)'$ eine Lösung.

B Für $a = -2$ ist $\boldsymbol{x} = (-3,-1,-1)'$ eine Lösung.

C Für $a = -2$ existieren unendlich viele Lösungen.

D Für $a = 0$ ist $\boldsymbol{x} = (5, 1, 3)'$ eine Lösung.

E Für $a = 0$ existiert keine Lösung.

F Für $a = 0$ existieren unendlich viele Lösungen.

Lösungsweg:

- Im Fall $a = -2$ ist jeder der Vektoren $(4, 0, 2)'$ und $(-3, -1, -1)'$ eine Lösung des linearen Gleichungssystems. Daher sind **A**, **B**, **C** richtig.
- Im Fall $a = 0$ liefert die letzte Gleichung $x_3 = 3x_2$ und das lineare Gleichungssystem reduziert sich auf

$$\begin{array}{rcrcl} -\ 2x_1 & + & 14x_2 & = & 4 \\ -\ 3x_1 & + & 21x_2 & = & 4 \end{array}$$

Daher ist **E** richtig und **D**, **F** sind falsch.

Lösung: A, B, C, E

Aufgabe 6–5. Gegeben sei das lineare Gleichungssystem

$$\begin{array}{rcrcrcl} ax_1 & + & 2x_2 & - & x_3 & = & 1 \\ x_1 & - & x_2 & + & 2x_3 & = & b \\ 2x_1 & + & x_2 & + & x_3 & = & 2 \end{array}$$

mit $a, b \in \mathbf{R}$. Welche der folgenden Alternativen sind richtig?

A Es gibt $a, b \in \mathbf{R}$, für die das lineare Gleichungssystem eine Lösung $\boldsymbol{x}$ mit $x_1 = x_2 = x_3$ besitzt.

B Für $a = 1 = b$ ist $\boldsymbol{x} = (0, 1, 1)'$ eine Lösung.

C Es gibt $a, b \in \mathbf{R}$, für die das lineare Gleichungssystem keine Lösung besitzt.

D Für $a = 1$ und jedes b existiert mindestens eine Lösung.

E Für $a = 1 \neq b$ existiert genau eine Lösung.

F Für $a = b$ existiert genau eine Lösung.

G Für jedes a und jedes b existiert mindestens eine Lösung.

H Für $a \neq 1$ und beliebiges b existiert genau eine Lösung.

Lösungsweg:

- Ist $\boldsymbol{x} = (x_1, x_2, x_3)'$ eine Lösung mit $x_1 = x_2 = x_3$, so gilt

$$\begin{array}{rcl} (a+1)\,x_1 & = & 1 \\ 2\,x_1 & = & b \\ 4\,x_1 & = & 2 \end{array}$$

Diese Gleichungen sind für $x_1 = 1/2$ und $a = 1 = b$ erfüllt. Daher ist **A** richtig.

- Im Fall $a = 1 = b$ ist neben dem Vektor $(1/2, 1/2, 1/2)'$ auch der Vektor $(0, 1, 1)'$ eine Lösung. Daher ist **B** richtig und **F** ist falsch.

- Für die Koeffizientenmatrix

$$A = \begin{pmatrix} a & 2 & -1 \\ 1 & -1 & 2 \\ 2 & 1 & 1 \end{pmatrix}$$

des linearen Gleichungssystems gilt $\det(A) = 3\,(1-a)$. Im Fall $a \neq 1$ gilt $\det(A) \neq 0$. Daher ist **H** richtig.

- Im Fall $a = 1$ gilt

$$A = \begin{pmatrix} 1 & 2 & -1 \\ 1 & -1 & 2 \\ 2 & 1 & 1 \end{pmatrix}$$

In diesem Fall ist der dritte Zeilenvektor von A die Summe des ersten und zweiten Zeilenvektors von A; für $b \neq 1$ gilt aber $1 + b \neq 2$. Daher ist **C** richtig und **D**, **E**, **G** sind falsch.

Lösung: A, B, C, H

Aufgabe 6–6. Gegeben sei das lineare Gleichungssystem $A\boldsymbol{x} = \boldsymbol{b}$ mit

$$A = \begin{pmatrix} 1 & -3 & 5 \\ 2 & 15 & -4 \\ 1 & 0 & 3 \end{pmatrix} \qquad \text{und} \qquad \boldsymbol{b} = \begin{pmatrix} -3 \\ 8 \\ -1 \end{pmatrix}$$

Welche der folgenden Alternativen sind richtig?

A $\boldsymbol{x} = (2, 0, -1)'$ ist eine Lösung.

B $\boldsymbol{x} = (-7, 2, 2)'$ ist eine Lösung.

C A ist regulär.

D Die Menge der Zeilenvektoren von A ist linear abhängig.

E Das lineare Gleichungssystem besitzt unendlich viele Lösungen.

Lösungsweg:

- Offensichtlich sind **A**, **B** richtig.
- Wäre A regulär, so besäße das lineare Gleichungssystem $A\boldsymbol{x} = \boldsymbol{b}$ genau eine Lösung; dies ist aber nicht der Fall. Daher ist **C** falsch.
- Da A nicht regulär ist, besitzt A nicht vollen Rang, und dies bedeutet, daß die Zeilenvektoren von A linear abhängig sind. Daher ist **D** richtig.
- Da das lineare Gleichungssystem $A\boldsymbol{x} = \boldsymbol{b}$ zwei Lösungen besitzt, besitzt es sogar unendlich viele Lösungen. Daher ist **E** richtig.

Lösung: A, B, D, E

Aufgabe 6–7. Gegeben sei das lineare Gleichungssystem $A\boldsymbol{x} = \boldsymbol{b}$ mit

$$A = \begin{pmatrix} 1 & 0 & 1 \\ 0 & 2 & 3 \\ 2 & 4 & 8 \end{pmatrix} \qquad \text{und} \qquad \boldsymbol{b} = \begin{pmatrix} 2 \\ 7 \\ 18 \end{pmatrix}$$

Welche der folgenden Alternativen sind richtig?

A Es gilt $\text{rang}\,(A) = 2$.

B Es gilt $\text{rang}\,(A) = 3$.

C $\boldsymbol{x} = (1, 2, 1)'$ ist eine Lösung.

D Das lineare Gleichungssystem besitzt genau eine Lösung.

E Das lineare Gleichungssystem besitzt keine Lösung.

F Das lineare Gleichungssystem besitzt unendlich viele Lösungen.

G Das lineare Gleichungssystem besitzt genau zwei Lösungen.

Lösungsweg:

- Da die ersten beiden Zeilenvektoren von A linear unabhängig sind, gilt

$$\text{rang}\,(A) \;\geq\; 2$$

Da der letzte Zeilenvektor von A eine Linearkombination der ersten beiden Zeilenvektoren ist, gilt

$$\text{rang}\,(A) \;\leq\; 2$$

Es gilt also $\text{rang}\,(A) = 2$. Daher ist **A** richtig und **B** ist falsch.

- Offensichtlich ist **C** richtig und **E** ist falsch.
- Da das lineare Gleichungssystem $A\boldsymbol{x} = \boldsymbol{b}$ eine Lösung besitzt und

$$\dim(\text{kern}\,(A)) \;=\; 3 - \text{rang}\,(A) \;=\; 3 - 2 \;=\; 1$$

gilt, besitzt es sogar unendlich viele Lösungen. Daher ist **F** richtig und **D**, **G** sind falsch.

Lösung: A, C, F

Aufgabe 6–8. Gegeben sei das lineare Gleichungssystem $A\boldsymbol{x} = \boldsymbol{b}$ mit

$$A = \begin{pmatrix} 7 & 4 & -2 & 1 \\ 0 & 5 & 5 & 2 \\ 0 & 0 & 0 & -4 \\ 0 & 0 & 0 & 2 \end{pmatrix} \qquad \text{und} \qquad \boldsymbol{b} = \begin{pmatrix} 9 \\ 3 \\ 8 \\ -6 \end{pmatrix}$$

Welche der folgenden Alternativen sind richtig?

A Das lineare Gleichungssystem besitzt genau eine Lösung.

B Das lineare Gleichungssystem besitzt unendlich viele Lösungen.

C Das lineare Gleichungssystem besitzt keine Lösung.

D Das lineare Gleichungssystem besitzt genau zwei Lösungen.

E Es gilt $\det(A) \neq 0$.

F Es gilt $\det(A) = 0$.

Lösungsweg:

- Es gilt $\det(A) = 0$. Daher ist **F** richtig und **E** ist falsch.
- Für jede Lösung $\boldsymbol{x} \in \mathbf{R}^4$ des linearen Gleichungssystems $A\boldsymbol{x} = \boldsymbol{b}$ gilt

$$\begin{aligned} -4x_4 &= 8 \\ 2x_4 &= -6 \end{aligned}$$

Dies aber ist unmöglich. Daher ist **C** richtig und **A**, **B**, **D** sind falsch.

Lösung: C, F

Aufgabe 6–9. Bei der Durchführung des Austauschverfahrens für das lineare Gleichungssystem $A\boldsymbol{x} + \boldsymbol{c} = \boldsymbol{0}$ ergab sich das folgende Tableau:

	x_1	y_1	x_3	1
x_2	1		−2	3
y_2	3		1	−4
y_3	−1		0	5

Zu welchen der folgenden Tableaus kann man durch einen Austauschschritt gelangen?

A

	x_1	y_1	y_3	1
x_2	3			−7
y_2	−3			4
x_3	−1			5

B

	x_1	y_1	y_2	1
x_2	7			−5
x_3	−3			4
y_3	−1			5

C

	x_1	y_1	y_2	1
x_2	−5			11
x_3	3			−4
y_3	−1			5

D

	x_1	y_1	y_2	1
x_2	5			11
x_3	−3			−4
y_3	1			5

Lösungsweg:

- Alle Tableaus betreffen einen Austausch von x_3.
- Ein Austausch von x_3 gegen y_3 ist nicht möglich. Daher ist **A** falsch.
- Beim Austausch von x_3 gegen y_2 ergibt sich aufgrund der Rechenregel für die neue Pivotzeile ein Tableau der Form

	x_1	y_1	y_2	1
x_2				
x_3	−3			4
y_3				

  Daher sind **C**, **D** falsch.
- Führt man den Austausch von x_3 gegen y_2 vollständig durch, so erkennt man, daß **B** richtig ist.

Lösung: B

Aufgabe 6–10. Bei der Durchführung des Austauschverfahrens für das lineare Gleichungssystem $A\boldsymbol{x} + \boldsymbol{c} = \boldsymbol{0}$ ergab sich das folgende Tableau:

	x_1	x_2	y_2	1
y_1	2	0		4
x_3	−4	3		0
y_3	−5	1		1

Zu welchen der folgenden Tableaus kann man durch einen Austauschschritt gelangen?

A

	x_1	y_3	y_2	1
y_1	2			4
x_3	19			3
x_2	−5			1

B

	x_1	y_3	y_2	1
y_1	2			4
x_3	11			−3
x_2	5			−1

C

	x_1	y_3	y_2	1
y_1	2			4
x_3	19			−3
x_2	5			−1

D

	x_1	y_1	y_2	1
x_2	−2			−4
x_3	−10			16
y_3	−7			21

Lösungsweg:

- Alle Tableaus betreffen den Austausch von x_2.
- Ein Austausch von x_2 gegen y_1 ist nicht möglich. Daher ist **D** falsch.
- Beim Austausch von x_2 gegen y_3 ergibt sich aufgrund der Rechenregel für die neue Pivotzeile ein Tableau der Form

	x_1	y_3	y_2	1
y_1				
x_3				
x_2	5			−1

  Daher ist **A** falsch.
- Führt man den Austausch von x_2 gegen y_3 vollständig durch, so erkennt man, daß **B** richtig und **C** falsch ist.

Lösung: B

Aufgabe 6–11. Bei der Durchführung des Austauschverfahrens für das lineare Gleichungssystem $A\boldsymbol{x} + \boldsymbol{c} = \boldsymbol{0}$ ergab sich das folgende Tableau:

	y_1	x_2	x_3	1
x_1		0	2	3
y_2		1	5	8
y_3		1	5	8

Zu welchen der folgenden Tableaus kann man durch einen Austauschschritt gelangen?

A

	y_1	y_3	x_3	1
x_1			2	3
y_2			0	0
x_2			−5	−8

B

	y_1	y_3	x_3	1
x_1			2	3
y_2			10	16
x_2			5	8

C

	y_1	y_2	x_3	1
x_1			2	3
x_2			5	8
y_3			10	16

D

	y_1	y_2	x_3	1
x_1			2	3
x_2			−5	−8
y_3			0	0

Lösungsweg:

- Alle Tableaus betreffen den Austausch von x_2.
- Beim Austausch von x_2 gegen y_3 ergibt sich aufgrund der Rechenregel für die neue Pivotzeile ein Tableau der Form

	x_1	y_3	y_2	1
y_1				
x_3				
x_2			−5	−8

  Daher ist **B** falsch.
- Führt man den Austausch von x_2 gegen y_3 vollständig durch, so erkennt man, daß **A** richtig ist.
- Analog zeigt man, daß **C** falsch und **D** richtig ist.

Lösung: A, D

Aufgabe 6–12. Bei der Durchführung des Austauschverfahrens für das lineare Gleichungssystem $A\boldsymbol{x} + \boldsymbol{c} = \boldsymbol{0}$ ergab sich das folgende Tableau:

	x_2	x_4	x_5	1
x_1	10	−7	−5	18
y_2	0	0	0	0
x_3	1	12	−6	20
y_4	0	0	0	−1

Welche der folgenden Alternativen sind richtig?

A Das lineare Gleichungssystem besitzt keine Lösung.

B Das lineare Gleichungssystem besitzt genau eine Lösung.

C Das lineare Gleichungssystem besitzt unendlich viele Lösungen.

D $\boldsymbol{x} = (18, 0, 20, 0, 0)'$ ist eine Lösung.

Lösungsweg: Für jede Wahl von x_2, x_4, x_5 gilt $y_4 = -1 \neq 0$; es gibt also keine Lösung. Daher ist **A** richtig und **B**, **C**, **D** sind falsch.

Lösung: A

Aufgabe 6–13. Bei der Durchführung des Austauschverfahrens für das lineare Gleichungssystem $A\boldsymbol{x} + \boldsymbol{c} = \boldsymbol{0}$ ergab sich das folgende Tableau:

	x_1	x_3	1
y_1	0	0	0
y_2	0	0	0
x_2	2	4	−1
x_4	−3	7	3

Welche der folgenden Alternativen sind richtig?

A Das lineare Gleichungssystem besitzt unendlich viele Lösungen.

B Das lineare Gleichungssystem besitzt genau eine Lösung.

C Das lineare Gleichungssystem besitzt keine Lösung.

D $\boldsymbol{x} = (0, -1, 0, 3)'$ ist eine Lösung.

Lösungsweg:

- Da x_1 und x_3 freie Variable sind und die verbleibenden y–Zeilen nur Nullen enthalten, besitzt das lineare Gleichungssystem unendlich viele Lösungen. Daher ist **A** richtig und **B**, **C** sind falsch.
- Offensichtlich ist **D** richtig.

Lösung: A, D

Aufgabe 6–14. Bei der Durchführung des Austauschverfahrens für das lineare Gleichungssystem $A\boldsymbol{x} + \boldsymbol{c} = \boldsymbol{0}$ ergab sich das folgende Tableau:

	x_2	x_4	1
x_3	−1	1	0
x_1	−1	2	2
y_3	a	0	a

mit $a \in \mathbf{R}$. Welche der folgenden Alternativen sind richtig?

A Für $a = 0$ besitzt das lineare Gleichungssystem keine Lösung.

B Für $a = 0$ besitzt das lineare Gleichungssystem genau eine Lösung.

C Für $a = 0$ besitzt das lineare Gleichungssystem unendlich viele Lösungen.

D Für $a \neq 0$ besitzt das lineare Gleichungssystem keine Lösung.

E Für $a \neq 0$ ist

$$\boldsymbol{x} = \alpha \begin{pmatrix} 2 \\ 0 \\ 1 \\ 1 \end{pmatrix} + \begin{pmatrix} 3 \\ -1 \\ 1 \\ 0 \end{pmatrix}$$

mit $\alpha \in \mathbf{R}$ die allgemeine Lösung des linearen Gleichungssystems.

F Für $a \neq 0$ ist $\boldsymbol{x} = (3, -1, 1, 0)'$ die eindeutige Lösung des linearen Gleichungssystems.

Lösungsweg:

- Im Fall $a = 0$ lautet das Tableau

	x_2	x_4	1
x_3	-1	1	0
x_1	-1	2	2
y_3	0	0	0

  Ein weiterer Austauschschritt ist nicht möglich. Da x_2 und x_4 frei wählbar sind und die verbleibende y–Zeile nur Nullen enthält, gibt es unendlich viele Lösungen. Daher ist **C** richtig und **A**, **B** sind falsch.

- Im Fall $a \neq 0$ ist x_2 gegen y_3 auszutauschen und der Austauschschritt liefert das neue Tableau

	y_3	x_4	1
x_3		1	1
x_1		2	3
x_2		0	-1

  Da x_4 eine freie Variable ist, gibt es unendlich viele Lösungen und die allgemeine Lösung ist

$$\boldsymbol{x} = \alpha \begin{pmatrix} 2 \\ 0 \\ 1 \\ 1 \end{pmatrix} + \begin{pmatrix} 3 \\ -1 \\ 1 \\ 0 \end{pmatrix}$$

  mit $\alpha \in \mathbf{R}$. Daher ist **E** richtig und **D**, **F** sind falsch.

Lösung: C, E

Aufgabe 6–15. Bei der Durchführung des Austauschverfahrens für das lineare Gleichungssystem $A\boldsymbol{x} + \boldsymbol{c} = \boldsymbol{0}$ ergab sich das folgende Tableau:

	x_2	1
x_3	-1	0
x_1	-1	2
y_3	$-a$	$2a-b$

mit $a, b \in \mathbf{R}$. Welche der folgenden Alternativen sind richtig?

A Für $a \neq 0$ gibt es keine Lösung.

B Für $a \neq 0$ gibt es genau eine Lösung.

C Für $a \neq 0$ gibt es unendlich viele Lösungen.

D Für $a = 0 \neq b$ gibt es keine Lösung.

E Für $a = 0 \neq b$ gibt es genau eine Lösung.

F Für $a = 0 \neq b$ gibt es unendlich viele Lösungen.

G Für $a = 0 = b$ gibt es keine Lösung.

H Für $a = 0 = b$ gibt es genau eine Lösung.

I Für $a = 0 = b$ gibt es unendlich viele Lösungen.

Lösungsweg:

- Im Fall $a \neq 0$ ist x_2 gegen y_3 auszutauschen. Nach diesem Austauschschritt sind alle unabhängigen und alle abhängigen Variablen ausgetauscht; es gibt also genau eine Lösung. Daher ist **B** richtig und **A**, **C** sind falsch.
- Im Fall $a = 0 \neq b$ lautet das Tableau

	x_2	1
x_3	-1	0
x_1	-1	2
y_3	0	$-b$

  Es ist kein weiterer Austauschschritt möglich und für jede Wahl von x_2 gilt $y_3 = -b \neq 0$; es gibt also keine Lösung. Daher ist **D** richtig und **E**, **F** sind falsch.
- Im Fall $a = 0 = b$ lautet das Tableau

	x_2	1
x_3	-1	0
x_1	-1	2
y_3	0	0

  Da x_2 eine freie Variable ist und die verbleibende y–Zeile nur Nullen enthält, gibt es unendlich viele Lösungen. Daher ist **I** richtig und **G**, **H** sind falsch.

Lösung: B, D, I

Aufgabe 6–16. Bei der Durchführung des Austauschverfahrens für das lineare Gleichungssystem $\boldsymbol{y} = A\boldsymbol{x}$ ergab sich das folgende Tableau:

	y_3	y_2	y_1
x_2	0	4	3
x_3	6	0	4
x_1	4	3	0

Welche der folgenden Alternativen sind richtig?

A A ist regulär.

B A ist nicht invertierbar.

C A ist invertierbar und es gilt

$$A^{-1} = \begin{pmatrix} 0 & 4 & 3 \\ 6 & 0 & 4 \\ 4 & 3 & 0 \end{pmatrix}$$

D A ist invertierbar und es gilt

$$A^{-1} = \begin{pmatrix} 0 & 3 & 4 \\ 3 & 4 & 0 \\ 4 & 0 & 6 \end{pmatrix}$$

Lösungsweg:

- Da drei Austauschschritte durchgeführt wurden und kein weiterer Austauschschritt möglich ist, gilt $\operatorname{rang}(A) = 3$; die Matrix A besitzt also vollen Rang. Daher ist **A** richtig und **B** ist falsch.
- Aus dem letzten Tableau erhält man durch Permutation der Spalten

	y_1	y_2	y_3
x_2	3	4	0
x_3	4	0	6
x_1	0	3	4

und sodann durch Permutation der Zeilen

	y_1	y_2	y_3
x_1	0	3	4
x_2	3	4	0
x_3	4	0	6

Daher ist **D** richtig und **C** ist falsch.

Lösung: A, D

Aufgabe 6–17. Bei der Durchführung des Austauschverfahrens für das lineare Gleichungssystem $\boldsymbol{y} = A\boldsymbol{x}$ ergab sich das folgende Tableau:

	y_3	y_2	y_1
x_2	1	−2	0
x_3	3	0	3
x_1	4	0	0

Dann ist die Inverse A^{-1} gegeben durch

A $\begin{pmatrix} 1 & -2 & 0 \\ 3 & 0 & 3 \\ 4 & 0 & 0 \end{pmatrix}$ **B** $\begin{pmatrix} 0 & 0 & 4 \\ 0 & 3 & 3 \\ -2 & 0 & 1 \end{pmatrix}$

C $\begin{pmatrix} 0 & 3 & 0 \\ 0 & 0 & -2 \\ 4 & 3 & 1 \end{pmatrix}$ **D** $\begin{pmatrix} 0 & 0 & 4 \\ 0 & -2 & 1 \\ 3 & 0 & 3 \end{pmatrix}$

E $\begin{pmatrix} 1 & 0 & 0 \\ 0 & 1 & 0 \\ 0 & 0 & 1 \end{pmatrix}$ **F** $\begin{pmatrix} 1 & 3 & 4 \\ -2 & 0 & 0 \\ 0 & 3 & 0 \end{pmatrix}$

Lösungsweg: Aus dem letzten Tableau erhält man durch Permutation der Spalten

	y_1	y_2	y_3
x_2	0	−2	1
x_3	3	0	3
x_1	0	0	4

und sodann durch Permutation der Zeilen

	y_1	y_2	y_3
x_1	0	0	4
x_2	0	−2	1
x_3	3	0	3

Daher ist **D** richtig und **A**, **B**, **C**, **E**, **F** sind falsch.

Lösung: D

Aufgabe 6–18. Bei der Durchführung des Austauschverfahrens für das lineare Gleichungssystem $\boldsymbol{y} = A\boldsymbol{x}$ ergab sich das folgende Tableau:

	x_1	y_2	y_1
x_2	3	−4	5
x_3	2	0	7
y_3	0	10	−1

Welche der folgenden Alternativen sind richtig?

A A ist invertierbar, aber A^{-1} läßt sich nicht berechnen.

B A ist invertierbar, aber zur Berechnung von A^{-1} sind weitere Austauschschritte erforderlich.

C A ist nicht invertierbar.

D A ist invertierbar und es gilt

$$A^{-1} = \begin{pmatrix} 3 & -4 & 5 \\ 2 & 0 & 7 \\ 0 & 10 & -1 \end{pmatrix}$$

E A ist invertierbar und es gilt

$$A^{-1} = \begin{pmatrix} 1 & 0 & 0 \\ 0 & 1 & 0 \\ 0 & 0 & 1 \end{pmatrix}$$

Lösungsweg: Zwei Austauschschritte wurden durchgeführt und ein weiterer Austauschschritt ist nicht möglich; es gilt also $\text{rang}\,(A) = 2 < 3$, und dies bedeutet, daß die Matrix A nicht invertierbar ist. Daher ist **C** richtig und **A**, **B**, **D**, **E** sind falsch.

Lösung: C

Aufgabe 6–19. Bei der Durchführung des Austauschverfahrens für das lineare Gleichungssystem $\boldsymbol{y} = A\boldsymbol{x}$ ergab sich das folgende Tableau:

	y_1	x_2	x_3
x_1	1	−2	−3
y_2	2	−3	−3
y_3	2	−2	−2

Welche der folgenden Alternativen sind richtig?

A A ist regulär.

B A ist nicht invertierbar.

C Es gilt $\text{rang}\,(A) = 1$.

D Es gilt $\text{rang}\,(A) = 2$.

E Es gilt $\text{rang}\,(A) = 3$.

F A besitzt vollen Rang.

Lösungsweg:

- Durch den Austausch von x_3 gegen y_3 erhält man das neue Tableau

	y_1	x_2	y_3
x_1	−2	1	3/2
y_2	−1	0	3/2
x_3	1	−1	−1/2

  Ein weiterer Austauschschritt ist nicht möglich. Da insgesamt zwei Austauschschritte durchgeführt wurden, gilt $\text{rang}\,(A) = 2$. Daher ist **D** richtig und **C**, **E**, **F** sind falsch.

- Da die Matrix A nicht vollen Rang besitzt, ist sie nicht invertierbar. Daher ist **B** richtig und **A** ist falsch.

Lösung: B, D

Aufgabe 6–20. Gegeben sei die Matrix

$$A = \begin{pmatrix} 1 & 2 \\ 3 & 4 \end{pmatrix}$$

Welche der folgenden Alternativen sind richtig?

A A ist invertierbar.

B Es gilt $\det(A) = -2$.

C A ist invertierbar und es gilt

$$A^{-1} = \begin{pmatrix} -2 & 1 \\ 3/2 & -1/2 \end{pmatrix}$$

D Beim Austauschverfahren für $\boldsymbol{y} = A\boldsymbol{x}$ sind zwei Austauschschritte durchführbar.

E Beim Austauschverfahren für $\boldsymbol{y} = A\boldsymbol{x}$ ist

	y_2	y_1
x_2	$-1/2$	$3/2$
x_1	1	-2

ein mögliches letztes Tableau.

Lösungsweg:

- Offenbar gilt $\det(A) = -2$. Daher ist **B** richtig.
- Wegen $\det(A) = -2 \neq 0$ ist A invertierbar. Daher ist **A** richtig.
- Es gilt
$$\begin{pmatrix} 1 & 2 \\ 3 & 4 \end{pmatrix} \cdot \begin{pmatrix} -2 & 1 \\ 3/2 & -1/2 \end{pmatrix} = \begin{pmatrix} 1 & 0 \\ 0 & 1 \end{pmatrix}$$
Daher ist **C** richtig.
- Da die Matrix A invertierbar ist, gilt $\operatorname{rang}(A) = 2$. Daher ist **D** richtig.
- Durch Permutation der Spalten und der Zeilen des angegebenen Tableaus erhält man

	y_1	y_2
x_1	-2	1
x_2	$3/2$	$-1/2$

Daher ist **E** richtig.

Lösung: A, B, C, D, E

Kapitel 7

Lineare Optimierung

Aufgabe	Lösung
7–1	C, D, E
7–2	A, D
7–3	B, C, F
7–4	D
7–5	B
7–6	D
7–7	A
7–8	C
7–9	B
7–10	C
7–11	B

Aufgabe	Lösung
7–12	A, B, D
7–13	C, E
7–14	B
7–15	A, E
7–16	B, D
7–17	A, C, F
7–18	A, E
7–19	B
7–20	D
7–21	C
7–22	B, G

Aufgabe 7–1. Das lineare Optimierungsproblem

Maximiere

$$4x_1 + 6x_2$$

unter

$$\begin{array}{rcrcr} x_1 & + & x_2 & \geq & 3 \\ 3x_1 & - & 4x_2 & \leq & 12 \\ 2x_1 & + & 3x_2 & \leq & 18 \end{array}$$

und $x_1, x_2 \geq 0$

ist graphisch lösbar. Welche der folgenden Alternativen sind richtig?

A Die Menge der zulässigen Lösungen ist leer.

B $\boldsymbol{x} = (0,0)'$ ist eine zulässige Lösung.

C $\boldsymbol{x} = (6,2)'$ ist eine optimale Lösung.

D $\boldsymbol{x} = (0,6)'$ ist eine optimale Lösung.

E $\boldsymbol{x} = (3,4)'$ ist eine optimale Lösung.

Lösungsweg:

- Wir stellen die Nebenbedingungen und die Zielfunktion graphisch dar:

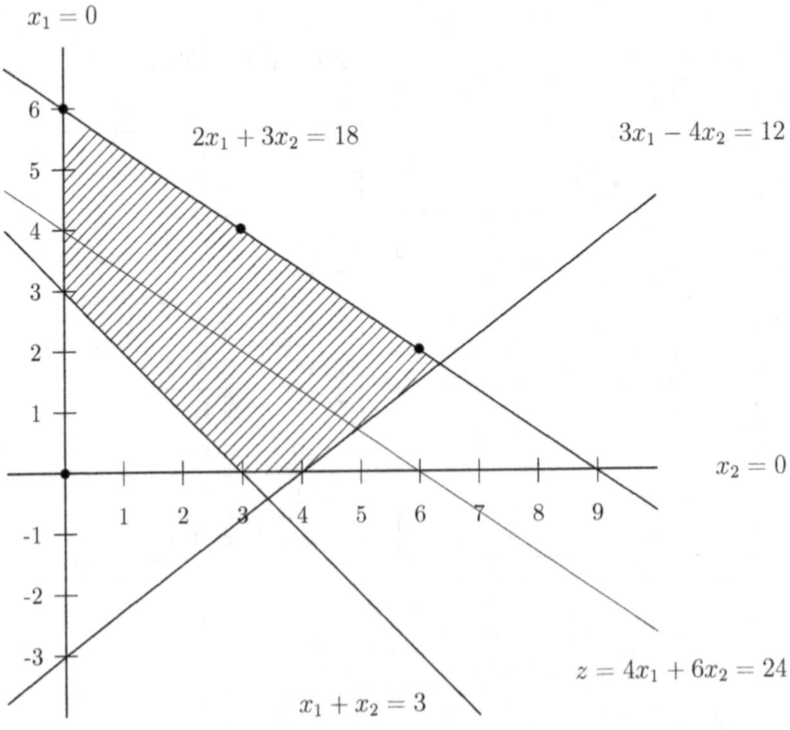

- Der Vektor $\boldsymbol{x} = (3,0)'$ erfüllt alle Nebenbedingungen; er ist also zulässig. Daher ist **A** falsch.
- Der Vektor $\boldsymbol{x} = (0,0)'$ verletzt die dritte Nebenbedingung; er ist also nicht zulässig. Daher ist **B** falsch.
- Jeder der Vektoren

$$\begin{pmatrix} 6 \\ 2 \end{pmatrix}, \quad \begin{pmatrix} 0 \\ 6 \end{pmatrix}, \quad \begin{pmatrix} 3 \\ 4 \end{pmatrix}$$

ist zulässig und der zugehörige Wert der Zielfunktion ist in jedem Fall gleich 36. Andererseits ist die Zielfunktion auf der Menge der zulässigen Lösungen durch 36 beschränkt, denn aufgrund der dritten Nebenbedingung gilt

$$4x_1 + 6x_2 = 2 \cdot (2x_1 + 3x_2) \leq 2 \cdot 18 = 36$$

Daher sind **C**, **D**, **E** richtig.

Lösung: C, D, E

Aufgabe 7–2. Das lineare Optimierungsproblem

Maximiere

$$x_1 + x_2$$

unter

$$\begin{aligned} -\,2x_1 + 3x_2 &\leq 6 \\ 3x_1 - 2x_2 &\leq 6 \\ x_1 \phantom{{}-2x_2} &\leq 7 \end{aligned}$$

und $x_1, x_2 \geq 0$

ist graphisch lösbar und besitzt die optimale Lösung $\boldsymbol{x}^* = (6,6)'$. Welche der folgenden Alternativen sind richtig?

A Die optimale Lösung ändert sich nicht, wenn die dritte Nebenbedingung weggelassen wird.

B Wird die dritte Nebenbedingung weggelassen, so ist $\boldsymbol{x}^{**} = (8,6)'$ die optimale Lösung.

C Die optimale Lösung ändert sich nicht, wenn die dritte Nebenbedingung durch $x_1 \leq 3$ ersetzt wird.

D Wird die dritte Nebenbedingung durch die Nebenbedingung $x_1 \leq 3$ ersetzt, so ist $\boldsymbol{x}^{***} = (3,4)'$ die optimale Lösung.

Lösungsweg:

- Wir stellen die Nebenbedingungen und die Zielfunktion graphisch dar:

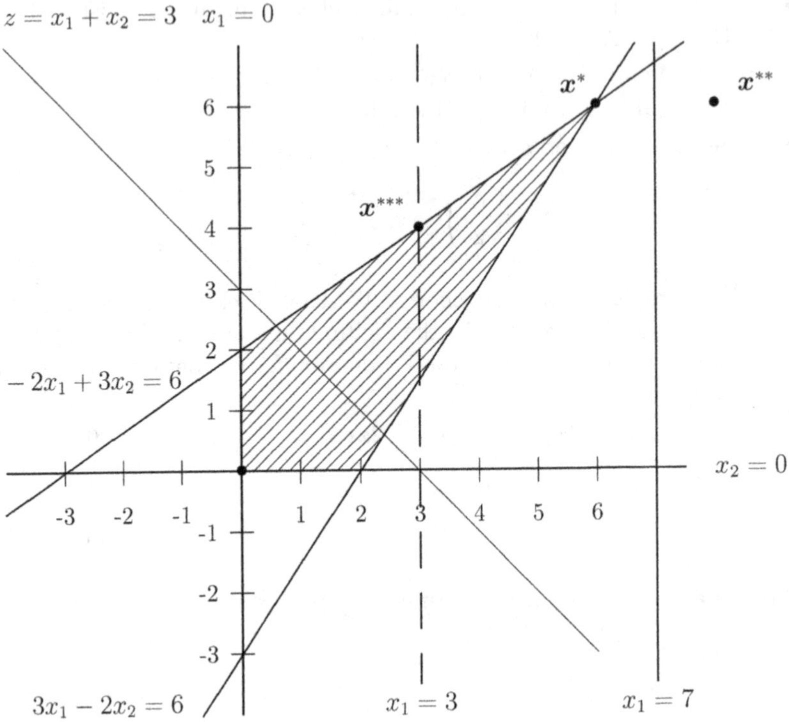

- Die optimale Lösung $\boldsymbol{x}^* = (6,6)'$ erfüllt die ersten beiden Nebenbedingungen mit Gleichheit; damit ist sie nicht durch die dritte Nebenbedingung bestimmt. Daher ist **A** richtig und **B** ist falsch.
- Wird die dritte Nebenbedingung durch die Nebenbedingung $x_1 \leq 3$ ersetzt, so ist $\boldsymbol{x}^* = (6,6)'$ nicht zulässig. Daher ist **C** falsch.
- Wird die dritte Nebenbedingung durch die Nebenbedingung $x_1 \leq 3$ ersetzt, so ist $\boldsymbol{x}^{***} = (3,4)'$ optimal. Daher ist **D** richtig.

Lösung: A, D

Aufgabe 7–3. Das lineare Optimierungsproblem

Minimiere

$$5x_1 + 2x_2$$

unter

$$\begin{array}{rcrcr} x_1 & - & x_2 & \geq & -1 \\ 2x_1 & + & x_2 & \geq & 4 \\ & & x_2 & \geq & 1 \end{array}$$

und $x_1, x_2 \geq 0$

ist graphisch lösbar. Welche der folgenden Alternativen sind richtig?

A Die Menge der zulässigen Lösungen ist leer.

B Die Menge der zulässigen Lösungen ist nicht beschränkt.

C Die optimale Lösung ist $\boldsymbol{x} = (1,2)'$ und der zugehörige Wert der Zielfunktion ist gleich 9.

D Die optimale Lösung ist $\boldsymbol{x} = (1,1)'$ und der zugehörige Wert der Zielfunktion ist gleich 7.

E Wird dem Optimierungsproblem die Nebenbedingung $x_1 + x_2 \leq 5$ hinzugefügt, so ergibt sich als optimale Lösung $\boldsymbol{x} = (2,3)'$ und der zugehörige Wert der Zielfunktion ist gleich 13.

F Wird dem Optimierungsproblem die Nebenbedingung $x_1 + x_2 \leq 5$ hinzugefügt, so ändert sich die optimale Lösung nicht.

Lösungsweg:

- Wir stellen die Nebenbedingungen und die Zielfunktion graphisch dar:

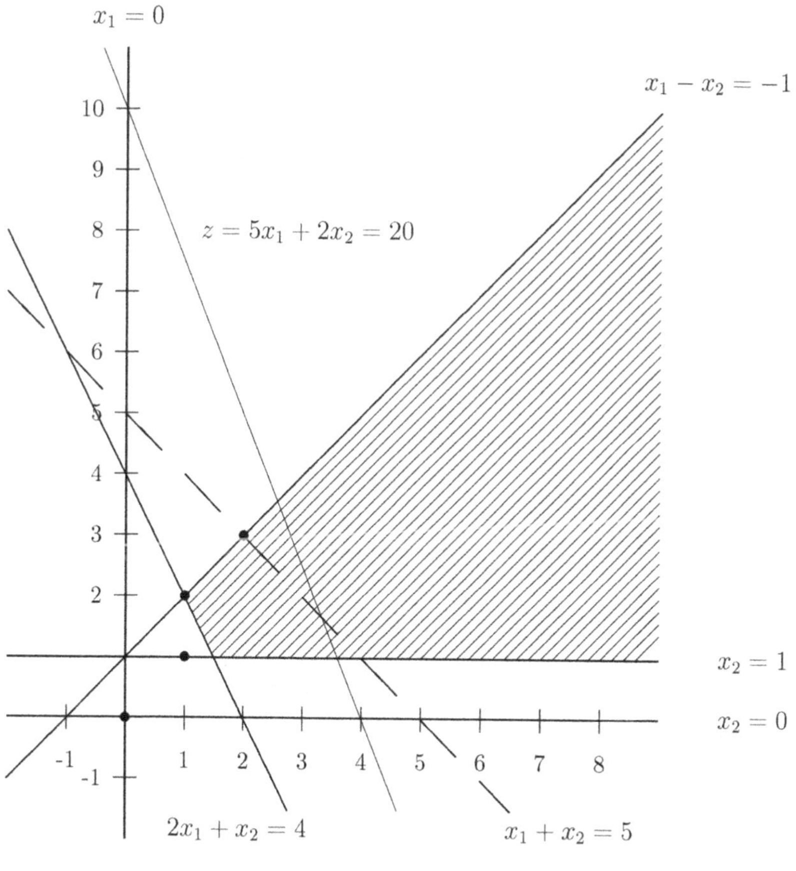

- Der Vektor $\boldsymbol{x} = (1,2)'$ erfüllt alle Nebenbedingungen; er ist also zulässig. Daher ist **A** falsch.
- Jeder Vektor $\boldsymbol{x} = (x_1, x_2)'$ mit $x_2 = 1$ und $x_1 \geq 3/2$ erfüllt alle Nebenbedingungen. Daher ist **B** richtig.
- Die optimale Lösung ist $\boldsymbol{x} = (1,2)'$ und der zugehörige Wert der Zielfunktion ist gleich 9. Daher ist **C** richtig.
- Der Vektor $\boldsymbol{x} = (1,1)'$ ist nicht zulässig. Daher ist **D** falsch.
- Die optimale Lösung $\boldsymbol{x} = (1,2)'$ erfüllt die zusätzliche Nebenbedingung $x_1 + x_2 \leq 5$. Daher ist **F** richtig und **E** ist falsch.

Lösung: B, C, F

Aufgabe 7–4. Ein Unternehmen stellt aus den Rohstoffen A und B die Produkte P und Q her. In der folgenden Tabelle sind der Rohstoffverbrauch in Tonnen bei der Produktion von jeweils einer Tonne der Produkte P und Q sowie die verfügbaren Rohstoffmengen angegeben:

	P	Q	Vorrat
A	3	2	60
B	2	1	50

Beim Verkauf der Produkte P bzw. Q erzielt das Unternehmen einen Gewinn von 400 € bzw. 500 € pro Tonne. Welche der folgenden linearen Optimierungsprobleme beschreiben das Problem der Gewinnmaximierung unter den gegebenen Nebenbedingungen?

A Maximiere

$$500x_1 + 400x_2$$

unter

$$\begin{array}{rcrcl} x_1 & + & 2x_2 & \leq & 50 \\ 2x_1 & + & 3x_2 & \leq & 60 \end{array}$$

und $x_1, x_2 \geq 0$.

B Maximiere

$$500x_1 + 400x_2$$

unter

$$\begin{array}{rcrcl} 3x_1 & + & 2x_2 & \leq & 50 \\ 2x_1 & + & x_2 & \leq & 60 \end{array}$$

und $x_1, x_2 \geq 0$.

C Maximiere

$$500x_1 + 400x_2$$

unter

$$\begin{array}{rcrcl} x_1 & + & 2x_2 & \leq & 60 \\ 2x_1 & + & 3x_2 & \leq & 50 \end{array}$$

und $x_1, x_2 \geq 0$.

D Maximiere

$$500x_1 + 400x_2$$

unter

$$\begin{array}{rcrcl} 3x_1 & + & 2x_2 & \leq & 60 \\ 2x_1 & + & x_2 & \leq & 50 \end{array}$$

und $x_1, x_2 \geq 0$.

Lösungsweg:

- Der Gewinn bei der Produktion der Mengen x_1, x_2 ist

$$500x_1 + 400x_2$$

Der Gewinn ist zu maximieren.

- Aus der Tabelle ergeben sich die Nebenbedingungen

$$\begin{array}{rcrcl} 3x_1 & + & 2x_2 & \leq & 60 \\ 2x_1 & + & x_2 & \leq & 50 \end{array}$$

Daher ist **D** richtig und **A**, **B**, **C** sind falsch.

Lösung: D

Aufgabe 7–5. Ein Unternehmen stellt zwei Produkte A und B her. Dabei muß jedes Produkt die Abteilungen I und II durchlaufen. Der Zeitbedarf in Stunden pro Tonne von A und B in den Abteilungen I und II ist der folgenden Tabelle zu entnehmen:

	I	II
A	0.4	0.2
B	0.3	0.3

Die Produktionszeit in den Abteilungen I und II ist auf 400 bzw. 200 Stunden begrenzt. Es sollen mindestens 100 Tonnen von A und mindestens 200 Tonnen von B produziert werden. Beim Verkauf der Produkte A bzw. B erzielt das Unternehmen einen Gewinn von 400€ bzw. 500€ pro Tonne; der Gewinn soll maximiert werden. Welche der folgenden linearen Optimierungsprobleme beschreiben das Problem der Gewinnmaximierung unter den gegebenen Nebenbedingungen?

A Maximiere

$$400x_1 + 200x_2$$

unter

$$\begin{array}{rcrcl} 0.4x_1 & + & 0.3x_2 & \leq & 400 \\ 0.2x_1 & + & 0.3x_2 & \leq & 500 \\ x_1 & & & \geq & 100 \\ & & x_2 & \geq & 200 \end{array}$$

und $x_1, x_2 \geq 0$.

B Maximiere

$$400x_1 + 500x_2$$

unter

$$\begin{array}{rcrcr} 0.4x_1 & + & 0.3x_2 & \leq & 400 \\ 0.2x_1 & + & 0.3x_2 & \leq & 200 \\ x_1 & & & \geq & 100 \\ & & x_2 & \geq & 200 \end{array}$$

und $x_1, x_2 \geq 0$.

C Maximiere

$$400x_1 + 200x_2$$

unter

$$\begin{array}{rcrcr} 0.4x_1 & + & 0.2x_2 & \leq & 400 \\ 0.3x_1 & + & 0.3x_2 & \leq & 500 \\ x_1 & & & \geq & 100 \\ & & x_2 & \geq & 200 \end{array}$$

und $x_1, x_2 \geq 0$.

D Maximiere

$$400x_1 + 500x_2$$

unter

$$\begin{array}{rcrcr} 0.4x_1 & + & 0.2x_2 & \leq & 400 \\ 0.3x_1 & + & 0.3x_2 & \leq & 200 \\ x_1 & & & \geq & 100 \\ & & x_2 & \geq & 200 \end{array}$$

und $x_1, x_2 \geq 0$.

Lösungsweg:

- Der Gewinn bei der Produktion der Mengen x_1, x_2 ist

  $$400x_1 + 500x_2$$

  und soll maximiert werden. Daher sind **A**, **C** falsch.
- Aus den Restriktionen der Produktionszeiten in den Abteilungen I und II ergeben sich die Nebenbedingungen

  $$\begin{array}{rcrcr} 0.4x_1 & + & 0.3x_2 & \leq & 400 \\ 0.2x_1 & + & 0.3x_2 & \leq & 200 \end{array}$$

  Daher ist **D** falsch.
- Aus den geforderten Mindestmengen ergeben sich die Nebenbedingungen

  $$\begin{array}{rcr} x_1 & \geq & 100 \\ x_2 & \geq & 200 \end{array}$$

  Daher ist **B** richtig.

Lösung: B

Aufgabe 7–6. Ein Unternehmen stellt aus den Rohstoffen R_1, R_2, R_3 die Endprodukte P_1, P_2, P_3 her. Die für eine Einheit von P_j benötigten Einheiten von R_i und die von R_i vorhandenen Vorräte sowie der Gewinn pro Einheit von P_j sind in der folgenden Tabelle zusammengefaßt:

	P_1	P_2	P_3	Vorrat
R_1	8	12	20	6000
R_2	6	2	4	2000
R_3	1	5	4	1500
Gewinn	6	8	12	

Von P_1 und P_2 sollen insgesamt mindestens 100 Einheiten und von P_3 sollen höchstens 200 Einheiten produziert werden; der Gewinn soll maximiert werden. Welche der folgenden linearen Optimierungsprobleme geben die Zielfunktion und die Nebenbedingungen richtig wieder?

A Maximiere

$$8x_1 + 12x_2 + 20x_3$$

unter

$$\begin{array}{rcrcrcr} 6x_1 & + & 2x_2 & + & 4x_3 & \geq & 2000 \\ x_1 & + & 5x_2 & + & 4x_3 & \geq & 1500 \\ 6x_1 & + & 8x_2 & + & 12x_3 & \geq & 0 \\ x_1 & + & x_2 & & & \leq & 100 \\ & & & & x_3 & \geq & 200 \end{array}$$

und $x_1, x_2, x_3 \geq 0$.

B Maximiere

$$6x_1 + 8x_2 + 12x_3$$

unter

$$\begin{array}{rcrcrcr} 8x_1 & + & 12x_2 & + & 20x_3 & \leq & 6000 \\ 6x_1 & + & 2x_2 & + & 4x_3 & \leq & 2000 \\ x_1 & + & 5x_2 & + & 4x_3 & \leq & 1500 \\ x_1 & + & x_2 & & & \leq & 100 \\ & & & & x_3 & \geq & 200 \end{array}$$

und $x_1, x_2, x_3 \geq 0$.

C Maximiere

$$6x_1 + 8x_2 + 12x_3$$

unter

$$\begin{array}{rcrcrcr} 8x_1 & + & 12x_2 & + & 20x_3 & \geq & 6000 \\ 6x_1 & + & 2x_2 & + & 4x_3 & \geq & 2000 \\ x_1 & + & 5x_2 & + & 4x_3 & \geq & 1500 \\ x_1 & + & x_2 & & & \geq & 100 \\ & & & & x_3 & \leq & 200 \end{array}$$

und $x_1, x_2, x_3 \geq 0$.

D Maximiere

$$6x_1 + 8x_2 + 12x_3$$

unter

$$\begin{array}{rcrcrcr} 8x_1 & + & 12x_2 & + & 20x_3 & \leq & 6000 \\ 6x_1 & + & 2x_2 & + & 4x_3 & \leq & 2000 \\ x_1 & + & 5x_2 & + & 4x_3 & \leq & 1500 \\ x_1 & + & x_2 & & & \geq & 100 \\ & & & & x_3 & \leq & 200 \end{array}$$

und $x_1, x_2, x_3 \geq 0$.

Lösungsweg:

- Der Gewinn bei Produktion der Mengen x_1, x_2, x_3 ist

$$6x_1 + 8x_2 + 12x_3$$

und soll maximiert werden. Daher ist **A** falsch.

- Aus der Tabelle ergeben sich die Nebenbedingungen

$$\begin{array}{rcrcrcr} 8x_1 & + & 12x_2 & + & 20x_3 & \leq & 6000 \\ 6x_1 & + & 2x_2 & + & 4x_3 & \leq & 2000 \\ x_1 & + & 5x_2 & + & 4x_3 & \leq & 1500 \end{array}$$

Daher ist **C** falsch.

- Aus dem Text ergeben sich die zusätzlichen Nebenbedingungen

$$\begin{array}{rcrcrcr} x_1 & + & x_2 & & & \geq & 100 \\ & & & & x_3 & \leq & 200 \end{array}$$

Daher ist **D** richtig und **B** ist falsch.

Lösung: D

Aufgabe 7–7. Ein Unternehmen stellt aus den Rohstoffen R_1, R_2, R_3 die Endprodukte P_1, P_2, P_3, P_4 her. Die für eine Einheit von P_j benötigten Einheiten von R_i und die von R_i vorhandenen Vorräte sowie der Gewinn pro Einheit von P_j sind in der folgenden Tabelle zusammengefaßt:

	P_1	P_2	P_3	P_4	Vorrat
R_1	7	15	20	3	5000
R_2	3	2	4	3	1000
R_3	1	5	4	1	8000
Gewinn	3	7	15	9	

Von P_1 und P_2 sollen insgesamt mindestens 250 Einheiten und von P_3 und P_4 sollen insgesamt höchstens 400 Einheiten produziert werden; der Gewinn soll maximiert werden. Welche der folgenden linearen Optimierungsprobleme geben die Zielfunktion und die Nebenbedingungen richtig wieder?

A Maximiere

$$3x_1 + 7x_2 + 15x_3 + 9x_4$$

unter

$$\begin{array}{rcrcrcrcr} 7x_1 & + & 15x_2 & + & 20x_3 & + & 3x_4 & \leq & 5000 \\ 3x_1 & + & 2x_2 & + & 4x_3 & + & 3x_4 & \leq & 1000 \\ x_1 & + & 5x_2 & + & 4x_3 & + & x_4 & \leq & 8000 \\ x_1 & + & x_2 & & & & & \geq & 250 \\ & & & & x_3 & + & x_4 & \leq & 400 \end{array}$$

und $x_1, x_2, x_3, x_4 \geq 0$.

B Maximiere

$$7x_1 + 15x_2 + 20x_3 + 3x_4$$

unter

$$\begin{array}{rcrcrcrcr} 3x_1 & + & 2x_2 & + & 4x_3 & + & 3x_4 & \geq & 1000 \\ x_1 & + & 5x_2 & + & 4x_3 & + & x_4 & \geq & 8000 \\ 3x_1 & + & 7x_2 & + & 15x_3 & + & 9x_4 & \geq & 0 \\ x_1 & + & x_2 & & & & & \leq & 250 \\ & & & & x_3 & + & x_4 & \geq & 400 \end{array}$$

und $x_1, x_2, x_3, x_4 \geq 0$.

C Maximiere

$$3x_1 + 7x_2 + 15x_3 + 9x_4$$

unter

$$\begin{array}{rcrcrcrcr} 7x_1 & + & 15x_2 & + & 20x_3 & + & 3x_4 & \leq & 5000 \\ 3x_1 & + & 2x_2 & + & 4x_3 & + & 3x_4 & \leq & 1000 \\ x_1 & + & 5x_2 & + & 4x_3 & + & x_4 & \leq & 8000 \\ x_1 & + & x_2 & & & & & \leq & 250 \\ & & & & x_3 & + & x_4 & \geq & 400 \end{array}$$

und $x_1, x_2, x_3, x_4 \geq 0$.

D Maximiere

$$3x_1 + 7x_2 + 15x_3 + 9x_4$$

unter

$$\begin{array}{rcrcrcrcr} 7x_1 & + & 15x_2 & + & 20x_3 & + & 3x_4 & \geq & 5000 \\ 3x_1 & + & 2x_2 & + & 4x_3 & + & 3x_4 & \geq & 1000 \\ x_1 & + & 5x_2 & + & 4x_3 & + & x_4 & \geq & 8000 \\ x_1 & + & x_2 & & & & & \geq & 250 \\ & & & & x_3 & + & x_4 & \leq & 400 \end{array}$$

und $x_1, x_2, x_3, x_4 \geq 0$.

Lösungsweg:

- Der Gewinn bei Produktion der Mengen x_1, x_2, x_3, x_4 ist

$$3x_1 + 7x_2 + 15x_3 + 9x_4$$

und soll maximiert werden. Daher ist **B** falsch.

- Aus der Tabelle ergeben sich die Nebenbedingungen

$$\begin{array}{rcrcrcrcl} 7x_1 & + & 15x_2 & + & 20x_3 & + & 3x_4 & \leq & 5000 \\ 3x_1 & + & 2x_2 & + & 4x_3 & + & 3x_4 & \leq & 1000 \\ x_1 & + & 5x_2 & + & 4x_3 & + & x_4 & \leq & 8000 \end{array}$$

  Daher ist **D** falsch.

- Aus dem Text ergeben sich die weiteren Nebenbedingungen

$$\begin{array}{rcrcrcrcl} x_1 & + & x_2 & & & & & \geq & 250 \\ & & & & x_3 & + & x_4 & \leq & 400 \end{array}$$

  Daher ist **A** richtig und **C** ist falsch.

Lösung: A

Aufgabe 7–8. Ein Chemieunternehmen stellt die Produkte P_1 und P_2 her. Bei der Produktion von P_1 und P_2 werden die Substanzen S_1, S_2, S_3 benötigt bzw. erzeugt. Die folgende Tabelle gibt für jeweils 1 kg der Produkte P_1 und P_2 die Menge der benötigten Substanzen S_1 und S_2 in kg und den Gewinn in Euro sowie für die Substanzen S_1 und S_2 den Vorrat in kg an:

	P_1	P_2	Vorrat
S_1	3	2	13000
S_2	6	7	40000
Gewinn	15	20	

Außerdem benötigt man für die Produktion von 1 kg des Produktes P_2 4 kg der Substanz S_3, von der 2000 kg vorrätig sind; bei der Produktion von 1 kg des Produktes P_1 fallen 2 kg der Substanz S_3 als Nebenprodukt an, die sofort verwendbar sind. Der Gewinn soll maximiert werden. Welche der folgenden linearen Optimierungsprobleme geben die Zielfunktion und die Nebenbedingungen richtig wieder?

A Maximiere

$$15x_1 + 20x_2$$

unter

$$\begin{array}{rcrcl} 3x_1 & + & 2x_2 & \geq & 13000 \\ 6x_1 & + & 7x_2 & \geq & 40000 \\ 2x_1 & + & 4x_2 & \leq & 2000 \end{array}$$

und $x_1, x_2 \geq 0$.

B Maximiere

$$15x_1 + 20x_2$$

unter

$$\begin{array}{rcrcl} 3x_1 & + & 2x_2 & \leq & 13000 \\ 6x_1 & + & 7x_2 & \leq & 40000 \\ 2x_1 & - & 4x_2 & \geq & 2000 \end{array}$$

und $x_1, x_2 \geq 0$.

C Maximiere

$$15x_1 + 20x_2$$

unter

$$\begin{array}{rcrcr} 3x_1 & + & 2x_2 & \leq & 13000 \\ 6x_1 & + & 7x_2 & \leq & 40000 \\ -\ 2x_1 & + & 4x_2 & \leq & 2000 \end{array}$$

und $x_1, x_2 \geq 0$.

D Maximiere

$$15x_1 + 20x_2$$

unter

$$\begin{array}{rcrcr} 3x_1 & + & 2x_2 & \leq & 13000 \\ 6x_1 & + & 7x_2 & \leq & 40000 \\ 2x_1 & - & 4x_2 & \leq & 2000 \end{array}$$

und $x_1, x_2 \geq 0$.

Lösungsweg:

- Der Gewinn bei der Produktion der Mengen x_1, x_2 ist

  $$15x_1 + 20x_2$$

  Der Gewinn soll maximiert werden.
- Aus der Tabelle erhält man die Nebenbedingungen

  $$\begin{array}{rcrcr} 3x_1 & + & 2x_2 & \leq & 13000 \\ 6x_1 & + & 7x_2 & \leq & 40000 \end{array}$$

  Daher ist **A** falsch.
- Aus dem Text erhält man die weitere Nebenbedingung

  $$4x_2 \leq 2000 + 2x_1$$

  Daher ist **C** richtig und **B**, **D** sind falsch.

Lösung: C

Aufgabe 7–9. Ein Unternehmen produziert die Erzeugnisse A, B, C. Von A sollen mindestens 100 Stück und von C sollen mindestens 30 Stück produziert werden; von B soll mindestens 1/3 der Stückzahl von C produziert werden. Für die Produktion stehen insgesamt 205 Zeiteinheiten zur Verfügung. Außerdem sind folgende Daten gegeben:

	A	B	C
Herstellungszeit pro Stück	1	3	2
Gewinn pro Stück	4	6	3

Das Unternehmen möchte die Stückzahlen der Produkte A, B, C so bestimmen, daß der Gewinn maximiert wird. Welche der folgenden linearen Optimierungsprobleme geben die Zielfunktion und die Nebenbedingungen richtig wieder?

A Maximiere

$$x_1 + 3x_2 + 2x_3$$

unter

$$\begin{array}{rcrcrcr} 4x_1 & + & 6x_2 & + & 3x_3 & \leq & 205 \\ x_1 & & & & & \geq & 100 \\ & & & & x_3 & \geq & 30 \\ & & 3x_2 & - & x_3 & \geq & 0 \end{array}$$

und $x_1, x_2, x_3 \geq 0$.

B Maximiere

$$4x_1 + 6x_2 + 3x_3$$

unter

$$\begin{array}{rcrcrcr} x_1 & + & 3x_2 & + & 2x_3 & \leq & 205 \\ x_1 & & & & & \geq & 100 \\ & & & & x_3 & \geq & 30 \\ & & 3x_2 & - & x_3 & \geq & 0 \end{array}$$

und $x_1, x_2, x_3 \geq 0$.

C Maximiere

$$4x_1 + 6x_2 + 3x_3$$

unter

$$\begin{array}{rcrcrcr} x_1 & + & 3x_2 & + & 2x_3 & \leq & 205 \\ x_1 & & & & & \geq & 100 \\ & & & & x_3 & \geq & 30 \\ & & 3x_2 & - & x_3 & \leq & 0 \end{array}$$

und $x_1, x_2, x_3 \geq 0$.

D Maximiere

$$4x_1 + 6x_2 + 3x_3$$

unter

$$\begin{array}{rcrcrcr} x_1 & + & 3x_2 & + & 2x_3 & \leq & 205 \\ x_1 & & & & & \geq & 100 \\ & & & & x_3 & \geq & 30 \\ & & x_2 & - & 3x_3 & \geq & 0 \end{array}$$

und $x_1, x_2, x_3 \geq 0$.

Lösungsweg:

- Der Gewinn bei Produktion der Mengen x_1, x_2, x_3 ist

$$4x_1 + 6x_2 + 3x_3$$

und soll maximiert werden. Daher ist **A** falsch.

- Aus der Tabelle und der Zahl der verfügbaren Zeiteinheiten erhält man die Nebenbedingung

$$x_1 + 3x_2 + 2x_3 \leq 205$$

und aus dem Text erhält man die weiteren Nebenbedingungen

$$\begin{aligned} x_1 &\geq 100 \\ x_3 &\geq 30 \\ x_2 &\geq x_3/3 \end{aligned}$$

Daher ist **B** richtig und **C**, **D** sind falsch.

Lösung: B

Aufgabe 7–10. Gegeben sei das lineare Optimierungsproblem

Maximiere

$$-3x_1 + 3x_2 + 3$$

unter

$$\begin{aligned} x_1 - x_2 &\leq 4 \\ x_1 - x_2 &\geq -2 \end{aligned}$$

und $x_1, x_2 \geq 0$.

Wie lautet das zugehörige Minimumproblem in Normalform?

A Maximiere

$$-3x_1 + 3x_2 + 3$$

unter

$$\begin{aligned} -x_1 + x_2 - x_3 + 4 &= 0 \\ x_1 - x_2 - x_4 + 2 &= 0 \end{aligned}$$

und $x_1, x_2, x_3, x_4 \geq 0$.

B Minimiere

$$-3x_1 + 3x_2 + 3$$

unter

$$\begin{aligned} -x_1 + x_2 - x_3 + 4 &= 0 \\ x_1 - x_2 - x_4 + 2 &= 0 \end{aligned}$$

und $x_1, x_2, x_3, x_4 \geq 0$.

C Minimiere

$$3x_1 - 3x_2 - 3$$

unter

$$\begin{aligned} -x_1 + x_2 - x_3 + 4 &= 0 \\ x_1 - x_2 - x_4 + 2 &= 0 \end{aligned}$$

und $x_1, x_2, x_3, x_4 \geq 0$.

D Minimiere

$$3x_1 - 3x_2 - 3$$

unter

$$\begin{array}{rrrrrrrrrrr} - & x_1 & + & x_2 & - & x_3 & & & + & 4 & = & 0 \\ & x_1 & - & x_2 & & & + & x_4 & + & 2 & = & 0 \end{array}$$

und $x_1, x_2, x_3, x_4 \geq 0$.

Lösungsweg:

- Bei jedem Minimumproblem ist die Zielfunktion zu minimieren. Daher ist **A** falsch.
- Beim Übergang von einem Maximumproblem zu einem Minimumproblem wird die Zielfunktion mit -1 multipliziert. Daher ist **B** falsch.
- Um zu einem Minimumproblem in Normalform zu gelangen, formen wir die Nebenbedingungen um. Wir erhalten zunächst

$$\begin{array}{rrrrrrrr} & x_1 & - & x_2 & - & 4 & \leq & 0 \\ - & x_1 & + & x_2 & - & 2 & \leq & 0 \end{array}$$

und führen sodann Schlupfvariable ein:

$$\begin{array}{rrrrrrrrrrrr} & x_1 & - & x_2 & + & x_3 & & & - & 4 & = & 0 \\ - & x_1 & + & x_2 & & & + & x_4 & - & 2 & = & 0 \end{array}$$

Abschließend multiplizieren wir beide Gleichungen mit -1, um positive Konstanten zu erhalten:

$$\begin{array}{rrrrrrrrrrrr} - & x_1 & + & x_2 & - & x_3 & & & + & 4 & = & 0 \\ & x_1 & - & x_2 & & & - & x_4 & + & 2 & = & 0 \end{array}$$

Daher ist **C** richtig und **D** ist falsch.

Lösung: C

Aufgabe 7–11. Gegeben sei das lineare Optimierungsproblem

Maximiere

$$8x_1 - 16x_2 + 64$$

unter

$$\begin{array}{rrrrrrr} x_1 & + & x_2 & \leq & & & 10 \\ x_1 & & & \geq & 4x_2 & + & 1 \end{array}$$

und $x_1, x_2 \geq 0$.

Wie lautet das zugehörige Minimumproblem in Normalform?

A Maximiere

$$8x_1 - 16x_2 + 64$$

unter

$$\begin{array}{rcrcrcrcrcl} - & x_1 & - & x_2 & - & x_3 & & & + & 10 & = 0 \\ & x_1 & + & 4x_2 & & & - & x_4 & + & 1 & = 0 \end{array}$$

und $x_1, x_2, x_3, x_4 \geq 0$.

B Minimiere

$$-8x_1 + 16x_2 - 64$$

unter

$$\begin{array}{rcrcrcrcrcl} - & x_1 & - & x_2 & - & x_3 & & & + & 10 & = 0 \\ - & x_1 & + & 4x_2 & & & + & x_4 & + & 1 & = 0 \end{array}$$

und $x_1, x_2, x_3, x_4 \geq 0$.

C Minimiere

$$-8x_1 + 16x_2 - 64$$

unter

$$\begin{array}{rcrcrcrcrcl} - & x_1 & - & x_2 & - & x_3 & & & + & 10 & = 0 \\ & x_1 & - & 4x_2 & & & - & x_4 & + & 1 & = 0 \end{array}$$

und $x_1, x_2, x_3, x_4 \geq 0$.

D Minimiere

$$-8x_1 + 16x_2 - 64$$

unter

$$\begin{array}{rcrcrcrcrcl} - & x_1 & - & x_2 & - & x_3 & & & + & 10 & = 0 \\ & x_1 & - & 4x_2 & & & + & x_4 & + & 1 & = 0 \end{array}$$

und $x_1, x_2, x_3, x_4 \geq 0$.

Lösungsweg:

- Bei einem Minimumproblem ist die Zielfunktion zu minimieren. Daher ist **A** falsch.
- Beim Übergang von einem Maximumproblem zu einem Minimumproblem ist die Zielfunktion mit -1 zu multiplizieren.
- Um zu einem Minimumproblem in Normalform zu gelangen, formen wir die Nebenbedingungen um. Wir erhalten zunächst

$$\begin{array}{rcrcrcrl} & x_1 & + & x_2 & - & 10 & \leq & 0 \\ - & x_1 & + & 4x_2 & + & 1 & \leq & 0 \end{array}$$

und führen sodann Schlupfvariable ein:

$$\begin{array}{rcrcrcrcrcl} & x_1 & + & x_2 & + & x_3 & & & - & 10 & = 0 \\ - & x_1 & + & 4x_2 & & & + & x_4 & + & 1 & = 0 \end{array}$$

Abschließend multiplizieren wir die erste Gleichung mit -1 und erhalten

$$\begin{array}{rrrrrrrrl} - & x_1 & - & x_2 & - & x_3 & & + & 10 = 0 \\ - & x_1 & + & 4x_2 & & & + \; x_4 & + & 1 = 0 \end{array}$$

Daher ist **B** richtig und **C**, **D** sind falsch.

Lösung: B

Aufgabe 7–12. Welche der folgenden Simplextableaus sind entscheidbar?

A

	x_1	x_2	1
x_3	7	1	2
x_4	−3	0	10
x_5	−2	3	3
z	4	2	−9

B

	x_1	x_2	1
x_3	7	1	2
x_4	−3	0	10
x_5	−2	3	3
z	4	−2	−9

C

	x_1	x_2	1
x_3	7	1	2
x_4	−3	0	10
x_5	−2	3	3
z	−4	2	−9

D

	x_1	x_2	1
x_3	7	1	2
x_4	−3	0	10
x_5	−2	3	3
z	−4	−2	−9

Lösungsweg:

- Das Simplextableau

	x_1	x_2	1
x_3	7	1	2
x_4	−3	0	10
x_5	−2	3	3
z	4	2	−9

erfüllt ($\mathbf{S_1}$). Daher ist **A** richtig.

- Das Simplextableau

	x_1	x_2	1
x_3	7	1	2
x_4	−3	0	10
x_5	−2	3	3
z	4	−2	−9

erfüllt ($\mathbf{S_2}$). Daher ist **B** richtig.

- Das Simplextableau

	x_1	x_2	1
x_3	7	1	2
x_4	−3	0	10
x_5	−2	3	3
z	−4	2	−9

erfüllt weder ($\mathbf{S_1}$) noch ($\mathbf{S_2}$). Daher ist **C** falsch.

- Das Simplextableau

	x_1	x_2	1
x_3	7	1	2
x_4	−3	0	10
x_5	−2	3	3
z	−4	−2	−9

erfüllt ($\mathbf{S_2}$). Daher ist **D** richtig.

Lösung: A, B, D

Aufgabe 7–13. Bei der Lösung eines linearen Optimierungsproblems mit Hilfe des Simplexverfahrens ergab sich das folgende Simplextableau:

	x_1	x_4	1
x_3	0	−1	6
x_6	2	−1	1
x_5	4	−5	10
x_2	1	−1	2
z	3	3	−9

Welche der folgenden Alternativen sind richtig?

A Das Simplextableau ist nicht entscheidbar.

B Das Simplextableau ist entscheidbar und es gibt keine optimale Lösung.

C Das Simplextableau ist entscheidbar und es gibt eine optimale Lösung.

D Das Simplextableau ist entscheidbar und $\boldsymbol{x} = (0, 0, 6, 1, 10, 2)'$ ist eine optimale Lösung.

E Das Simplextableau ist entscheidbar und $\boldsymbol{x} = (0, 2, 6, 0, 10, 1)'$ ist eine optimale Lösung.

F Das Simplextableau ist entscheidbar und $\boldsymbol{x} = (1, 2, 5, 1, 9, 2)'$ ist eine optimale Lösung.

Lösungsweg:

- Das Simplextableau erfüllt ($\mathbf{S_1}$); es ist daher entscheidbar und enthält die optimale Lösung $\boldsymbol{x} = (0, 2, 6, 0, 10, 1)'$; der zugehörige Wert der Zielfunktion ist $z = -9$. Daher sind **A**, **B** falsch und **C**, **E** sind richtig.
- Für den Vektor $\boldsymbol{x} = (0, 0, 6, 1, 10, 2)'$ gilt $x_1 = 0$ und $x_4 = 1$ sowie $x_3 = 6$; dies steht im Widerspruch zur Gleichung $x_3 = -x_4 + 6$, die sich aus der ersten Zeile des Simplextableaus ergibt. Daher ist **D** falsch.
- Der Vektor $\boldsymbol{x} = (1, 2, 5, 1, 9, 2)'$ ist zulässig und der zugehörige Wert der Zielfunktion ist $z = 3 + 3 - 9 > -9$. Daher ist **F** falsch.

Lösung: C, E

Aufgabe 7–14. Bei der Lösung eines linearen Optimierungsproblems mit Hilfe des Simplexverfahrens ergab sich das folgende Simplextableau:

	x_2	x_4	1
x_1	0	1	10
x_3	−2	5	4
x_5	1	1	12
z	4	−3	−9

Welche der folgenden Alternativen sind richtig?

A Das Simplextableau ist nicht entscheidbar.

B Das Simplextableau ist entscheidbar und es gibt keine optimale Lösung.

C Das Simplextableau ist entscheidbar und es gibt eine optimale Lösung.

D Das Simplextableau ist entscheidbar und $\boldsymbol{x} = (10, 0, 4, 0, 12)'$ ist eine optimale Lösung.

E Das Simplextableau ist entscheidbar und $\boldsymbol{x} = (0, 10, 4, 0, 12)'$ ist eine optimale Lösung.

F Das Simplextableau ist entscheidbar und $\boldsymbol{x} = (10, 0, 4, 12, 0)'$ ist eine optimale Lösung.

Lösungsweg: Das Simplextableau erfüllt $(\mathbf{S_2})$; es ist daher entscheidbar und das lineare Optimierungsproblem besitzt keine Lösung. Daher ist **B** richtig und **A**, **C**, **D**, **E**, **F** sind falsch.

Lösung: B

Aufgabe 7–15. Bei der Lösung eines linearen Optimierungsproblems mit Hilfe des Simplexverfahrens ergab sich das folgende Simplextableau:

	x_2	1
x_1	2	1
x_3	0	4
x_4	−2	8
z	−7	1

Welche der folgenden Alternativen sind richtig?

A Das Simplextableau ist nicht entscheidbar.

B Das Simplextableau ist entscheidbar und es gibt keine optimale Lösung.

C Das Simplextableau ist entscheidbar und es gibt eine optimale Lösung.

D Das Simplextableau ist entscheidbar und $\boldsymbol{x} = (1, 0, 4, 8)'$ ist eine optimale Lösung.

E Das Simplextableau ist nicht entscheidbar und es ist x_2 gegen x_4 auszutauschen.

F Das Simplextableau ist nicht entscheidbar und es ist x_2 gegen x_1 auszutauschen.

Lösungsweg:

- Das Simplextableau erfüllt weder ($\mathbf{S_1}$) noch ($\mathbf{S_2}$); es ist daher nicht entscheidbar. Daher ist **A** richtig und **B**, **C**, **D** sind falsch.
- Da Pivotelemente negativ sein müssen, muß x_2 gegen x_4 ausgetauscht werden. Daher ist **E** richtig und **F** ist falsch.

Lösung: A, E

Aufgabe 7–16. Bei der Lösung eines linearen Optimierungsproblems mit Hilfe des Simplexverfahrens ergab sich das folgende Simplextableau:

	x_1	x_2	1
x_3	−2	0	2
x_4	2	1	3
z	−1	2	−1

Welche der folgenden Alternativen sind richtig?

A Das Simplextableau ist entscheidbar.

B $x_1 \leftrightarrow x_3$ ist ein möglicher Austausch nach den Regeln des Simplexverfahrens.

C $\boldsymbol{x} = (0, 0, 2, 3)'$ ist eine optimale Lösung.

D $\boldsymbol{x} = (1, 0, 0, 5)'$ ist eine optimale Lösung.

E Das Optimierungsproblem besitzt keine Lösung.

Lösungsweg:

- Das Simplextableau erfüllt weder ($\mathbf{S_1}$) noch ($\mathbf{S_2}$); es ist also nicht entscheidbar. Daher ist **A** falsch.
- $x_1 \leftrightarrow x_3$ ist ein möglicher Austausch, da sowohl der Koeffizient von x_1 in der Zielfunktion als auch das Pivotelement negativ ist. Daher ist **B** richtig.
- Der Austausch von x_1 gegen x_3 führt auf ein Simplextableau der Form

	x_3	x_2	1
x_1			1
x_4			5
z	1/2	2	−2

  Dieses Simplextableau erfüllt ($\mathbf{S_1}$); es ist daher entscheidbar und enthält die optimale Lösung $\boldsymbol{x} = (1, 0, 0, 5)'$. Der zugehörige Wert der Zielfunktion ist $z = -2$. Daher ist **D** richtig und **E** ist falsch.
- Der Vektor $\boldsymbol{x} = (0, 0, 2, 3)'$ ist zulässig und der zugehörige Wert der Zielfunktion ist $z = -1 > -2$. Daher ist **C** falsch.

Lösung: B, D

Aufgabe 7–17. Bei der Lösung eines linearen Optimierungsproblems mit Hilfe des Simplexverfahrens ergab sich das folgende Simplextableau:

	x_1	x_2	x_5	1
x_4	1	−2	−1	5
x_3	2	−1	0	2
x_6	−1	−2	−2	12
z	4	−3	−2	20

Welche der folgenden Alternativen sind richtig?

A $x_2 \leftrightarrow x_3$ ist ein möglicher Austausch nach den Regeln des Simplexverfahrens.

B $x_2 \leftrightarrow x_4$ ist ein möglicher Austausch nach den Regeln des Simplexverfahrens.

C Der Austausch $x_5 \leftrightarrow x_4$ führt auf ein entscheidbares Simplextableau.

D Der Austausch $x_5 \leftrightarrow x_4$ führt auf ein nicht entscheidbares Simplextableau.

E Das Optimierungsproblem besitzt keine Lösung.

F Für die optimale Lösung gilt $z = 10$.

Lösungsweg:

- $x_2 \leftrightarrow x_3$ ist ein möglicher Austausch, denn sowohl der Koeffizient von x_2 in der Zielfunktion als auch das Pivotelement ist negativ und es gilt

$$\frac{2}{1} = \min\left\{\frac{5}{2}, \frac{2}{1}, \frac{12}{2}\right\}$$

Daher ist **A** richtig.

- $x_2 \leftrightarrow x_4$ ist kein möglicher Austausch: Zwar ist sowohl der Koeffizient von x_2 in der Zielfunktion als auch das Pivotelement negativ, aber es gilt

$$\frac{5}{2} \neq \min\left\{\frac{5}{2}, \frac{2}{1}, \frac{12}{2}\right\}$$

Daher ist **B** falsch.

- Der Austausch $x_5 \leftrightarrow x_4$ führt auf ein Simplextableau der Form

	x_1	x_2	x_4	1
x_5				
x_3				
x_6				
z	2	1	2	10

Dieses Simplextableau erfüllt $(\mathbf{S_1})$. Es ist daher entscheidbar und enthält eine optimale Lösung, und für die optimale Lösung gilt $z = 10$. Daher sind **C**, **F** richtig und **D**, **E** sind falsch.

Lösung: A, C, F

Aufgabe 7–18. Bei der Lösung eines linearen Optimierungsproblems mit Hilfe des Simplexverfahrens ergab sich das folgende Tableau:

	x_1	x_3	x_4	1
x_2	-3	2	-1	2
y_2	-2	2	2	3
y_3	1	-1	-3	1
z	-1	-1	1	1
$\tilde{z}$	-1	1	-1	4

Dabei bezeichnet z die Zielfunktion des Originalproblems und $\tilde{z}$ die Zielfunktion des Hilfsproblems. Welche der folgenden Alternativen sind richtig?

A $x_1 \leftrightarrow x_2$ ist ein nach den Regeln des Simplexverfahrens möglicher Austausch zur Lösung des Hilfsproblems.

B $x_1 \leftrightarrow y_2$ ist ein nach den Regeln des Simplexverfahrens möglicher Austausch zur Lösung des Hilfsproblems.

C $x_3 \leftrightarrow y_3$ ist ein nach den Regeln des Simplexverfahrens möglicher Austausch zur Lösung des Hilfsproblems.

D $x_4 \leftrightarrow x_2$ ist ein nach den Regeln des Simplexverfahrens möglicher Austausch zur Lösung des Hilfsproblems.

E $x_4 \leftrightarrow y_3$ ist ein nach den Regeln des Simplexverfahrens möglicher Austausch zur Lösung des Hilfsproblems.

Lösungsweg:

- Zur weiteren Bearbeitung des Hilfsproblems muß x_1 oder x_4 ausgetauscht werden. Daher ist **C** falsch.
- Beim Austausch von x_1 muß x_1 gegen x_2 ausgetauscht werden. Daher ist **A** richtig und **B** ist falsch.
- Beim Austausch von x_4 muß x_4 gegen y_3 ausgetauscht werden. Daher ist **E** richtig und **D** ist falsch.

Lösung: A, E

Aufgabe 7–19. Bei der Lösung eines linearen Optimierungsproblems mit Hilfe des Simplexverfahrens ergab sich das folgende Tableau:

	x_1	x_3	x_4	1
y_1	1	-1	0	2
y_3	1	-1	1	1
x_2	-2	-1	3	7
z	-1	2	4	-6
$\tilde{z}$	2	-2	1	3

Dabei bezeichnet z die Zielfunktion des Originalproblems und $\tilde{z}$ die Zielfunktion des Hilfsproblems. Welche der folgenden Alternativen sind richtig?

A Zur Erlangung einer zulässigen Basislösung für das Originalproblem muß als nächstes x_3 gegen y_1 ausgetauscht werden.

B Zur Erlangung einer zulässigen Basislösung für das Originalproblem muß als nächstes x_3 gegen y_3 ausgetauscht werden.

C Zur Erlangung einer zulässigen Basislösung für das Originalproblem muß als nächstes x_3 gegen x_2 ausgetauscht werden.

D Zur Erlangung einer zulässigen Basislösung für das Originalproblem muß als nächstes x_1 gegen x_2 ausgetauscht werden.

E $\boldsymbol{x} = (0, 7, 0, 0)'$ ist eine zulässige Basislösung für das Originalproblem.

Lösungsweg:

- Zur weiteren Bearbeitung des Hilfsproblems muß x_3 gegen y_3 ausgetauscht werden. Daher ist **B** richtig und **A**, **C**, **D** sind falsch.
- Für $\boldsymbol{x} = (0, 7, 0, 0)'$ gilt $x_1 = x_3 = x_4 = 0$ und damit $y_1 = 2 \neq 0$ (sowie $y_3 = 1 \neq 0$). Daher ist **E** falsch.

Lösung: B

Aufgabe 7–20. Bei der Lösung eines linearen Optimierungsproblems mit Hilfe des Simplexverfahrens ergab sich das folgende Tableau:

	x_1	x_3	x_4	1
x_2	2	−2	4	8
x_5	0	−1	9	3
y_1	0	3	1	3
y_2	1	3	0	1
z	5	−4	1	0
$\widetilde{z}$	1	6	1	4

Dabei bezeichnet z die Zielfunktion des Originalproblems und $\widetilde{z}$ die Zielfunktion des Hilfsproblems. Welche der folgenden Alternativen sind richtig?

A Das Tableau enthält ein Simplextableau für das Originalproblem mit der zulässigen Basislösung $\boldsymbol{x} = (0, 8, 0, 0, 3)'$.

B Das Tableau enthält kein Simplextableau für das Originalproblem; zur Erlangung einer zulässigen Basislösung muß als nächstes x_3 gegen x_5 ausgetauscht werden.

C Das Tableau enthält kein Simplextableau für das Originalproblem; zur Erlangung einer zulässigen Basislösung muß als nächstes x_3 gegen x_2 ausgetauscht werden.

D Da das Gleichungssystem der Nebenbedingungen keine Lösung besitzt, ist das lineare Optimierungsproblem nicht lösbar.

Lösungsweg:

- Das Tableau enthält kein Simplextableau für das Originalproblem, denn für $x_1 = x_3 = x_4 = 0$ gilt $y_1 = 3 \neq 0$ (sowie $y_2 = 1 \neq 0$). Daher ist **A** falsch.
- Da alle Koeffizienten der Zielfunktion des Hilfsproblems positiv sind, ist das Simplexverfahren für das Hilfsproblem beendet. Wegen $\tilde{z} = 4 > 0$ besitzt das Originalproblem keine Lösung. Daher ist **D** richtig und **B**, **C** sind falsch.

Lösung: D

Aufgabe 7–21. Bei der Lösung eines linearen Optimierungsproblems mit Hilfe des Simplexverfahrens ergab sich das folgende Tableau:

	x_2	x_5	x_6	1
x_3	1	−4	0	4
x_4	−1	4	0	2
x_1	−1	5	0	0
y_1	1	−6	1	1
z	−3	12	0	−3
$\tilde{z}$	1	−6	1	1

Dabei bezeichnet z die Zielfunktion des Originalproblems und $\tilde{z}$ die Zielfunktion des Hilfsproblems. Welche der folgenden Alternativen sind richtig?

A Das Tableau enthält ein Simplextableau für das Originalproblem mit der zulässigen Basislösung $\boldsymbol{x} = (0, 0, 4, 2, 0, 0)'$.

B Das Tableau enthält kein Simplextableau für das Originalproblem; zur Erlangung einer zulässigen Basislösung muß als nächstes x_5 gegen x_3 ausgetauscht werden.

C Das Tableau enthält kein Simplextableau für das Originalproblem; zur Erlangung einer zulässigen Basislösung muß als nächstes x_5 gegen y_1 ausgetauscht werden.

D Das Tableau enthält kein Simplextableau für das Originalproblem; zur Erlangung einer zulässigen Basislösung muß als nächstes x_2 gegen x_1 ausgetauscht werden.

Lösungsweg:

- Das Tableau enthält kein Simplextableau für das Originalproblem, denn für $x_2 = x_5 = x_6 = 0$ gilt $y_1 = 1 \neq 0$. Daher ist **A** falsch.
- Zur weiteren Bearbeitung des Hilfsproblems muß x_5 gegen y_1 ausgetauscht werden. Daher ist **C** richtig und **B**, **D** sind falsch.

Lösung: C

Aufgabe 7–22. Bei der Lösung eines linearen Optimierungsproblems mit Hilfe des Simplexverfahrens ergab sich das folgende Tableau:

	x_1	x_4	1
y_1	0	−4	2
x_2	−3	−2	4
x_3	1	4	3
z	6	24	6
$\widetilde{z}$	0	−4	2

Dabei bezeichnet z die Zielfunktion des Originalproblems und $\widetilde{z}$ die Zielfunktion des Hilfsproblems. Welche der folgenden Alternativen sind richtig?

A Zur Erlangung einer zulässigen Basislösung für das Originalproblem muß als nächstes x_4 gegen x_2 ausgetauscht werden.

B Zur Erlangung einer zulässigen Basislösung für das Originalproblem muß als nächstes x_4 gegen y_1 ausgetauscht werden.

C Zur Erlangung einer zulässigen Basislösung für das Originalproblem muß als nächstes x_4 gegen x_3 ausgetauscht werden.

D Das Hilfsproblem besitzt keine Lösung.

E $\boldsymbol{x} = (0, 4, 3, 0)'$ ist eine Lösung für das Originalproblem und der zugehörige Wert der Zielfunktion ist $z = 6$.

F $\boldsymbol{x} = (0, 3, 5, 1/2)'$ ist eine Lösung für das Originalproblem und der zugehörige Wert der Zielfunktion ist $z = 6$.

G $\boldsymbol{x} = (0, 3, 5, 1/2)'$ ist eine Lösung für das Originalproblem und der zugehörige Wert der Zielfunktion ist $z = 18$.

Lösungsweg:

- Zur weiteren Bearbeitung des Hilfsproblems muß x_4 gegen y_1 ausgetauscht werden. Daher ist **B** richtig und **A**, **C** sind falsch.
- Der Austausch von x_4 gegen y_1 führt auf ein Tableau der Form

	x_1	y_1	1
x_4			1/2
x_2			3
x_3			5
z	6		18
$\widetilde{z}$	0		0

Wegen $\widetilde{z} = 0$ enthält dieses Tableau ein Simplextableau für das Originalproblem. Dieses Simplextableau erfüllt ($\mathbf{S_1}$); es ist daher optimal. Insbesondere ist $\boldsymbol{x} = (0, 3, 5, 1/2)'$ eine optimale Lösung und der zugehörige Wert der Zielfunktion ist $z = 18$. Daher ist **G** richtig und **D**, **E**, **F** sind falsch.

Lösung: B, G

Kapitel 8

Lineare Differenzengleichungen

Aufgabe	Lösung
8–1	B, D, F
8–2	A, F
8–3	A, B, C
8–4	A, B, C, D, E, G
8–5	A
8–6	B, D
8–7	A
8–8	B, E
8–9	A, B, F
8–10	A, B
8–11	A, C, D
8–12	E
8–13	D

Aufgabe 8–1. Die lineare Differenzengleichung

$$f_{n+2} - 14f_{n+1} + 53f_n = 34n^2 + 4$$

A ist eine homogene Differenzengleichung.

B ist eine inhomogene Differenzengleichung.

C ist eine lineare Differenzengleichung 1. Ordnung.

D ist eine lineare Differenzengleichung 2. Ordnung.

E besitzt eine eindeutige Lösung.

F besitzt unendlich viele Lösungen.

Lösungsweg:

- Die Differenzengleichung ist inhomogen, denn es gilt $34n^2+4 \neq 0$. Daher ist **B** richtig und **A** ist falsch.
- Der höchste Index, der in der linearen Differenzengleichung auftritt, ist $n+2$. Daher ist **D** richtig und **C** ist falsch.
- Da keine Anfangsbedingung gegeben ist, besitzt die Differenzengleichung unendlich viele Lösungen. Daher ist **F** richtig und **E** ist falsch.

Lösung: B, D, F

Aufgabe 8–2. Gegeben sei die lineare Differenzengleichung (D)

$$f_{n+1} - 4f_n = 4$$

Welche der folgenden Alternativen sind richtig?

A Die Differenzengleichung hat die Ordnung 1.

B Die Differenzengleichung hat die Ordnung 2.

C Die Differenzengleichung hat die Ordnung 4.

D Die Folge $\{f_n^*\}_{n\in\mathbf{N}_0}$ mit $f_n^* = 2^n$ ist eine Lösung der zugehörigen homogenen Differenzengleichung.

E Die Folge $\{f_n^*\}_{n\in\mathbf{N}_0}$ mit $f_n^* = 2^n$ ist eine Lösung von (D).

F Die Folge $\{f_n^*\}_{n\in\mathbf{N}_0}$ mit $f_n^* = 4^n$ ist eine Lösung der zugehörigen homogenen Differenzengleichung.

G Die Folge $\{f_n^*\}_{n\in\mathbf{N}_0}$ mit $f_n^* = 4^n$ ist eine Lösung von (D).

Lösungsweg:

- Der höchste Index, der in der linearen Differenzengleichung auftritt, ist $n+1$. Daher ist **A** richtig und **B**, **C** sind falsch.
- Die zugehörige homogene Differenzengleichung lautet $f_{n+1} - 4f_n = 0$. Durch Einsetzen erkennt man, daß **F** richtig und **D** falsch ist.
- Durch Einsetzen erkennt man, daß **E**, **G** falsch sind.

Lösung: A, F

Aufgabe 8–3. Gegeben sei die lineare Differenzengleichung (D)

$$f_{n+1} - 2\,f_n = 1$$

Welche der folgenden Alternativen sind richtig?

A Für jedes $\alpha \in \mathbf{R}$ ist die Folge $\{f_n^*\}_{n\in\mathbf{N}_0}$ mit $f_n^* = \alpha\,2^n$ eine Lösung der zugehörigen homogenen Differenzengleichung.

B Die Folge $\{f_n^*\}_{n\in\mathbf{N}_0}$ mit $f_n^* = 2^n$ ist eine Lösung der zugehörigen homogenen Differenzengleichung.

C Die Folge $\{f_n^*\}_{n\in\mathbf{N}_0}$ mit $f_n^* = 2^n - 1$ ist eine Lösung von (D).

D Für jedes $\alpha \in \mathbf{R}$ ist die Folge $\{f_n^*\}_{n\in\mathbf{N}_0}$ mit $f_n^* = \alpha\,(2^n - 1)$ eine Lösung von (D).

Lösungsweg:

- Die zugehörige homogene Differenzengleichung lautet

$$f_{n+1} - 2\,f_n = 0$$

  Sie besitzt die allgemeine Lösung $\{h_n^*\}_{n\in\mathbf{N}_0}$ mit

$$h_n^* = \alpha\,2^n$$

  und $\alpha \in \mathbf{R}$. Daher sind **A**, **B** richtig.

- Die Folge $\{g_n^*\}_{n\in\mathbf{N}_0}$ mit

$$g_n^* = -1$$

  ist eine Lösung von (D).

- Die allgemeine Lösung von (D) ist also durch die Folge $\{f_n^*\}_{n\in\mathbf{N}_0}$ mit

$$f_n^* = \alpha\,2^n - 1$$

  und $\alpha \in \mathbf{R}$ gegeben. Daher ist **C** richtig und **D** ist falsch.

Lösung: A, B, C

Aufgabe 8–4. Gegeben sei die lineare Differenzengleichung (D)

$$f_{n+1} - (n+1)\,f_n = n$$

Welche der folgenden Alternativen sind richtig?

A Die Folge $\{f_n^*\}_{n\in\mathbf{N}_0}$ mit $f_n^* = n!$ ist eine Lösung der zugehörigen homogenen Differenzengleichung.

B Die Folge $\{f_n^*\}_{n\in\mathbf{N}_0}$ mit $f_n^* = 2\,n!$ ist eine Lösung der zugehörigen homogenen Differenzengleichung.

C Für jedes $\alpha \in \mathbf{R}$ ist die Folge $\{f_n^*\}_{n\in\mathbf{N}_0}$ mit $f_n^* = \alpha\,n!$ eine Lösung der zugehörigen homogenen Differenzengleichung.

D Die Folge $\{f_n^*\}_{n \in \mathbf{N}_0}$ mit $f_n^* = n! - 1$ ist eine Lösung von (D).

E Die Folge $\{f_n^*\}_{n \in \mathbf{N}_0}$ mit $f_n^* = 2\,n! - 1$ ist eine Lösung von (D).

F Die Folge $\{f_n^*\}_{n \in \mathbf{N}_0}$ mit $f_n^* = 2\,(n! - 1)$ ist eine Lösung von (D).

G Für jedes $\alpha \in \mathbf{R}$ ist die Folge $\{f_n^*\}_{n \in \mathbf{N}_0}$ mit $f_n^* = \alpha\,n! - 1$ eine Lösung von (D).

H Für jedes $\alpha \in \mathbf{R}$ ist die Folge $\{f_n^*\}_{n \in \mathbf{N}_0}$ mit $f_n^* = \alpha\,(n! - 1)$ eine Lösung von (D).

Lösungsweg:

- Die zugehörige homogene Differenzengleichung lautet
$$f_{n+1} - (n+1)\,f_n \;=\; 0$$
Sie besitzt die allgemeine Lösung $\{h_n^*\}_{n \in \mathbf{N}_0}$ mit
$$h_n^* \;=\; \alpha\,n!$$
und $\alpha \in \mathbf{R}$. Daher sind **A**, **B**, **C** richtig.
- Die Folge $\{g_n^*\}_{n \in \mathbf{N}_0}$ mit
$$g_n^* \;=\; -1$$
ist eine Lösung von (D).
- Die allgemeine Lösung von (D) ist also durch die Folge $\{f_n^*\}_{n \in \mathbf{N}_0}$ mit
$$f_n^* \;=\; \alpha\,n! - 1$$
und $\alpha \in \mathbf{R}$ gegeben. Daher sind **D**, **E**, **G** richtig und **F**, **H** sind falsch.

Lösung: A, B, C, D, E, G

Aufgabe 8–5. Die lineare Differenzengleichung (D)
$$f_{n+1} - \frac{n+2}{n+1}\,f_n \;=\; \frac{1}{n+1}$$
besitzt die allgemeine Lösung $\{f_n^*\}_{n \in \mathbf{N}_0}$ mit
$$f_n^* \;=\; \alpha\,(n+1) + n$$
und $\alpha \in \mathbf{R}$. Welche der folgenden Alternativen sind richtig?

A Die Folge $\{f_n^{**}\}_{n \in \mathbf{N}_0}$ mit $f_n^{**} = 2n + 1$ ist eine Lösung von (D) und erfüllt die Anfangsbedingung $f_0 = 1$.

B Die Folge $\{f_n^{**}\}_{n \in \mathbf{N}_0}$ mit $f_n^{**} = -2n + 1$ ist eine Lösung von (D) und erfüllt die Anfangsbedingung $f_0 = 1$.

C Die Folge $\{f_n^{**}\}_{n \in \mathbf{N}_0}$ mit $f_n^{**} = n + 1$ ist eine Lösung von (D) und erfüllt die Anfangsbedingung $f_0 = 1$.

D Die Folge $\{f_n^{**}\}_{n \in \mathbf{N}_0}$ mit $f_n^{**} = 2n - 1$ ist eine Lösung von (D) und erfüllt die Anfangsbedingung $f_0 = 1$.

Lösungsweg: Aus der Anfangsbedingung $f_0 = 1$ ergibt sich $1 = f_0^{**} = \alpha$ und damit $\alpha = 1$. Es gilt also

$$f_n^{**} = (n+1) + n = 2n + 1$$

Daher ist **A** richtig und **B**, **C**, **D** sind falsch.

Lösung: A

Aufgabe 8–6. Sei $\{f_n^{**}\}_{n\in\mathbf{N}_0}$ die eindeutige Lösung der linearen Differenzengleichung (D)

$$f_{n+1} - f_n = -4$$

die die Anfangsbedingung (A)

$$f_0 = 4$$

erfüllt. Welche der folgenden Alternativen sind richtig?

A $f_5^{**} = -32$
B $f_5^{**} = -16$
C $f_5^{**} = -4$
D $f_9^{**} = -32$
E $f_9^{**} = -16$
F $f_9^{**} = -4$

Lösungsweg:

- Die Differenzengleichung (D) besitzt die allgemeine Lösung $\{f_n^*\}_{n\in\mathbf{N}_0}$ mit

  $$f_n^* = \alpha - 4n$$

  und $\alpha \in \mathbf{R}$.
- Aus der Anfangsbedingung (A) ergibt sich $4 = f_0^{**} = \alpha$ und damit $\alpha = 4$. Es gilt also

  $$f_n^{**} = 4 - 4n$$
- Insbesondere gilt $f_5^{**} = -16$ und $f_9^{**} = -32$. Daher sind **B**, **D** richtig und **A**, **C**, **E**, **F** sind falsch.

Lösung: B, D

Aufgabe 8–7. Sei $\{f_n^{**}\}_{n\in\mathbf{N}_0}$ die eindeutige Lösung der linearen Differenzengleichung (D)

$$f_{n+1} - \frac{5}{2} f_n = 3$$

die die Anfangsbedingung (A)

$$f_0 = 1$$

erfüllt. Welche der folgenden Alternativen sind richtig?

A $f_n^{**} = -2 + 3 \cdot (5/2)^n$
B $f_n^{**} = -2 - 3 \cdot (5/2)^n$
C $f_n^{**} = -2 + 3 \cdot (7/2)^n$
D $f_n^{**} = -2 - 3 \cdot (7/2)^n$
E $f_n^{**} = 2 + 3 \cdot (5/2)^n$
F $f_n^{**} = 2 - 3 \cdot (5/2)^n$
G $f_n^{**} = 2 + 3 \cdot (7/2)^n$
H $f_n^{**} = 2 - 3 \cdot (7/2)^n$

Lösungsweg:

- Die Differenzengleichung (D) besitzt die allgemeine Lösung $\{f_n^*\}_{n \in \mathbf{N}_0}$ mit
$$f_n^* = \alpha \left(\frac{5}{2}\right)^n - 2$$
und $\alpha \in \mathbf{R}$.
- Aus der Anfangsbedingung (A) ergibt sich $1 = f_0^{**} = -2 + \alpha$ und damit $\alpha = 3$. Es gilt also
$$f_n^{**} = 3 \left(\frac{5}{2}\right)^n - 2$$
Daher ist **A** richtig und **B**, **C**, **D**, **E**, **F**, **G**, **H** sind falsch.

Lösung: A

Aufgabe 8–8. Das zu der linearen Differenzengleichung
$$f_{n+2} - 3f_{n+1} - 4f_n = -3$$
gehörende charakteristische Polynom besitzt

A genau eine Nullstelle.
B genau zwei reelle Nullstellen.
C zwei konjugiert komplexe Nullstellen.
D die Nullstelle $\lambda = 3$.
E die Nullstelle $\lambda = 4$.
F die Nullstelle $\lambda = 2 + \sqrt{7}$.

Lösungsweg: Die zugehörige homogene Differenzengleichung lautet
$$f_{n+2} - 3f_{n+1} - 4f_n = 0$$
Daraus ergibt sich das charakteristische Polynom $\lambda^2 - 3\lambda - 4$. Es besitzt die reellen Nullstellen
$$\lambda_{1,2} = \frac{3}{2} \pm \sqrt{\frac{9}{4} + 4} = \frac{3}{2} \pm \frac{5}{2}$$
Daher sind **B**, **E** richtig und **A**, **C**, **D**, **F** sind falsch.

Lösung: B, E

Aufgabe 8–9. Das zu der linearen Differenzengleichung

$$f_{n+2} - 6f_{n+1} + 9f_n = 5$$

gehörende charakteristische Polynom besitzt die doppelte Nullstelle $\lambda = 3$. Welche der folgenden Alternativen sind richtig?

A Die Folge $\{f_n^*\}_{n\in\mathbf{N}_0}$ mit $f_n^* = 3^n$ ist eine Lösung der zugehörigen homogenen Differenzengleichung.

B Die Folge $\{f_n^*\}_{n\in\mathbf{N}_0}$ mit $f_n^* = n\,3^n$ ist eine Lösung der zugehörigen homogenen Differenzengleichung.

C Die Folge $\{f_n^*\}_{n\in\mathbf{N}_0}$ mit $f_n^* = 2^n$ ist eine Lösung der zugehörigen homogenen Differenzengleichung.

D Die Folge $\{f_n^*\}_{n\in\mathbf{N}_0}$ mit $f_n^* = n\,2^n$ ist eine Lösung der zugehörigen homogenen Differenzengleichung.

E Die allgemeine Lösung der zugehörigen homogenen Differenzengleichung ist durch die Folge $\{f_n^*\}_{n\in\mathbf{N}_0}$ mit $f_n^* = \alpha_1\,2^n + \alpha_2\,n\,2^n$ und $\alpha_1, \alpha_2 \in \mathbf{R}$ gegeben.

F Die allgemeine Lösung der zugehörigen homogenen Differenzengleichung ist durch die Folge $\{f_n^*\}_{n\in\mathbf{N}_0}$ mit $f_n^* = \alpha_1\,3^n + \alpha_2\,n\,3^n$ und $\alpha_1, \alpha_2 \in \mathbf{R}$ gegeben.

Lösungsweg: Da das zugehörige charakteristische Polynom die doppelte Nullstelle $\lambda = 3$ besitzt, ist die allgemeine Lösung der zugehörigen homogenen Differenzengleichung durch die Folge $\{f_n^*\}_{n\in\mathbf{N}_0}$ mit

$$f_n^* = \alpha_1\,3^n + \alpha_2\,n\,3^n$$

und $\alpha_1, \alpha_2 \in \mathbf{R}$ gegeben. Daher sind **A**, **B**, **F** richtig und **C**, **D**, **E** sind falsch.

Lösung: A, B, F

Aufgabe 8–10. Gegeben sei die lineare Differenzengleichung

$$f_{n+2} - 2f_{n+1} + bf_n = 0$$

mit $b \in \mathbf{R}$. Welche der folgenden Alternativen sind richtig?

A Für $b = -3$ ist die Folge $\{f_n^*\}_{n\in\mathbf{N}_0}$ mit

$$f_n^* = \alpha_1\,3^n + \alpha_2\,(-1)^n$$

und $\alpha_1, \alpha_2 \in \mathbf{R}$ die allgemeine Lösung der Differenzengleichung.

B Für $b = 1$ ist die Folge $\{f_n^*\}_{n\in\mathbf{N}_0}$ mit

$$f_n^* = \alpha_1 + \alpha_2\,n$$

und $\alpha_1, \alpha_2 \in \mathbf{R}$ die allgemeine Lösung der Differenzengleichung.

C Für $b=2$ ist die Differenzengleichung nicht lösbar.

D Für $b=2$ ist die Folge $\{f_n^*\}_{n\in\mathbf{N}_0}$ mit

$$f_n^* = \alpha\,2^n$$

und $\alpha\in\mathbf{R}$ die allgemeine Lösung der Differenzengleichung.

Lösungsweg:

- Die Differenzengleichung ist homogen und das charakteristische Polynom lautet
$$\lambda^2-2\lambda+b$$
- Im Fall $b<1$ besitzt das charakteristische Polynom die reellen Nullstellen
$$\lambda_{1,2} = 1\pm\sqrt{1-b}$$
In diesem Fall ist die allgemeine Lösung der Differenzengleichung durch die Folge $\{f_n^*\}_{n\in\mathbf{N}_0}$ mit
$$f_n^* = \alpha_1\left(1+\sqrt{1-b}\right)^n+\alpha_2\left(1-\sqrt{1-b}\right)^n$$
und $\alpha_1,\alpha_2\in\mathbf{R}$ gegeben. Daher ist **A** richtig.
- Im Fall $b=1$ besitzt das charakteristische Polynom die doppelte reelle Nullstelle
$$\lambda = 1$$
In diesem Fall ist die allgemeine Lösung der Differenzengleichung durch die Folge $\{f_n^*\}_{n\in\mathbf{N}_0}$ mit
$$f_n^* = \alpha_1+\alpha_2\,n$$
und $\alpha\in\mathbf{R}$ gegeben. Daher ist **B** richtig.
- Im Fall $b>1$ besitzt das charakteristische Polynom die konjugiert komplexen Nullstellen
$$\lambda_{1,2} = 1\pm i\sqrt{b-1}$$
In diesem Fall ist die allgemeine Lösung der Differenzengleichung durch die Folge $\{f_n^*\}_{n\in\mathbf{N}_0}$ mit
$$f_n^* = \alpha_1 b^{n/2}\cos(n\varphi)+\alpha_2 b^{n/2}\sin(n\varphi)$$
und $\alpha_1,\alpha_2\in\mathbf{R}$ sowie $\varphi\in[0,2\pi)$ mit $b^{1/2}\cos(\varphi)=1$ und $b^{1/2}\sin(\varphi)=\sqrt{b-1}$ gegeben. Daher sind **C**, **D** falsch.

Lösung: A, B

Aufgabe 8–11. Gegeben sei die lineare Differenzengleichung

$$f_{n+2}-f_{n+1} = f_{n+1}-f_n$$

Welche der folgenden Alternativen sind richtig?

A Die Folge $\{f_n^*\}_{n\in\mathbf{N}_0}$ mit $f_n^* = 1$ ist eine Lösung der Differenzengleichung.

B Die Folge $\{f_n^*\}_{n\in\mathbf{N}_0}$ mit $f_n^* = \alpha$ und $\alpha \in \mathbf{R}$ ist die allgemeine Lösung der Differenzengleichung.

C Die Folge $\{f_n^*\}_{n\in\mathbf{N}_0}$ mit $f_n^* = \alpha_1 + \alpha_2 n$ und $\alpha_1, \alpha_2 \in \mathbf{R}$ ist die allgemeine Lösung der Differenzengleichung.

D Die Folge $\{f_n^*\}_{n\in\mathbf{N}_0}$ mit $f_n^* = 1 - n$ ist eine Lösung der Differenzengleichung.

Lösungsweg: Die lineare Differenzengleichung läßt sich in der Form

$$f_{n+2} - 2f_{n+1} + f_n = 0$$

schreiben. Es handelt sich also um eine homogene lineare Differenzengleichung zweiter Ordnung. Das charakteristische Polynom lautet $\lambda^2 - 2\lambda + 1$. Es besitzt die doppelte reelle Nullstelle $\lambda = 1$. Die allgemeine Lösung der Differenzengleichung ist also durch die Folge $\{f_n^*\}_{n\in\mathbf{N}_0}$ mit

$$f_n^* = \alpha_1 + \alpha_2\, n$$

und $\alpha_1, \alpha_2 \in \mathbf{R}$ gegeben. Daher sind **A**, **C**, **D** richtig und **B** ist falsch.

Lösung: A, C, D

Aufgabe 8–12. Die lineare Differenzengleichung (D)

$$f_{n+2} - 8f_{n+1} + 12f_n = -20$$

besitzt die allgemeine Lösung $\{f_n^*\}_{n\in\mathbf{N}_0}$ mit

$$f_n^* = \alpha_1\, 2^n + \alpha_2\, 6^n - 4$$

und $\alpha_1, \alpha_2 \in \mathbf{R}$. Welche der folgenden Alternativen sind richtig?

A Die Folge $\{f_n^{**}\}_{n\in\mathbf{N}_0}$ mit $f_n^{**} = 2\cdot 2^n + 6\cdot 6^n - 4$ ist eine Lösung von (D) und erfüllt die Anfangsbedingungen $f_0 = 4$ und $f_1 = 20$.

B Die Folge $\{f_n^{**}\}_{n\in\mathbf{N}_0}$ mit $f_n^{**} = 2\cdot 2^n + 6\cdot 6^n + 4$ ist eine Lösung von (D) und erfüllt die Anfangsbedingungen $f_0 = 4$ und $f_1 = 20$.

C Die Folge $\{f_n^{**}\}_{n\in\mathbf{N}_0}$ mit $f_n^{**} = 3\cdot 2^n + 6^n - 4$ ist eine Lösung von (D) und erfüllt die Anfangsbedingungen $f_0 = 4$ und $f_1 = 20$.

D Die Folge $\{f_n^{**}\}_{n\in\mathbf{N}_0}$ mit $f_n^{**} = 3\cdot 2^n + 6^n + 4$ ist eine Lösung von (D) und erfüllt die Anfangsbedingungen $f_0 = 4$ und $f_1 = 20$.

E Die Folge $\{f_n^{**}\}_{n\in\mathbf{N}_0}$ mit $f_n^{**} = 6\cdot 2^n + 2\cdot 6^n - 4$ ist eine Lösung von (D) und erfüllt die Anfangsbedingungen $f_0 = 4$ und $f_1 = 20$.

F Die Folge $\{f_n^{**}\}_{n\in\mathbf{N}_0}$ mit $f_n^{**} = 6\cdot 2^n + 2\cdot 6^n + 4$ ist eine Lösung von (D) und erfüllt die Anfangsbedingungen $f_0 = 4$ und $f_1 = 20$.

Lösungsweg: Die Anfangsbedingungen sind in allen Alternativen identisch und liefern die Gleichungen

$$\begin{array}{rcrcrcr} 4 & = & f_0^{**} & = & \alpha_1 & + & \alpha_2 & - & 4 \\ 20 & = & f_1^{**} & = & 2\alpha_1 & + & 6\alpha_2 & - & 4 \end{array}$$

Aus dem linearen Gleichungssystem

$$\begin{array}{rcrcr} \alpha_1 & + & \alpha_2 & = & 8 \\ 2\alpha_1 & + & 6\alpha_2 & = & 24 \end{array}$$

ergibt sich $\alpha_1 = 6$ und $\alpha_2 = 2$. Daher ist **E** richtig und **A**, **B**, **C**, **D**, **F** sind falsch.

Lösung: E

Aufgabe 8–13. Für welche Wahl von f_n^{**} ist die Folge $\{f_n^{**}\}_{n\in\mathbf{N}_0}$ eine Lösung der linearen Differenzengleichung (D)

$$f_{n+2} - f_{n+1} - 2f_n = 6$$

die die Anfangsbedingung (A)

$$f_0 = f_1 = 0$$

erfüllt?

A $f_n^{**} = 2^n + (-1)^n - 3$

B $f_n^{**} = 2^n + (-1)^{n+1} - 3$

C $f_n^{**} = 2^n + 2\,(-1)^n - 3$

D $f_n^{**} = 2^{n+1} + (-1)^n - 3$

E $f_n^{**} = 2^{n+1} + (-1)^{n+1} - 3$

Lösungsweg:

- Die allgemeine Lösung von (D) ist durch die Folge $\{f_n^*\}_{n\in\mathbf{N}_0}$ mit

$$f_n^* = \alpha_1\, 2^n + \alpha_2\, (-1)^n - 3$$

und $\alpha_1, \alpha_2 \in \mathbf{R}$ gegeben.

- Aus der Anfangsbedingung (A) erhält man das lineare Gleichungssystem

$$\begin{array}{rcrcr} \alpha_1 & + & \alpha_2 & = & 3 \\ 2\alpha_1 & - & \alpha_2 & = & 3 \end{array}$$

Daraus ergibt sich $\alpha_1 = 2$ und $\alpha_2 = 1$. Also ist die eindeutige Lösung der Differenzengleichung (D), die die Anfangsbedingung (A) erfüllt, durch die Folge $\{f_n^{**}\}_{n\in\mathbf{N}_0}$ mit

$$f_n^{**} = 2^{n+1} + (-1)^n - 3$$

gegeben. Daher ist **D** richtig und **A**, **B**, **C**, **E** sind falsch.

Lösung: D

Kapitel 9

Konvergenz von Folgen, Reihen und Produkten

Aufgabe	Lösung
9–1	C, D
9–2	B, D
9–3	B, C, F
9–4	C
9–5	A, D, F
9–6	A, C, D, E
9–7	C, D
9–8	A, B, D
9–9	B

Aufgabe	Lösung
9–10	B, D
9–11	C
9–12	B, D
9–13	A, E
9–14	C, E, F
9–15	C, F
9–16	A, B
9–17	B, D, E
9–18	B, D, E

Aufgabe 9–1. Für welche Wahl von a_n ist die Folge $\{a_n\}_{n\in\mathbf{N}}$ eine Nullfolge?

A $a_n = \dfrac{(n+1)(n-1)}{\sqrt{n}}$

B $a_n = \dfrac{n+1}{\sqrt{n}}$

C $a_n = \dfrac{1}{\sqrt{n}}$

D $a_n = \dfrac{1}{n\sqrt{n}}$

Lösungsweg:

- Es gilt
$$\frac{(n+1)(n-1)}{\sqrt{n}} = \frac{n^2-1}{\sqrt{n}} = n\sqrt{n} - \frac{1}{\sqrt{n}}$$
Daher ist **A** falsch.
- Es gilt
$$\frac{n+1}{\sqrt{n}} = \sqrt{n} + \frac{1}{\sqrt{n}}$$
Daher ist **B** falsch.
- Offensichtlich sind **C**, **D** richtig.

Lösung: C, D

Aufgabe 9–2. Welche der nachstehenden Folgen sind Nullfolgen?

A $\left\{\dfrac{n^2+n}{3n}\right\}_{n\in\mathbf{N}}$

B $\left\{\dfrac{n^4}{(n^2+1)(n^3-1)}\right\}_{n\in\{2,3,\dots\}}$

C $\left\{\dfrac{n^2+1}{(n+1)(n-1)}\right\}_{n\in\{2,3,\dots\}}$

D $\left\{\dfrac{(2n^2+n)(n+1)}{(n^2-7n)(n^2-10n)}\right\}_{n\in\{11,12,\dots\}}$

E $\left\{\dfrac{(n+1)(n+2)(n+3)}{n^3}\right\}_{n\in\mathbf{N}}$

Lösungsweg:

- Es gilt
$$\frac{n^2+n}{3n} = \frac{n+1}{3}$$
Daher ist **A** falsch.

- Es gilt
$$\frac{n^4}{(n^2+1)(n^3-1)} = \frac{n^4}{n^5+n^3-n^2-1}$$
Daher ist **B** richtig.
- Es gilt
$$\frac{n^2+1}{(n+1)(n-1)} = \frac{n^2+1}{n^2-1}$$
Daher ist **C** falsch.
- Es gilt
$$\frac{(2n^2+n)(n+1)}{(n^2-7n)(n^2-10n)} = \frac{2n^3+3n^2+n}{n^4-17n^3+70n}$$
Daher ist **D** richtig.
- Es gilt
$$\frac{(n+1)(n+2)(n+3)}{n^3} = \frac{n^3+6n^2+11n+6}{n^3}$$
Daher ist **E** falsch.

Lösung: B, D

Aufgabe 9–3. Gegeben sei die Folge $\{a_n\}_{n\in\{2,3,\dots\}}$ mit
$$a_n = \frac{2n^2+3n}{(n+1)(n-1)}$$
Welche der folgenden Alternativen sind richtig?

A $\{a_n\}_{n\in\{2,3,\dots\}}$ ist divergent.
B $\{a_n\}_{n\in\{2,3,\dots\}}$ ist konvergent.
C $\{a_n\}_{n\in\{2,3,\dots\}}$ ist konvergent mit Grenzwert 2.
D $\{a_n\}_{n\in\{2,3,\dots\}}$ ist konvergent mit Grenzwert 3.
E $\{a_n\}_{n\in\{2,3,\dots\}}$ ist eine Nullfolge.
F $\{a_n-2\}_{n\in\{2,3,\dots\}}$ ist eine Nullfolge.
G $\{a_n-3\}_{n\in\{2,3,\dots\}}$ ist eine Nullfolge.

Lösungsweg: Es gilt
$$a_n = \frac{2n^2+3n}{(n+1)(n-1)} = \frac{2n^2+3n}{n^2-1}$$
und damit $\lim_{n\to\infty} a_n = 2$ und $\lim_{n\to\infty}(a_n-2) = 0$. Daher sind **B**, **C**, **F** richtig und **A**, **D**, **E**, **G** sind falsch.

Lösung: B, C, F

Aufgabe 9–4. Gegeben sei die Folge $\{a_n\}_{n\in\mathbf{N}_0}$ mit

$$a_n = (-1)^n \frac{3n^2 - 2n + 1}{n^2 + 1}$$

Welche der folgenden Alternativen sind richtig?

A $\{a_n\}_{n\in\mathbf{N}_0}$ ist konvergent mit $\lim_{n\to\infty} a_n = 3$.

B $\{a_n\}_{n\in\mathbf{N}_0}$ ist konvergent mit $\lim_{n\to\infty} a_n = -3$.

C $\{a_n\}_{n\in\mathbf{N}_0}$ ist divergent.

D $\{a_n - 3\}_{n\in\mathbf{N}_0}$ ist eine Nullfolge.

E $\{a_n + 3\}_{n\in\mathbf{N}_0}$ ist eine Nullfolge.

Lösungsweg: Es gilt

$$\lim_{n\to\infty} \frac{3n^2 - 2n + 1}{n^2 + 1} = 3$$

und damit

$$\lim_{k\to\infty} a_{2k} = \lim_{k\to\infty} (-1)^{2k} \frac{3(2k)^2 - 2(2k) + 1}{(2k)^2 + 1} = 3$$

und

$$\lim_{k\to\infty} a_{2k+1} = \lim_{k\to\infty} (-1)^{2k+1} \frac{3(2k+1)^2 - 2(2k+1) + 1}{(2k+1)^2 + 1} = -3$$

Die Folge $\{a_n\}_{n\in\mathbf{N}_0}$ besitzt also die konvergenten Teilfolgen $\{a_{2k}\}_{k\in\mathbf{N}_0}$ und $\{a_{2k+1}\}_{k\in\mathbf{N}_0}$ mit

$$\lim_{k\to\infty} a_{2k} \neq \lim_{k\to\infty} a_{2k+1}$$

Sie ist also divergent. Daher ist **C** richtig und **A**, **B**, **D**, **E** sind falsch.

Lösung: C

Aufgabe 9–5. Die Folge $\{a_n\}_{n\in\mathbf{N}_0}$ mit

$$a_n = \left(\frac{2}{3}\right)^n$$

ist

A beschränkt.

B unbeschränkt.

C monoton wachsend.

D monoton fallend.

E divergent.

F konvergent.

G nicht monoton.

Lösungsweg:

- Die geometrische Folge $\{q^n\}_{n\in\mathbf{N}_0}$ ist für $q \in [-1, 1]$ beschränkt. Daher ist **A** richtig und **B** ist falsch.
- Die geometrische Folge $\{q^n\}_{n\in\mathbf{N}_0}$ ist für $q \in (-1, 1)$ eine Nullfolge. Daher ist **F** richtig und **E** ist falsch.
- Die geometrische Folge $\{q^n\}_{n\in\mathbf{N}_0}$ ist für $q \in (0, 1)$ wegen

$$\frac{q^{n+1}}{q^n} = q < 1$$

streng monoton fallend. Daher ist **D** richtig und **C**, **G** sind falsch.

Lösung: A, D, F

Aufgabe 9–6. Gegeben sei die Folge $\{a_n\}_{n\in\mathbf{N}_0}$ mit $a_0 = 5$ und

$$a_{n+1} = \frac{1}{5}\, a_n$$

für alle $n \in \mathbf{N}_0$. Welche der folgenden Alternativen sind richtig?

A $\{a_n\}_{n\in\mathbf{N}_0}$ ist beschränkt.

B $\{a_n\}_{n\in\mathbf{N}_0}$ ist monoton wachsend.

C $\{a_n\}_{n\in\mathbf{N}_0}$ ist monoton fallend.

D $\{a_n\}_{n\in\mathbf{N}_0}$ ist konvergent.

E $\{a_n\}_{n\in\mathbf{N}_0}$ ist konvergent gegen 0.

F $\{a_n\}_{n\in\mathbf{N}_0}$ ist konvergent gegen 1.

Lösungsweg: Die Folge $\{a_n\}_{n\in\mathbf{N}_0}$ ist wegen

$$a_n = \left(\frac{1}{5}\right)^n a_0 = \frac{5}{5^n}$$

eine beschränkte und streng monoton fallende Nullfolge. Daher sind **A**, **C**, **D**, **E** richtig und **B**, **F** sind falsch.

Lösung: A, C, D, E

Aufgabe 9–7. Gegeben sei die Folge $\{a_n\}_{n\in\mathbf{N}}$ mit

$$a_n = \begin{cases} 1 + 1/n & \text{falls } n \text{ gerade} \\ 1 & \text{falls } n \text{ ungerade} \end{cases}$$

Welche der folgenden Alternativen sind richtig?

A $\{a_n\}_{n\in\mathbf{N}}$ ist monoton wachsend.

B $\{a_n\}_{n\in\mathbf{N}}$ ist monoton fallend.

C $\{a_n\}_{n\in\mathbf{N}}$ ist beschränkt.

D $\{a_n\}_{n\in\mathbf{N}}$ ist konvergent.

Lösungsweg:

- Offensichtlich sind **A**, **B** falsch.
- Für alle $n \in \mathbf{N}$ gilt $1 \leq a_n \leq 2$. Daher ist **C** richtig.
- Für alle $n \in \mathbf{N}$ gilt $|a_n - 1| \leq 1/n$. Die Folge ist also konvergent gegen 1. Daher ist **D** richtig.

Lösung: C, D

Aufgabe 9–8. Gegeben sei die Folge $\{a_n\}_{n\in\mathbf{N}_0}$ mit

$$a_n = \left(\frac{1}{5}\right)^n$$

Weiterhin sei $\{s_n\}_{n\in\mathbf{N}_0}$ mit

$$s_n = \sum_{k=0}^{n} a_k$$

die Folge der Partialsummen von $\{a_n\}_{n\in\mathbf{N}_0}$. Welche der folgenden Alternativen sind richtig?

A $\{s_n\}_{n\in\mathbf{N}_0}$ ist monoton wachsend.

B Es gilt

$$s_n = \frac{1-(1/5)^{n+1}}{4/5}$$

C Es gilt

$$s_n = \frac{1-(1/5)^{n+1}}{5/4}$$

D Es gilt $\lim_{n\to\infty} s_n = 5/4$.

E Es gilt $\lim_{n\to\infty} s_n = 4/5$.

Lösungsweg:

- Es gilt $s_{n+1} - s_n = a_{n+1} = (1/5)^{n+1} \geq 0$. Daher ist **A** richtig.
- Es gilt

$$s_n = \sum_{k=0}^{n}\left(\frac{1}{5}\right)^k = \frac{1-(1/5)^{n+1}}{1-(1/5)} = \frac{1-(1/5)^{n+1}}{4/5}$$

  Daher ist **B** richtig und **C** ist falsch.
- Es gilt

$$\lim_{n\to\infty} s_n = \lim_{n\to\infty}\frac{1-(1/5)^{n+1}}{4/5} = \frac{1}{4/5} = \frac{5}{4}$$

  Daher ist **D** richtig und **E** ist falsch.

Lösung: A, B, D

Aufgabe 9–9. Welche der folgenden Reihen sind konvergent?

A $\sum_{k=1}^{\infty} \frac{k}{3k-1}$

B $\sum_{k=0}^{\infty} \frac{k^2+200k}{5k^4+4}$

C $\sum_{k=2}^{\infty} \frac{k^2-1}{(k+1)(k-1)}$

D $\sum_{k=1}^{\infty} \sqrt{\frac{k}{7k^2-2}}$

Lösungsweg:

- Es gilt

$$\lim_{k\to\infty} \frac{k}{3k-1} = \frac{1}{3}$$

Also bilden die Glieder der Reihe $\sum_{k=1}^{\infty} k/(3k-1)$ keine Nullfolge. Daraus folgt, daß die Reihe divergent ist. Daher ist **A** falsch.

- Für alle $k \in \mathbf{N}$ mit $k \geq 200$ gilt

$$\frac{k^2+200k}{5k^4+4} \leq \frac{k^2+200k}{5k^4} \leq \frac{k^2+k^2}{5k^4} = \frac{2}{5k^2}$$

Da die Reihe $\sum_{k=1}^{\infty} 1/k^2$ konvergent ist, ist auch die Reihe $\sum_{k=1}^{\infty} 2/(5k^2)$ konvergent. Also ist nach dem Majoranten–Minoranten–Test auch die Reihe $\sum_{k=1}^{\infty}(k^2+200k)/(5k^4+4)$ konvergent. Daher ist **B** richtig.

- Es gilt

$$\frac{k^2-1}{(k+1)(k-1)} = 1$$

Die Glieder der Reihe $\sum_{k=2}^{\infty}(k^2-1)/((k+1)(k-1))$ bilden also keine Nullfolge. Daher ist **C** falsch.

- Für alle $k \in \mathbf{N}$ mit $k \geq 7$ gilt

$$\sqrt{\frac{k}{7k^2-2}} \geq \sqrt{\frac{k}{7k^2}} \geq \sqrt{\frac{k}{k^3}} = \frac{1}{k}$$

Da die harmonische Reihe $\sum_{k=1}^{\infty} 1/k$ divergent ist, folgt aus dem Majoranten–Minoranten–Test, daß auch die Reihe $\sum_{k=1}^{\infty} \sqrt{k/(7k^2-2)}$ divergent ist. Daher ist **D** falsch.

Lösung: B

Aufgabe 9–10. Welche der folgenden Reihen sind konvergent?

A $\sum_{k=1}^{\infty} \frac{1}{\sqrt[3]{k}}$

B $\sum_{k=1}^{\infty} (-1)^k \frac{1}{\sqrt{k+2}}$

C $\sum_{k=1}^{\infty} \frac{9}{k}$

D $\sum_{k=1}^{\infty} \frac{k}{3k^3 - 1}$

Lösungsweg:

- Die Reihe $\sum_{k=1}^{\infty} 1/\sqrt[3]{k}$ ist divergent. Daher ist **A** falsch.
- Die Folge $\{1/\sqrt{k+2}\}_{k \in \mathbf{N}}$ ist eine monotone Nullfolge. Also erfüllt die Reihe $\sum_{k=1}^{\infty}(-1)^k(1/\sqrt{k+2})$ die Leibniz–Bedingung für alternierende Reihen und ist damit konvergent. Daher ist **B** richtig.
- Die harmonische Reihe $\sum_{k=1}^{\infty} 1/k$ ist divergent. Damit ist auch die Reihe $\sum_{k=1}^{\infty} 9/k$ divergent. Daher ist **C** falsch.
- Für alle $k \in \mathbf{N}$ mit $k \geq 2$ gilt

$$\frac{k}{3k^3 - 1} \leq \frac{k}{3k^3 - 3k} = \frac{1}{3(k^2-1)} \leq \frac{1}{3(k-1)^2}$$

  Da die Reihe $\sum_{k=2}^{\infty} 1/(k-1)^2 = \sum_{k=1}^{\infty} 1/k^2$ konvergent ist, ist auch die Reihe $\sum_{k=2}^{\infty} 1/(3(k-1)^2)$ konvergent. Nach dem Majoranten–Minoranten–Test ist auch die Reihe $\sum_{k=2}^{\infty} k/(3k^3-1)$ konvergent. Daher ist **D** richtig.

Lösung: B, D

Aufgabe 9–11. Welche der folgenden Reihen sind konvergent?

A $\sum_{k=1}^{\infty} \frac{1}{k}$

B $\sum_{k=1}^{\infty} \left(\frac{2k+1}{k}\right)^k$

C $\sum_{k=1}^{\infty} \frac{1}{2^k}$

D $\sum_{k=1}^{\infty} \frac{(k+1)(k+2)}{10k^2 + k}$

Lösungsweg:

- Die harmonische Reihe $\sum_{k=1}^{\infty} 1/k$ ist divergent. Daher ist **A** falsch.
- Es gilt
$$\lim_{k\to\infty} \sqrt[k]{\left(\frac{2k+1}{k}\right)^k} = \lim_{k\to\infty} \frac{2k+1}{k} = 2$$
Aus dem Wurzeltest folgt, daß die Reihe $\sum_{k=1}^{\infty}((2k+1)/k)^k$ divergent ist. Daher ist **B** falsch.
- Die geometrische Reihe $\sum_{k=1}^{\infty} q^k$ ist für alle $q \in \mathbf{R}$ mit $|q| < 1$ konvergent. Daher ist **C** richtig.
- Es gilt
$$\frac{(k+1)(k+2)}{10k^2+k} = \frac{k^2+3k+2}{10k^2+k}$$
Also ist die Folge $\{(k+1)(k+2)/(10k^2+k)\}_{k\in\mathbf{N}}$ keine Nullfolge. Daraus folgt, daß die Reihe $\sum_{k=1}^{\infty}(k+1)(k+2)/(10k^2+k)$ divergent ist. Daher ist **D** falsch.

Lösung: C

Aufgabe 9–12. Welche der folgenden Reihen sind konvergent?

A $\sum_{k=1}^{\infty} \frac{3^k}{k^3}$

B $\sum_{k=1}^{\infty} \frac{k^3}{3^k}$

C $\sum_{k=1}^{\infty} \frac{2k}{3k+1}$

D $\sum_{k=1}^{\infty} \left(\frac{2k}{3k+1}\right)^k$

Lösungsweg:

- Es gilt
$$\lim_{k\to\infty} \left(\frac{3^{k+1}}{(k+1)^3} \Big/ \frac{3^k}{k^3}\right) = \lim_{k\to\infty} 3\left(\frac{k}{k+1}\right)^3 = 3 > 1$$
Daher ist **A** falsch.
- Es gilt
$$\lim_{k\to\infty} \left(\frac{(k+1)^3}{3^{k+1}} \Big/ \frac{k^3}{3^k}\right) = \lim_{k\to\infty} \frac{1}{3}\left(\frac{k+1}{k}\right)^3 = \frac{1}{3} < 1$$
Daher ist **B** richtig.

- Es gilt
$$\lim_{k\to\infty} \frac{2k}{3k+1} = \frac{2}{3} \neq 0$$
Daher ist **C** falsch.
- Es gilt
$$\lim_{k\to\infty} \sqrt[k]{\left(\frac{2k}{3k+1}\right)^k} = \lim_{k\to\infty} \frac{2k}{3k+1} = \frac{2}{3} < 1$$
Daher ist **D** richtig.

Lösung: B, D

Aufgabe 9–13. Gegeben sei die Reihe
$$\sum_{k=2}^{\infty} \frac{\sqrt{k}-1}{k^2+1}$$
Welche der folgenden Alternativen sind richtig?

A Aus dem Majoranten–Minoranten–Test folgt, daß die Reihe konvergiert.
B Aus dem Majoranten–Minoranten–Test folgt, daß die Reihe divergiert.
C Aus dem Quotiententest folgt, daß die Reihe konvergiert.
D Aus dem Quotiententest folgt, daß die Reihe divergiert.
E Der Quotiententest liefert keine Entscheidung.

Lösungsweg:

- Es gilt
$$\frac{\sqrt{k}-1}{k^2+1} \leq \frac{\sqrt{k}}{k^2} = \frac{1}{k^{3/2}}$$
Daher ist **A** richtig und **B** ist falsch.
- Wegen
$$\lim_{k\to\infty}\left(\frac{\sqrt{k+1}-1}{(k+1)^2+1} \Big/ \frac{\sqrt{k}-1}{k^2+1}\right) = \lim_{k\to\infty}\left(\frac{\sqrt{k+1}-1}{\sqrt{k}-1}\cdot\frac{k^2+1}{(k+1)^2+1}\right) = 1$$
liefert der Quotiententest keine Entscheidung. Daher ist **E** richtig und **C**, **D** sind falsch.

Lösung: A, E

Aufgabe 9–14. Von der Potenzreihe
$$\sum_{k=0}^{\infty} a_k\, x^k$$
mit Konvergenzradius r sei bekannt, daß sie für $x = -2$ konvergiert und für $x = 2$ divergiert. Welche der folgenden Alternativen sind richtig?

A Es gilt $r = 0$.

B Es gilt $r < 2$.

C Es gilt $r = 2$.

D Es gilt $r > 2$.

E Die Potenzreihe konvergiert für alle $x \in \mathbf{R}$ mit $|x| < 2$.

F Die Potenzreihe divergiert für alle $x \in \mathbf{R}$ mit $|x| > 2$.

Lösungsweg: Aus den gegebenen Konvergenzeigenschaften der Potenzreihe folgt $r = 2$. Daher sind **C**, **E**, **F** richtig und **A**, **B**, **D** sind falsch.

Lösung: C, E, F

Aufgabe 9–15. Von der Potenzreihe

$$\sum_{k=0}^{\infty} a_k\, x^k$$

mit Konvergenzradius r sei bekannt, daß sie für $x = -1$ konvergiert und für $x = 2$ divergiert. Welche der folgenden Alternativen sind richtig?

A Es gilt $r = 1$.

B Es gilt $r = 2$.

C Die Potenzreihe konvergiert für alle $x \in \mathbf{R}$ mit $|x| < 1$.

D Die Potenzreihe konvergiert für alle $x \in \mathbf{R}$ mit $|x| < 2$.

E Die Potenzreihe divergiert für alle $x \in \mathbf{R}$ mit $|x| > 1$.

F Die Potenzreihe divergiert für alle $x \in \mathbf{R}$ mit $|x| > 2$.

Lösungsweg: Aus den gegebenen Konvergenzeigenschaften der Potenzreihe folgt lediglich $r \in [1, 2]$. Daher sind **C**, **F** richtig und **A**, **B**, **D**, **E** sind falsch.

Lösung: C, F

Aufgabe 9–16. Gegeben sei die Potenzreihe

$$\sum_{k=0}^{\infty} \frac{1}{7^k}\, x^k$$

Welche der folgenden Alternativen sind richtig?

A Die Potenzreihe konvergiert für $x = 0$.

B Die Potenzreihe konvergiert für $x = 1$.

C Die Potenzreihe konvergiert für $x = 7$.

D Die Potenzreihe konvergiert für $x = 10$.

E Die Potenzreihe konvergiert für alle $x \in \mathbf{R}$.

Lösungsweg: Wir bestimmen den Konvergenzradius der Potenzreihe mit Hilfe des Wurzeltests. Es gilt

$$\sqrt[k]{\left(\frac{x}{7}\right)^k} = \frac{1}{7}\,|x|$$

Die Potenzreihe konvergiert also für $|x| < 7$ und sie divergiert für $|x| > 7$; außerdem ist klar, daß sie für $x = 7$ divergiert. Daher sind **A**, **B** richtig und **C**, **D**, **E** sind falsch.

Lösung: A, B

Aufgabe 9–17. Gegeben sei die Potenzreihe

$$\sum_{k=0}^{\infty}\left(-\frac{2}{5}\right)^k x^k$$

Welche der folgenden Alternativen sind richtig?

A Die Potenzreihe besitzt den Konvergenzradius $r = 5$.

B Die Potenzreihe besitzt den Konvergenzradius $r = 5/2$.

C Die Potenzreihe besitzt den Konvergenzradius $r = 2/5$.

D Die Potenzreihe konvergiert für $x = 1$.

E Die Potenzreihe konvergiert für $x = 2$.

F Die Potenzreihe konvergiert für alle $x \in \mathbf{R}$.

Lösungsweg: Wir bestimmen den Konvergenzradius der Potenzreihe mit Hilfe des Wurzeltests. Es gilt

$$\sqrt[k]{\left|\left(\frac{-2x}{5}\right)^k\right|} = \frac{2}{5}\,|x|$$

Die Potenzreihe konvergiert also für $|x| < 5/2$ und sie divergiert für $|x| > 5/2$; außerdem ist klar, daß sie für $x = 5/2$ divergiert. Daher sind **B**, **D**, **E** richtig und **A**, **C**, **F** sind falsch.

Lösung: B, D, E

Aufgabe 9–18. Gegeben sei die Potenzreihe

$$\sum_{k=0}^{\infty}\frac{x^k}{(k+1)(k+2)}$$

Welche der folgenden Alternativen sind richtig?

A Die Potenzreihe konvergiert für alle $x \in \mathbf{R}$.

B Die Potenzreihe konvergiert für alle $x \in \mathbf{R}$ mit $|x| < 1$.

C Die Potenzreihe divergiert für alle $x \in \mathbf{R}$ mit $x \neq 0$.

D Die Potenzreihe divergiert für alle $x \in \mathbf{R}$ mit $|x| \geq 2$.

E Die Potenzreihe besitzt den Konvergenzradius $r = 1$.

F Die Potenzreihe besitzt den Konvergenzradius $r = 2$.

Lösungsweg: Wir klären die Konvergenzeigenschaften der Potenzreihe mit Hilfe des Quotiententests. Die Potenzreihe konvergiert für $x = 0$, und für $x \neq 0$ gilt

$$\lim_{n\to\infty} \left| \frac{x^{k+1}}{((k+1)+1)((k+1)+2)} \Big/ \frac{x^k}{(k+1)(k+2)} \right| = \lim_{n\to\infty} \frac{k+1}{k+3} |x| = |x|$$

Die Potenzreihe konvergiert also für $|x| < 1$ und sie divergiert für $|x| > 1$. Daher sind **B**, **D**, **E** richtig und **A**, **C**, **F** sind falsch.

Lösung: B, D, E

Kapitel 10

Stetige Funktionen in einer Variablen

Aufgabe	Lösung
10–1	A, C, D, E
10–2	A, B, D
10–3	B, D, F
10–4	B, E
10–5	C, D
10–6	B, D
10–7	B, C, D
10–8	B, C, F
10–9	A, D, F
10–10	C, E

Aufgabe 10–1. Gegeben sei die Funktion $f : [-1,1] \to \mathbf{R}$ mit

$$f(x) = \begin{cases} 0 & \text{falls} \quad -1 \le x \le 0 \\ x^2 & \text{falls} \quad 0 < x \le 1 \end{cases}$$

Welche der folgenden Alternativen sind richtig?

A f ist stetig.

B f ist unstetig an der Stelle $x = 0$.

C f besitzt ein globales Maximum.

D f besitzt ein globales Minimum.

E f ist beschränkt.

Lösungsweg:

- Die Funktion f ist auf jedem der Intervalle $[-1,0]$ und $[0,1]$ stetig. Also ist f stetig. Daher ist **A** richtig und **B** ist falsch.
- Die Funktion f ist stetig und ihr Definitionsbereich ist ein abgeschlossenes Intervall. Daraus folgt, daß f sowohl ein globales Maximum als auch ein globales Minimum besitzt und insbesondere beschränkt ist. Daher sind **C**, **D**, **E** richtig.

Lösung: A, C, D, E

Aufgabe 10–2. Gegeben sei die Funktion $f : \mathbf{R} \to \mathbf{R}$ mit

$$f(x) = \frac{2x}{x^2+1}$$

Welche der folgenden Alternativen sind richtig?

A f besitzt den Fixpunkt $x = 0$.

B f besitzt den Fixpunkt $x = -1$.

C f besitzt genau zwei Fixpunkte.

D f besitzt genau drei Fixpunkte.

E f besitzt genau vier Fixpunkte.

Lösungsweg:

- Es gilt $f(0) = 0$ und $f(-1) = -1$. Daher sind **A**, **B** richtig.
- Zur Bestimmung aller Fixpunkte von f ist die Gleichung

$$\frac{2x}{x^2+1} = f(x) = x$$

bzw. die Gleichung

$$2x = x\,(x^2+1)$$

zu lösen. Diese Gleichung besitzt die Lösungen $x_1 = 0$ sowie $x_2 = -1$ und $x_3 = 1$. Daher ist **D** richtig und **C**, **E** sind falsch.

Lösung: A, B, D

Aufgabe 10–3. Gegeben sei die Funktion $f : \mathbf{R} \to \mathbf{R}$ mit

$$f(x) = \frac{1}{x^2+3}$$

Welche der folgenden Alternativen sind richtig?

A f besitzt mindestens eine Nullstelle.
B f besitzt keine Nullstelle.
C f besitzt kein lokales Maximum.
D f besitzt mindestens ein lokales Maximum.
E f ist unbeschränkt.
F f besitzt ein globales Maximum.

Lösungsweg:

- Für alle $x \in \mathbf{R}$ gilt

$$f(x) = \frac{1}{x^2+3} > 0$$

Daher ist **B** richtig und **A** ist falsch.

- Für alle $x \in \mathbf{R}$ gilt

$$f(x) = \frac{1}{x^2+3} \leq \frac{1}{3} = f(0)$$

Die Funktion f besitzt also ein globales (und damit auch lokales) Maximum. Daher sind **F**, **D** richtig und **C** ist falsch.

- Für alle $x \in \mathbf{R}$ gilt

$$0 < f(x) \leq \frac{1}{3}$$

Die Funktion f ist also beschränkt. Daher ist **E** falsch.

Lösung: B, D, F

Aufgabe 10–4. Gegeben sei die Funktion $f : \mathbf{R} \to \mathbf{R}$ mit

$$f(x) = \exp(-x^2)$$

Welche der folgenden Alternativen sind richtig?

A f besitzt genau ein lokales Minimum.
B f besitzt genau ein lokales Maximum.
C f besitzt kein lokales Minimum oder Maximum.
D f besitzt genau ein globales Minimum.
E f besitzt genau ein globales Maximum.
F f besitzt kein globales Minimum oder Maximum.

Lösungsweg: Es gilt $f(0) = 1$ sowie $f(x) > 0$ für alle $x \in \mathbf{R}$. Außerdem ist f streng monoton fallend auf $[0, \infty)$ und streng monoton wachsend auf $(-\infty, 0]$. Daher sind **B**, **E** richtig und **A**, **C**, **D**, **F** sind falsch.

Lösung: B, E

Aufgabe 10–5. Von dem Polynom $f : \mathbf{R} \to \mathbf{R}$ mit

$$f(x) \;=\; x^2 + ax + b$$

und $a, b \in \mathbf{R}$ ist bekannt, daß es die Nullstellen $x_1 = -1$ und $x_2 = 2$ besitzt. Welche der folgenden Alternativen sind richtig?

A $f(-3) = 4$
B $f(-3) = 5$
C $f(-3) = 10$
D $f(3) = 4$
E $f(3) = 5$
F $f(3) = 10$

Lösungsweg: Es gilt $f(x) = (x + 1)(x - 2)$ und damit $f(-3) = 10$ und $f(3) = 4$. Daher sind **C**, **D** richtig und **A**, **B**, **E**, **F** sind falsch.

Lösung: C, D

Aufgabe 10–6. Gegeben sei das Polynom $f : \mathbf{R} \to \mathbf{R}$ mit

$$f(x) \;=\; x^3 - 3x + 52$$

Welche der folgenden Alternativen sind richtig?

A f besitzt die Nullstelle $x = 4$.
B f besitzt die Nullstelle $x = -4$.
C Es gilt $f(x) = (x - 4)(x^2 - 4x - 13)$.
D Es gilt $f(x) = (x + 4)(x^2 - 4x + 13)$.
E Es gilt $f(x) = (x - 4)(x^2 + 4x - 13)$.
F Es gilt $f(x) = (x + 4)(x^2 + 4x + 13)$.

Lösungsweg:

- Es gilt $f(4) = 104 \neq 0$. Daher sind **A**, **C**, **E** falsch.
- Es gilt $f(-4) = 0$. Daher ist **B** richtig.
- Durch Polynomdivision erhält man

$$f(x) \;=\; x^3 - 3x + 52 \;=\; (x + 4)(x^2 - 4x + 13)$$

Daher ist **D** richtig und **F** ist falsch.

Lösung: B, D

Aufgabe 10–7. Gegeben sei das Polynom $f : \mathbf{C} \to \mathbf{C}$ mit

$$f(x) = x^3 + x^2 + x + 1$$

Welche der folgenden Alternativen sind richtig?

A f besitzt die Nullstelle $x = 1$.

B f besitzt die Nullstelle $x = -1$.

C f besitzt die Nullstelle $x = i$.

D f besitzt die Nullstelle $x = -i$.

E f besitzt keine Nullstellen.

F f besitzt keine reellen Nullstellen.

Lösungsweg:

- Offensichtlich ist **A** falsch und **B** ist richtig.
- Da f die Nullstelle $x = -1$ besitzt, erhält man durch Polynomdivision

  $$f(x) = x^3 + x^2 + x + 1 = (x+1)(x^2+1)$$

  Daher sind **C**, **D** richtig.
- Da f die Nullstelle $x = -1$ besitzt, sind **E**, **F** falsch.

Lösung: B, C, D

Aufgabe 10–8. Gegeben sei das Polynom $f : \mathbf{C} \to \mathbf{C}$ mit

$$f(x) = x^3 - 3x^2 - x + 3$$

Welche der folgenden Alternativen sind richtig?

A f besitzt die Nullstelle $x = 0$.

B f besitzt die Nullstelle $x = 3$.

C Alle Nullstellen von f sind reell.

D Alle reellen Nullstellen von f sind positiv.

E Die Summe aller Nullstellen von f ist 2.

F Die Summe aller Nullstellen von f ist 3.

G Zwei Nullstellen von f sind konjugiert komplex.

Lösungsweg:

- Offensichtlich ist **A** falsch und **B** ist richtig.
- Da f die Nullstelle $x = 3$ besitzt, erhält man durch Polynomdivision

  $$f(x) = x^3 - 3x^2 - x + 3 = (x-3)(x^2-1) = (x-3)(x-1)(x+1)$$

  f besitzt also die Nullstellen $x_1 = 3$, $x_2 = 1$ und $x_3 = -1$. Daher sind **C**, **F** richtig und **D**, **E**, **G** sind falsch.

Lösung: B, C, F

Aufgabe 10–9. Gegeben sei das Polynom $f : \mathbf{R} \to \mathbf{R}$ mit

$$f(x) = (x+2)(x-2)^2$$

Welche der folgenden Alternativen sind richtig?

A $x = -2$ ist eine Nullstelle von f.

B $x = -2$ ist ein lokaler Maximierer von f.

C $x = -2$ ist ein lokaler Minimierer von f.

D $x = 2$ ist eine Nullstelle von f.

E $x = 2$ ist ein lokaler Maximierer von f.

F $x = 2$ ist ein lokaler Minimierer von f.

Lösungsweg:

- Es gilt $f(-2) = 0 = f(2)$. Daher sind **A**, **D** richtig.
- Für alle $x \in (-\infty, -2)$ gilt
$$f(x) < 0$$
und für alle $x \in (-2, 2) \cup (2, \infty)$ gilt
$$f(x) > 0$$
Daher ist **F** richtig und **B**, **C**, **E** sind falsch.

Lösung: A, D, F

Aufgabe 10–10. Gegeben sei die Funktion $f : [0, 5] \to \mathbf{R}$ mit

$$f(x) = x^2 - 4x + 7$$

Welche der folgenden Alternativen sind richtig?

A f besitzt ein globales Maximum bei $x = 0$.

B f besitzt ein globales Maximum bei $x = 2$.

C f besitzt ein globales Maximum bei $x = 5$.

D f besitzt ein globales Minimum bei $x = 0$.

E f besitzt ein globales Minimum bei $x = 2$.

F f besitzt ein globales Minimum bei $x = 5$.

Lösungsweg:

- Es gilt $f(0) = 7$, $f(2) = 3$, $f(5) = 12$. Daher sind **A**, **B**, **D**, **F** falsch.
- Für alle $x \in [0, 5]$ gilt
$$f(x) = x^2 - 4x + 7 = (x-2)^2 + 3 \geq 3 = f(2)$$
Daher ist **E** richtig.
- Die Funktion f ist monoton fallend auf $[0, 2]$ und sie ist monoton wachsend auf $[2, 5]$. Daher ist **C** richtig.

Lösung: C, E

Kapitel 11

Differentialrechnung in einer Variablen

Aufgabe	Lösung
11–1	C, F
11–2	A, C
11–3	E
11–4	D
11–5	F
11–6	B, F
11–7	C, F
11–8	C
11–9	C, E
11–10	A
11–11	A, E

Aufgabe	Lösung
11–12	C, D
11–13	C, E
11–14	A, B, C
11–15	D
11–16	A, C, D, F, G
11–17	B, F
11–18	B, F
11–19	B, D
11–20	A, C, E
11–21	A, C, E, G
11–22	C, E

Aufgabe 11–1. Gegeben sei die Funktion $f : (0, \infty) \to \mathbf{R}$ mit

$$f(x) = x^2 \ln(x)$$

Welche der folgenden Alternativen sind richtig?

A $f'(x) = 2x$
B $f'(x) = 2x \ln(x)$
C $f'(x) = 2x \ln(x) + x$
D $f''(x) = 2$
E $f''(x) = 2\ln(x) + 2$
F $f''(x) = 2\ln(x) + 3$

Lösungsweg: Mit Hilfe der Produktregel erhält man zunächst

$$f'(x) = 2x \ln(x) + x^2 \frac{1}{x} = 2x \ln(x) + x$$

und sodann

$$f''(x) = 2\left(\ln(x) + x\frac{1}{x}\right) + 1 = 2\ln(x) + 3$$

Daher sind **C**, **F** richtig und **A**, **B**, **D**, **E** sind falsch.

Lösung: C, F

Aufgabe 11–2. Gegeben sei die Funktion $f : (0, \infty) \to \mathbf{R}$ mit

$$f(x) = \frac{\ln(x)}{x}$$

Welche der folgenden Alternativen sind richtig?

A $f'(x) = \dfrac{1 - \ln(x)}{x^2}$

B $f'(x) = \dfrac{1 + \ln(x)}{x^2}$

C $f''(x) = \dfrac{2\ln(x) - 3}{x^3}$

D $f''(x) = \dfrac{2\ln(x) - 1}{x^3}$

E $f''(x) = \dfrac{3 - 2\ln(x)}{x^3}$

F $f''(x) = \dfrac{1 - 2\ln(x)}{x^3}$

Lösungsweg: Mit Hilfe der Quotientenregel erhält man zunächst

$$f'(x) = \frac{(1/x)\,x - \ln(x)}{x^2} = \frac{1 - \ln(x)}{x^2}$$

und sodann

$$f''(x) = \frac{(-1/x)\,x^2 - (1-\ln(x))\,2x}{x^4} = \frac{2\ln(x) - 3}{x^3}$$

Daher sind **A**, **C** richtig und **B**, **D**, **E**, **F** sind falsch.

Lösung: A, C

Aufgabe 11–3. Gegeben sei die Funktion $f : \mathbf{R} \to \mathbf{R}$ mit

$$f(x) = \exp(\cos(x))$$

Welche der folgenden Alternativen sind richtig?

A $f'(x) = \exp(\cos(x))$
B $f'(x) = \exp(\sin(x))$
C $f'(x) = \exp(-\sin(x))$
D $f'(x) = \exp(\cos(x)) \cdot \sin(x)$
E $f'(x) = -\exp(\cos(x)) \cdot \sin(x)$
F $f'(x) = \exp(\cos(x) - 1) \cdot \cos(x)$

Lösungsweg: Es gilt

$$f(x) = (\exp \circ \cos)(x)$$

Mit Hilfe der Kettenregel erhält man

$$\begin{aligned} f'(x) &= (\exp \circ \cos)'(x) \\ &= \exp'(\cos(x)) \cdot \cos'(x) \\ &= \exp(\cos(x)) \cdot (-\sin(x)) \\ &= -\exp(\cos(x)) \cdot \sin(x) \end{aligned}$$

Daher ist **E** richtig und **A**, **B**, **C**, **D**, **F** sind falsch.

Lösung: E

Aufgabe 11–4. Gegeben sei die Funktion $f : (0, \infty) \to \mathbf{R}$ mit

$$f(x) = \Big(\sin(\ln(x))\Big)^2$$

Welche der folgenden Alternativen sind richtig?

A $f'(x) = (\cos(\ln(x))/x)^2$

B $f'(x) = 2\sin(\ln(x))\cos(\ln(x))$

C $f'(x) = 2\sin(\ln(x))\cos(\ln(x))/x^2$

D $f'(x) = 2\sin(\ln(x))\cos(\ln(x))/x$

E $f'(x) = 2\sin(\ln(x))\cos(x)/x$

Lösungsweg: Mit Hilfe der Kettenregel erhält man

$$\begin{aligned} f'(x) &= \Big(2\,\sin(\ln(x))\Big)\cdot(\sin\circ\ln)'(x) \\ &= \Big(2\,\sin(\ln(x))\Big)\cdot\Big(\sin'(\ln(x))\cdot\ln'(x)\Big) \\ &= 2\,\sin(\ln(x))\cdot\cos(\ln(x))\cdot\frac{1}{x} \end{aligned}$$

Daher ist **D** richtig und **A**, **B**, **C**, **E** sind falsch.

Lösung: D

Aufgabe 11–5. Gegeben sei die Funktion $f : (0,\infty) \to (0,\infty)$ mit

$$f(x) \;=\; x\,e^x$$

Sei ε_f die Elastizität von f. Welche der folgenden Alternativen sind richtig?

A $(\ln\circ f)'(x) = (1+x)\,e^x$

B $(\ln\circ f)'(x) = 1/(1+x)$

C $(\ln\circ f)'(x) = 1+x$

D $\varepsilon_f(x) = (1+x)\,e^x$

E $\varepsilon_f(x) = 1/(1+x)$

F $\varepsilon_f(x) = 1+x$

Lösungsweg: Mit Hilfe der Kettenregel und der Produktregel erhält man

$$(\ln\circ f)'(x) \;=\; \frac{f'(x)}{f(x)} \;=\; \frac{e^x + x\,e^x}{x\,e^x} \;=\; \frac{1+x}{x}$$

und damit

$$\varepsilon_f(x) \;=\; x\,\frac{f'(x)}{f(x)} \;=\; x\,\frac{1+x}{x} \;=\; 1+x$$

Daher ist **F** richtig und **A**, **B**, **C**, **D**, **E** sind falsch.

Lösung: F

Aufgabe 11–6. Gegeben sei die Funktion $f : \mathbf{R} \to (0,\infty)$ mit

$$f(x) \;=\; \frac{1}{1+e^{-x}}$$

Sei ϱ_f die Änderungsrate und ε_f die Elastizität von f. Welche der folgenden Alternativen sind richtig?

A $\varrho_f(x) = \dfrac{e^{-x}}{(1+e^{-x})^2}$

B $\varrho_f(x) = \dfrac{e^{-x}}{1+e^{-x}}$

C $\varrho_f(x) = \dfrac{x\,e^{-x}}{1+e^{-x}}$

D $\varepsilon_f(x) = \dfrac{e^{-x}}{(1+e^{-x})^2}$

E $\varepsilon_f(x) = \dfrac{e^{-x}}{1+e^{-x}}$

F $\varepsilon_f(x) = \dfrac{x\,e^{-x}}{1+e^{-x}}$

Lösungsweg: Mit Hilfe der Kettenregel und der Quotientenregel erhält man

$$\varrho_f(x) = (\ln \circ f)'(x) = \frac{f'(x)}{f(x)} = \frac{e^{-x}/(1+e^{-x})^2}{1/(1+e^{-x})} = \frac{e^{-x}}{1+e^{-x}}$$

und damit

$$\varepsilon_f(x) = x\,\frac{f'(x)}{f(x)} = x\,\frac{e^{-x}}{1+e^{-x}} = \frac{x\,e^{-x}}{1+e^{-x}}$$

Daher sind **B**, **F** richtig und **A**, **C**, **D**, **E** sind falsch.

Lösung: B, F

Aufgabe 11–7. Gegeben sei die Funktion $f : (1,\infty) \to (0,\infty)$ mit

$$f(x) = \frac{x-1}{x+1}$$

Sei ϱ_f die Änderungsrate und ε_f die Elastizität von f. Welche der folgenden Alternativen sind richtig?

A $\varrho_f(x) = \dfrac{2+x}{x\,(1+x)}$

B $\varrho_f(x) = \dfrac{1-x^2}{x\,(1+x^2)}$

C $\varrho_f(x) = \dfrac{2}{x^2-1}$

D $\varepsilon_f(x) = \dfrac{2+x}{1+x}$

E $\varepsilon_f(x) = \dfrac{1-x^2}{1+x^2}$

F $\varepsilon_f(x) = \dfrac{2x}{x^2-1}$

Lösungsweg: Mit Hilfe der Kettenregel und der Quotientenregel erhält man

$$\varrho_f(x) = (\ln \circ f)'(x) = \frac{f'(x)}{f(x)} = \frac{2/(x+1)^2}{(x-1)/(x+1)} = \frac{2}{x^2-1}$$

und damit

$$\varepsilon_f(x) = x\,\frac{f'(x)}{f(x)} = x\,\frac{2}{x^2-1} = \frac{2x}{x^2-1}$$

Daher sind **C**, **F** richtig und **A**, **B**, **D**, **E** sind falsch.

Lösung: C, F

Aufgabe 11–8. Gegeben sei die Funktion $f : \mathbf{R} \to \mathbf{R}$ mit

$$f(x) = \frac{x}{x^2+3}$$

Welche der folgenden Alternativen sind richtig?

A f ist monoton wachsend.

B f ist monoton fallend.

C f ist beschränkt.

D f ist unbeschränkt.

Lösungsweg:

- Die Funktion f ist differenzierbar mit

  $$f'(x) = \frac{-x^2+3}{(x^2+3)^2}$$

  Aus $f'(x) = 0$ folgt $x \in \{-\sqrt{3}, \sqrt{3}\}$. Am Vorzeichen von f' erkennt man, daß f auf $(-\infty, -\sqrt{3}]$ und $[\sqrt{3}, \infty)$ monoton fallend und auf $[-\sqrt{3}, \sqrt{3}]$ monoton wachsend ist. Daher sind **A**, **B** falsch.
- Da f auf $[0, \sqrt{3}]$ monoton wachsend und auf $[\sqrt{3}, \infty)$ monoton fallend ist, ist f auf $[0, \infty)$ nach oben durch $f(\sqrt{3})$ beschränkt; außerdem ist f auf $[0, \infty)$ nach unten beschränkt, denn für alle $x \in [0, \infty)$ gilt $0 \leq f(x)$. Also ist f auf $[0, \infty)$ beschränkt. Analog zeigt man, daß f auch auf $(-\infty, 0]$ beschränkt ist. Daher ist **C** richtig und **D** ist falsch.

Lösung: C

Aufgabe 11–9. Gegeben sei die Funktion $f : \mathbf{R} \to \mathbf{R}$ mit

$$f(x) = (x-2)^2 - 3$$

Welche der folgenden Alternativen sind richtig?

A f ist monoton wachsend.
B f ist monoton fallend.
C f ist nach unten beschränkt.
D f ist nach oben beschränkt.
E f ist konvex.
F f ist konkav.

Lösungsweg:

- Für alle $x \in \mathbf{R}$ gilt

$$f(x) = (x-2)^2 - 3 \geq -3$$

und

$$f(x+2) = x^2 - 3$$

Die Funktion f ist also nach unten beschränkt und nach oben unbeschränkt. Daher ist **C** richtig und **D** ist falsch.

- Es gilt

$$f'(x) = 2(x-2) = 2x - 4$$

Die erste Ableitung von f ist also streng monoton wachsend und wechselt ihr Vorzeichen an der Stelle $x = 2$. Daraus folgt, daß f streng konvex, aber weder monoton wachsend noch monoton fallend ist. Daher ist **E** richtig und **A**, **B**, **F** sind falsch.

Lösung: C, E

Aufgabe 11–10. Gegeben sei die Funktion $f : \mathbf{R} \to \mathbf{R}$ mit

$$f(x) = (x-2)^3 - 3$$

Welche der folgenden Alternativen sind richtig?

A f ist monoton wachsend.
B f ist monoton fallend.
C f ist nach unten beschränkt.
D f ist nach oben beschränkt.
E f ist konvex.
F f ist konkav.

Lösungsweg:

- Es gilt

$$f(x+2) = x^3 - 3$$

Die Funktion f ist also nach unten und nach oben unbeschränkt. Daher sind **C**, **D** falsch.

- Für alle $x \in \mathbf{R}$ gilt
$$f'(x) = 3(x-2)^2 \geq 0$$
Außerdem gilt $f'(0) = 12 > 0$. Die Funktion f ist also monoton wachsend, aber nicht monoton fallend. Daher ist **A** richtig und **B** ist falsch.
- Für alle $x \in \mathbf{R}$ gilt
$$f''(x) = 6(x-2)$$
Die zweite Ableitung von f wechselt ihr Vorzeichen an der Stelle $x = 2$. Die Funktion f ist also weder konvex noch konkav. Daher sind **E**, **F** falsch.

Lösung: A

Aufgabe 11–11. Auf welchen der folgenden Intervalle ist die Funktion $f : \mathbf{R} \to \mathbf{R}$ mit
$$f(x) = x^4 - 2x^3 - 12x^2 - 2$$
konvex?

A $(-\infty, -1]$
B $[-1, 0]$
C $[0, 1]$
D $[1, 2]$
E $[2, \infty)$

Lösungsweg: Es gilt
$$\begin{aligned} f'(x) &= 4x^3 - 6x^2 - 24x \\ f''(x) &= 12x^2 - 12x - 24 \end{aligned}$$
und aus $f''(x) = 0$ folgt $x \in \{-1, 2\}$; außerdem gilt $f''(0) = -24 < 0$. Da f'' stetig ist, gilt $f''(x) \leq 0$ für alle $x \in [-1, 2]$ und $f''(x) \geq 0$ für alle $x \in (-\infty, -1] \cup [2, \infty)$. Daher sind **A**, **E** richtig und **B**, **C**, **D** sind falsch.

Lösung: A, E

Aufgabe 11–12. Gegeben sei die Funktion $f : \mathbf{R} \to \mathbf{R}$ mit
$$f(x) = 2x^3 - 3x^2 - 12x$$
Welche der folgenden Alternativen sind richtig?

A f besitzt ein lokales Minimum bei $x = -1$.
B f besitzt ein lokales Minimum bei $x = 0$.
C f besitzt ein lokales Minimum bei $x = 2$.
D f besitzt ein lokales Maximum bei $x = -1$.
E f besitzt ein lokales Maximum bei $x = 0$.
F f besitzt ein lokales Maximum bei $x = 2$.

Lösungsweg:

- Es gilt

$$\begin{aligned} f'(x) &= 6x^2 - 6x - 12 \\ f''(x) &= 12x - 6 \end{aligned}$$

- Aus $f'(x) = 0$ folgt $x \in \{-1, 2\}$. Daher sind **B**, **E** falsch.
- Wegen $f''(-1) = -18 < 0 < 18 = f''(2)$ besitzt f ein lokales Maximum bei $x = -1$ und ein lokales Minimum bei $x = 2$. Daher sind **C**, **D** richtig und **A**, **F** sind falsch.

Lösung: C, D

Aufgabe 11–13. Gegeben sei die Funktion $f : \mathbf{R} \to \mathbf{R}$ mit

$$f(x) = x^3 - 3x + 6$$

Welche der folgenden Alternativen sind richtig?

A f besitzt ein lokales Minimum bei $x = -1$.
B f besitzt ein lokales Minimum bei $x = 0$.
C f besitzt ein lokales Minimum bei $x = 1$.
D f besitzt kein lokales Minimum.
E f besitzt ein lokales Maximum bei $x = -1$.
F f besitzt ein lokales Maximum bei $x = 0$.
G f besitzt ein lokales Maximum bei $x = 1$.
H f besitzt kein lokales Maximum.

Lösungsweg:

- Es gilt

$$\begin{aligned} f'(x) &= 3x^2 - 3 \\ f''(x) &= 6x \end{aligned}$$

- Aus $f'(x) = 0$ folgt $x \in \{-1, 1\}$. Daher sind **B**, **F** falsch.
- Wegen $f''(-1) < 0 < f''(1)$ besitzt f ein lokales Maximum bei $x = -1$ und ein lokales Minimum bei $x = 1$. Daher sind **C**, **E** richtig und **A**, **D**, **G**, **H** sind falsch.

Lösung: C, E

Aufgabe 11–14. Gegeben sei die Funktion $f : \mathbf{R} \to \mathbf{R}$ mit

$$f(x) = (x^2 - 3)\, e^x$$

Welche der folgenden Alternativen sind richtig?

A f besitzt genau ein lokales Minimum.

B f besitzt genau ein lokales Maximum.

C f besitzt bei $x = 1$ ein lokales Minimum.

D f besitzt bei $x = 1$ ein lokales Maximum.

E f besitzt bei $x = -1$ ein lokales Minimum.

F f besitzt bei $x = -1$ ein lokales Maximum.

Lösungsweg: Es gilt

$$\begin{aligned} f'(x) &= (x^2 + 2x - 3)\, e^x \\ f''(x) &= (x^2 + 4x - 1)\, e^x \end{aligned}$$

Aus $f'(x) = 0$ folgt $x \in \{-3, 1\}$. Wegen $f''(-3) = -4\,e^{-3} < 0 < 4\,e = f''(1)$ ist $x = -3$ der einzige lokale Maximierer und $x = 1$ ist der einzige lokale Minimierer von f. Daher sind **A**, **B**, **C** richtig und **D**, **E**, **F** sind falsch.

Lösung: A, B, C

Aufgabe 11–15. Gegeben sei die Funktion $f : (-2, \infty) \to \mathbf{R}$ mit

$$f(x) = \frac{x}{(x+2)^2}$$

Welche der folgenden Alternativen sind richtig?

A f besitzt ein lokales Minimum bei $x = 0$.

B f besitzt ein lokales Minimum bei $x = 2$.

C f besitzt ein lokales Maximum bei $x = 0$.

D f besitzt ein lokales Maximum bei $x = 2$.

Lösungsweg:

- Für die erste Ableitung von f gilt

$$f'(x) = \frac{2-x}{(x+2)^3}$$

  und aus $f'(x) = 0$ folgt $x = 2$. Daher sind **A**, **C** falsch.

- Für die zweite Ableitung von f gilt

$$f''(x) = \frac{2x-8}{(x+2)^4}$$

  und damit $f''(2) < 0$. Die Funktion f besitzt also bei $x = 2$ ein lokales Maximum. Daher ist **D** richtig und **B** ist falsch.

Lösung: D

Aufgabe 11–16. Gegeben sei die Funktion $f : [-2,3] \to \mathbf{R}$ mit

$$f(x) = 2x^3 - 3x^2 - 12x$$

Welche der folgenden Alternativen sind richtig?

A f besitzt ein lokales Minimum oder Maximum bei $x = -1$.

B f besitzt ein lokales Minimum oder Maximum bei $x = 0$.

C f besitzt ein lokales Minimum oder Maximum bei $x = 2$.

D f besitzt ein lokales Minimum oder Maximum bei $x = 3$.

E f besitzt ein globales Minimum oder Maximum bei $x = -2$.

F f besitzt ein globales Minimum oder Maximum bei $x = -1$.

G f besitzt ein globales Minimum oder Maximum bei $x = 2$.

H f besitzt ein globales Minimum oder Maximum bei $x = 3$.

Lösungsweg:

- Es gilt
$$\begin{aligned} f'(x) &= 6x^2 - 6x - 12 \\ f''(x) &= 12x - 6 \end{aligned}$$
- Es gilt $0 \in (-2,3)$ und $f'(0) \neq 0$. Daher ist **B** falsch.
- Es gilt $f'(-1) = 0 = f'(2)$ und $f''(-1) < 0 < f''(2)$. Daher sind **A**, **C** richtig.
- Es gilt $f'(2) = 0$ und $f'(3) > 0$. Da f' stetig ist und im Intervall $(2,3]$ keine Nullstelle besitzt, gilt $f'(x) > 0$ für alle $x \in (2,3]$; die Funktion f ist also streng monoton wachsend auf $(2,3]$. Daher ist **D** richtig.
- Besitzt f an der Stelle $x \in [-2,3]$ ein globales Maximum oder ein globales Minimum, so gilt entweder $x \in (-2,3)$ und $f'(x) = 0$ oder $x \in \{-2,3\}$. Es gilt $f(-2) = -4$, $f(-1) = 7$, $f(2) = -20$, $f(3) = -9$. Daher sind **F**, **G** richtig und **E**, **H** sind falsch.

Lösung: A, C, D, F, G

Aufgabe 11–17. Gegeben sei die Funktion $f : [0,2] \to \mathbf{R}$ mit

$$f(x) = x^3 - 3x + 2$$

Welche der folgenden Alternativen sind richtig?

A f besitzt ein globales Minimum bei $x = 0$.

B f besitzt ein globales Minimum bei $x = 1$.

C f besitzt ein globales Minimum bei $x = 2$.

D f besitzt ein globales Maximum bei $x = 0$.

E f besitzt ein globales Maximum bei $x = 1$.

F f besitzt ein globales Maximum bei $x = 2$.

Lösungsweg:

- Besitzt f an der Stelle $x \in [0,2]$ ein globales Maximum oder ein globales Minimum, so gilt entweder $x \in (0,2)$ und $f'(x) = 0$ oder $x \in \{0,2\}$.
- Es gilt $f'(x) = 3x^2 - 3$. Für $x \in (0,2)$ mit $f'(x) = 0$ gilt daher $x = 1$.
- Es gilt $f(0) = 2$, $f(1) = 0$, $f(2) = 4$. Daher sind **B**, **F** richtig und **A**, **C**, **D**, **E** sind falsch.

Lösung: B, F

Aufgabe 11–18. Gegeben sei die Funktion $f : [-1,1] \to \mathbf{R}$ mit

$$f(x) = x^3 + 3x^2 + 3$$

Welche der folgenden Alternativen sind richtig?

A f besitzt ein globales Maximum bei $x = -1$.
B f besitzt ein globales Maximum bei $x = 1$.
C f besitzt ein globales Maximum im Intervall $(-1,1)$.
D f besitzt ein globales Minimum bei $x = -1$.
E f besitzt ein globales Minimum bei $x = 1$.
F f besitzt ein globales Minimum im Intervall $(-1,1)$.

Lösungsweg:

- Besitzt f an der Stelle $x \in [-1,1]$ ein globales Maximum oder ein globales Minimum, so gilt entweder $x \in (-1,1)$ und $f'(x) = 0$ oder $x \in \{-1,1\}$.
- Es gilt $f'(x) = 3x^2 + 6x$. Für $x \in (-1,1)$ mit $f'(x) = 0$ gilt daher $x = 0$.
- Es gilt $f(-1) = 5$, $f(0) = 3$, $f(1) = 7$. Daher sind **B**, **F** richtig und **A**, **C**, **D**, **E** sind falsch.

Lösung: B, F

Aufgabe 11–19. Gegeben sei die Funktion $f : \mathbf{R} \to \mathbf{R}$ mit

$$f(x) = x^3 - 6x^2 + 3x - 1$$

Welche der folgenden Alternativen sind richtig?

A f besitzt keinen Wendepunkt.
B f besitzt genau einen Wendepunkt.
C f besitzt mehr als einen Wendepunkt.
D f besitzt einen Wendepunkt bei $x = 2$.
E f besitzt einen Wendepunkt bei $x = 3$.
F f besitzt einen Wendepunkt bei $x = 4$.

Lösungsweg: Es gilt

$$\begin{aligned} f'(x) &= 3x^2 - 12x + 3 \\ f''(x) &= 6x - 12 \\ f'''(x) &= 6 \end{aligned}$$

Aus $f''(x) = 0$ folgt $x = 2$. Wegen $f'''(2) = 6 \neq 0$ besitzt f einen Wendepunkt an der Stelle $x = 2$. Daher sind **B**, **D** richtig und **A**, **C**, **E**, **F** sind falsch.

Lösung: B, **D**

Aufgabe 11–20. Gegeben sei die Funktion $f : \mathbf{R} \to \mathbf{R}$ mit

$$f(x) = e^{-x^2/2}$$

Welche der folgenden Alternativen sind richtig?

A f besitzt einen Wendepunkt bei $x = 1$.

B f besitzt einen Wendepunkt bei $x = 0$.

C f besitzt einen Wendepunkt bei $x = -1$.

D f besitzt keinen Wendepunkt.

E Es gilt $f'''(x) = (-x^3 + 3x)\, e^{-x^2/2}$.

Lösungsweg:

- Es gilt

$$\begin{aligned} f'(x) &= e^{-x^2/2}\,(-x) \\ f''(x) &= e^{-x^2/2}\,(x^2 - 1) \\ f'''(x) &= e^{-x^2/2}\,(-x^3 + 3x) \end{aligned}$$

  Daher ist **E** richtig.
- Aus $f''(x) = 0$ folgt $x \in \{-1, 1\}$ und es gilt $f'''(-1) \neq 0$ und $f'''(1) \neq 0$. Daher sind **A**, **C** richtig und **B**, **D** sind falsch.

Lösung: A, **C**, **E**

Aufgabe 11–21. Gegeben sei die Funktion $f : \mathbf{R} \to \mathbf{R}$ mit

$$f(x) = x^4 - 4x^3 - 18x^2 + 4x$$

Welche der folgenden Alternativen sind richtig?

A f besitzt einen Wendepunkt bei $x = -1$.

B f besitzt einen Wendepunkt bei $x = 0$.

C f besitzt einen Wendepunkt bei $x = 3$.

D f besitzt keinen Wendepunkt.

E f ist auf $(-\infty, -1)$ konvex.

F f ist auf $(-1, 3)$ konvex.

G f ist auf $(3, \infty)$ konvex.

Lösungsweg:

- Es gilt

$$\begin{aligned} f'(x) &= 4x^3 - 12x^2 - 36x + 4 \\ f''(x) &= 12x^2 - 24x - 36 \\ f'''(x) &= 24x - 24 \end{aligned}$$

  Aus $f''(x) = 0$ folgt $x \in \{-1, 3\}$. Daher ist **B** falsch.
- Wegen $f'''(-1) = -48 \neq 0$ und $f'''(3) = 48 \neq 0$ besitzt f Wendepunkte bei $x = -1$ und $x = 3$. Daher sind **A**, **C** richtig und **D** ist falsch.
- Da f Wendepunkte bei $x = -1$ und $x = 3$ besitzt, ist f auf $(-1, 3)$ konvex oder konkav. Wegen $f''(0) = -36$ ist f auf $(-1, 3)$ konkav und daher auf $(-\infty, -1)$ und auf $(3, \infty)$ konvex. Daher sind **E**, **G** richtig und **F** ist falsch.

Lösung: A, C, E, G

Aufgabe 11–22. Gegeben sei die Funktion $f : \mathbf{R} \to \mathbf{R}$ mit

$$f(x) = x^3 + a_2x^2 + a_1x + a_0$$

und $a_0, a_1, a_2 \in \mathbf{R}$. Die Funktion f besitze eine Nullstelle bei $x_0 = 0$, ein lokales Minimum oder Maximum bei $x_1 = 1$ und einen Wendepunkt bei $x_2 = 2$. Welche der folgenden Alternativen sind richtig?

A $f(1) = 0$

B $f(1) = 1$

C $f(1) = 4$

D $f(2) = 0$

E $f(2) = 2$

F $f(2) = 8$

Lösungsweg: Es gilt

$$\begin{aligned} f(x) &= x^3 + a_2x^2 + a_1x + a_0 \\ f'(x) &= 3x^2 + 2a_2x + a_1 \\ f''(x) &= 6x + 2a_2 \end{aligned}$$

Wegen $f(0) = f'(1) = f''(2) = 0$ folgt daraus $a_0 = 0$, $a_1 = 9$, $a_2 = -6$, und damit

$$f(x) = x^3 - 6x^2 + 9x$$

Insbesondere gilt $f(1) = 4$ und $f(2) = 2$. Daher sind **C**, **E** richtig und **A**, **B**, **D**, **F** sind falsch.

Lösung: C, E

Kapitel 12

Lineare Differentialgleichungen

Aufgabe	Lösung
12–1	A, B, C
12–2	A, B, C, F
12–3	A, C, D
12–4	B, C, E
12–5	A, B, C, E
12–6	B
12–7	B, C, F
12–8	B, C, F
12–9	A, D
12–10	B, C
12–11	B, C
12–12	B, C
12–13	B, D
12–14	B

Aufgabe 12–1. Gegeben sei die Funktion $b : \mathbf{R} \to \mathbf{R}$ mit

$$b(x) \;=\; 2x^2 + e^x$$

und eine Funktion $f : \mathbf{R} \to \mathbf{R}$ mit $f' = b$. Welche der folgenden Alternativen sind richtig?

A f ist stetig differenzierbar.

B f ist monoton wachsend.

C Es gilt $f(1) - f(0) = e - 1/3$.

D Es gilt $f(1) - f(0) = e + 1/3$.

E Es gilt $f(1) - f(0) = e + 2/3$.

Lösungsweg:

- Nach Voraussetzung ist die Funktion f differenzierbar. Da b stetig ist, ist f wegen $f' = b$ sogar stetig differenzierbar. Daher ist **A** richtig.
- Wegen $f'(x) = b(x) \geq 0$ ist f monoton wachsend. Daher ist **B** richtig.
- Es gilt

$$f(x) \;=\; \int f'(x)\,dx \;=\; \int b(x)\,dx \;=\; \int \left(2x^2 + e^x\right) dx \;=\; \frac{2}{3}x^3 + e^x + C$$

mit $C \in \mathbf{R}$ und damit

$$f(1) - f(0) \;=\; \left(\frac{2}{3} + e + C\right) - \left(0 + 1 + C\right) \;=\; e - \frac{1}{3}$$

Daher ist **C** richtig und **D**, **E** sind falsch.

Lösung: A, B, C

Aufgabe 12–2. Die Differentialgleichung

$$2xf'(x) + x^2 f(x) + 6x^3 e^x \;=\; 0$$

A ist eine Differentialgleichung 1. Ordnung.

B ist eine lineare Differentialgleichung.

C ist eine inhomogene lineare Differentialgleichung.

D ist eine homogene lineare Differentialgleichung.

E besitzt eine eindeutige Lösung.

F besitzt unendlich viele Lösungen.

G ist eine Differentialgleichung 2. Ordnung.

Lösungsweg:

- Die Differentialgleichung läßt sich in der Form

$$f'(x) + \frac{x}{2}\, f(x) \;=\; -\,3x^2 e^x$$

schreiben. Es handelt sich also um eine inhomogene lineare Differentialgleichung 1. Ordnung. Daher sind **A**, **B**, **C** richtig und **D**, **G** sind falsch.

- Da keine Anfangsbedingung gegeben ist, besitzt die Differentialgleichung unendlich viele Lösungen. Daher ist **F** richtig und **E** ist falsch.

Lösung: A, B, C, F

Aufgabe 12–3. Gegeben sei die lineare Differentialgleichung

$$f'(x) + h'(x)\, f(x) \;=\; h(x)\, h'(x)$$

für eine Funktion $f : (a,b) \to \mathbf{R}$, wobei $h : (a,b) \to \mathbf{R}$ eine differenzierbare Funktion sei. Welche der folgenden Alternativen sind richtig?

A Die Funktion $f^* : (a,b) \to \mathbf{R}$ mit $f^*(x) = h(x) - 1$ ist eine Lösung der Differentialgleichung.

B Die Funktion $f^* : (a,b) \to \mathbf{R}$ mit $f^*(x) = h(x)$ ist eine Lösung der Differentialgleichung.

C Die Funktion $f^* : (a,b) \to \mathbf{R}$ mit $f^*(x) = e^{-h(x)} + h(x) - 1$ ist eine Lösung der Differentialgleichung.

D Die Funktion $f^* : (a,b) \to \mathbf{R}$ mit $f^*(x) = \alpha e^{-h(x)} + h(x) - 1$ und $\alpha \in \mathbf{R}$ ist die allgemeine Lösung der Differentialgleichung.

Lösungsweg: Die allgemeine Lösung der Differentialgleichung ist durch die Funktion f^* mit

$$f^*(x) \;=\; e^{-h(x)} \int \Big(h(x)\, h'(x)\Big) e^{h(x)}\, dx$$

gegeben. Für das unbestimmte Integral erhält man durch partielle Integration mit $g(x) = e^{h(x)}$ wegen $g'(x) = h'(x)\, e^{h(x)} = h'(x)\, g(x)$

$$\begin{aligned}
\int h(x)\, h'(x)\, e^{h(x)}\, dx &= \int h(x)\, g'(x)\, dx \\
&= h(x)\, g(x) - \int h'(x)\, g(x)\, dx \\
&= h(x)\, g(x) - \int g'(x)\, dx \\
&= h(x)\, g(x) - g(x) + C \\
&= h(x)\, e^{h(x)} - e^{h(x)} + C
\end{aligned}$$

mit $C \in \mathbf{R}$ und damit

$$\begin{aligned} f^*(x) &= e^{-h(x)} \int h(x)\, h'(x)\, e^{h(x)}\, dx \\ &= e^{-h(x)} \Big(h(x)\, e^{h(x)} - e^{h(x)} + C \Big) \\ &= h(x) - 1 + C\, e^{-h(x)} \end{aligned}$$

mit $C \in \mathbf{R}$. Daher sind **A**, **C**, **D** richtig und **B** ist falsch.

Lösung: A, C, D

Aufgabe 12–4. Gegeben sei die lineare Differentialgleichung

$$f'(x) + 2xf(x) = 2x^2 + 1$$

Welche der folgenden Alternativen sind richtig?

A Die Funktion f^* mit $f^*(x) = -x^2$ ist eine Lösung der Differentialgleichung.

B Die Funktion f^* mit $f^*(x) = x$ ist eine Lösung der Differentialgleichung.

C Die Funktion f^* mit $f^*(x) = x + e^{-x^2}$ ist eine Lösung der Differentialgleichung.

D Die Funktion f^* mit $f^*(x) = -x^2 + e^{-x^2}$ ist eine Lösung der Differentialgleichung.

E Die Funktion f^* mit $f^*(x) = x + \alpha e^{-x^2}$ und $\alpha \in \mathbf{R}$ ist die allgemeine Lösung der Differentialgleichung.

F Die Funktion f^* mit $f^*(x) = -x^2 + \alpha e^{-x^2}$ und $\alpha \in \mathbf{R}$ ist die allgemeine Lösung der Differentialgleichung.

Lösungsweg:

- Die Funktion g^* mit

  $$g^*(x) = x$$

  ist eine Lösung der Differentialgleichung. Daher ist **B** richtig.

- Die zugehörige homogene Differentialgleichung lautet

  $$f'(x) + 2xf(x) = 0$$

  Sie besitzt die allgemeine Lösung h^* mit

  $$h^*(x) = \alpha\, e^{-x^2}$$

  und $\alpha \in \mathbf{R}$.

- Die allgemeine Lösung der Differentialgleichung ist durch die Funktion f^* mit

  $$f^*(x) = x + \alpha\, e^{-x^2}$$

  und $\alpha \in \mathbf{R}$ gegeben. Daher sind **C**, **E** richtig und **A**, **D**, **F** sind falsch.

Lösung: B, C, E

Aufgabe 12–5. Gegeben sei die lineare Differentialgleichung (D)

$$f'(x) + 2f(x) = x$$

Welche der folgenden Alternativen sind richtig?

A Die Funktion f^* mit $f^*(x) = e^{-2x}$ ist eine Lösung der zugehörigen homogenen Differentialgleichung.

B Die Funktion f^* mit $f^*(x) = \alpha\, e^{-2x}$ und $\alpha \in \mathbf{R}$ ist die allgemeine Lösung der zugehörigen homogenen Differentialgleichung.

C Die Funktion f^* mit $f^*(x) = \frac{1}{2}\,x - \frac{1}{4}$ ist eine Lösung von (D).

D Die Funktion f^* mit $f^*(x) = \alpha\left(\frac{1}{2}\,x - \frac{1}{4}\right)$ und $\alpha \in \mathbf{R}$ ist die allgemeine Lösung von (D).

E Die Funktion f^* mit $f^*(x) = \frac{1}{2}\,x - \frac{1}{4} + \alpha\, e^{-2x}$ und $\alpha \in \mathbf{R}$ ist die allgemeine Lösung von (D).

F Die Funktion f^* mit $f^*(x) = e^{-2x} + \alpha\left(\frac{1}{2}\,x - \frac{1}{4}\right)$ und $\alpha \in \mathbf{R}$ ist die allgemeine Lösung von (D).

Lösungsweg:

- Die Funktion g^* mit

$$g^*(x) = \frac{1}{2}\,x - \frac{1}{4}$$

ist eine Lösung von (D). Daher ist **C** richtig.

- Die zugehörige homogene Differentialgleichung lautet

$$f'(x) + 2f(x) = 0$$

Sie besitzt die allgemeine Lösung h^* mit

$$h^*(x) = \alpha\, e^{-2x}$$

und $\alpha \in \mathbf{R}$. Daher sind **A**, **B** richtig.

- Die allgemeine Lösung von (D) ist durch die Funktion f^* mit

$$f^*(x) = \frac{1}{2}\,x - \frac{1}{4} + \alpha\, e^{-2x}$$

und $\alpha \in \mathbf{R}$ gegeben. Daher ist **E** richtig und **D**, **F** sind falsch.

Lösung: A, B, C, E

Aufgabe 12–6. Gegeben sei die lineare Differentialgleichung (D)

$$f'(x) - x f(x) = -3x$$

und die Anfangsbedingung (A)

$$f(0) = 4$$

Welche der folgenden Alternativen sind richtig?

A Die Funktion f^{**} mit $f^{**}(x) = 3$ ist eine Lösung von (D) und erfüllt die Anfangsbedingung (A).

B Die Funktion f^{**} mit $f^{**}(x) = 3 + e^{x^2/2}$ ist eine Lösung von (D) und erfüllt die Anfangsbedingung (A).

C Die Funktion f^{**} mit $f^{**}(x) = 3 - e^{x^2/2}$ ist eine Lösung von (D) und erfüllt die Anfangsbedingung (A).

D Die Funktion f^{**} mit $f^{**}(x) = -3$ ist eine Lösung von (D) und erfüllt die Anfangsbedingung (A).

E Die Funktion f^{**} mit $f^{**}(x) = -3 + e^{x^2/2}$ ist eine Lösung von (D) und erfüllt die Anfangsbedingung (A).

F Die Funktion f^{**} mit $f^{**}(x) = -3 - e^{x^2/2}$ ist eine Lösung von (D) und erfüllt die Anfangsbedingung (A).

Lösungsweg:

- Die allgemeine Lösung von (D) ist durch die Funktion f^* mit

$$f^*(x) = 3 + \alpha e^{x^2/2}$$

und $\alpha \in \mathbf{R}$ gegeben. Daher sind **D**, **E**, **F** falsch.

- Aus der Anfangsbedingung (A) ergibt sich $4 = f^{**}(0) = 3 + \alpha$ und damit $\alpha = 1$. Es gilt also

$$f^{**}(x) = 3 + e^{x^2/2}$$

Daher ist **B** richtig und **A**, **C** sind falsch.

Lösung: B

Aufgabe 12–7. Gegeben sei die lineare Differentialgleichung

$$f'' + 4f' - 5f - 10 = 0$$

Welche der folgenden Alternativen sind richtig?

A Die Differentialgleichung ist homogen.

B Die Differentialgleichung ist inhomogen.

C Zur Bestimmung der allgemeinen Lösung der zugehörigen homogenen Differentialgleichung ist die Gleichung $\lambda^2 + 4\lambda - 5 = 0$ zu lösen.

D Zur Bestimmung der allgemeinen Lösung der zugehörigen homogenen Differentialgleichung ist die Gleichung $\lambda^2 + 4\lambda - 5 = 10$ zu lösen.

E Die Differentialgleichung besitzt die allgemeine Lösung f^* mit

$$f^*(x) = \alpha_1 e^x + \alpha_2 e^{-5x}$$

und $\alpha_1, \alpha_2 \in \mathbf{R}$.

F Die Differentialgleichung besitzt die allgemeine Lösung f^* mit

$$f^*(x) = \alpha_1 e^x + \alpha_2 e^{-5x} - 2$$

und $\alpha_1, \alpha_2 \in \mathbf{R}$.

Lösungsweg:

- Die Differentialgleichung läßt sich in der Form $f'' + 4f' - 5f = 10$ darstellen; sie ist also inhomogen. Daher ist **B** richtig und **A** ist falsch.
- Die allgemeine Lösung der zugehörigen homogenen Differentialgleichung

$$f'' + 4f' - 5f = 0$$

ist durch die Nullstellen des charakteristischen Polynoms $\lambda^2 + 4\lambda - 5$ bestimmt. Daher ist **C** richtig und **D** ist falsch.
- Das charakteristische Polynom besitzt die reellen Nullstellen $\lambda_1 = 1$ und $\lambda_2 = -5$. Daraus folgt, daß die allgemeine Lösung der zugehörigen homogenen Differentialgleichung durch die Funktion h^* mit

$$h^*(x) = \alpha_1 e^x + \alpha_2 e^{-5x}$$

und $\alpha_1, \alpha_2 \in \mathbf{R}$ gegeben ist.
- Die Funktion g^* mit

$$g^*(x) = -2$$

ist eine Lösung der Differentialgleichung.
- Die allgemeine Lösung der Differentialgleichung ist durch die Funktion f^* mit

$$f^*(x) = \alpha_1 e^x + \alpha_2 e^{-5x} - 2$$

und $\alpha_1, \alpha_2 \in \mathbf{R}$ gegeben. Daher ist **F** richtig und **E** ist falsch.

Lösung: B, C, F

Aufgabe 12–8. Gegeben sei die lineare Differentialgleichung

$$f'' + 4f' + 5f = 5$$

Welche der folgenden Alternativen sind richtig?

A Die Differentialgleichung ist homogen.

B Die Differentialgleichung ist inhomogen.

C Zur Bestimmung der allgemeinen Lösung der zugehörigen homogenen Differentialgleichung ist die Gleichung $\lambda^2 + 4\lambda + 5 = 0$ zu lösen.

D Zur Bestimmung der allgemeinen Lösung der zugehörigen homogenen Differentialgleichung ist die Gleichung $\lambda^2 + 4\lambda + 5 = 5$ zu lösen.

E Die Differentialgleichung besitzt die allgemeine Lösung f^* mit

$$f^*(x) = \alpha_1 e^{-2x}\cos(x) + \alpha_2 e^{-2x}\sin(x)$$

und $\alpha_1, \alpha_2 \in \mathbf{R}$.

F Die Differentialgleichung besitzt die allgemeine Lösung f^* mit

$$f^*(x) = \alpha_1 e^{-2x}\cos(x) + \alpha_2 e^{-2x}\sin(x) + 1$$

und $\alpha_1, \alpha_2 \in \mathbf{R}$.

Lösungsweg:

- Offensichtlich ist **B** richtig und **A** ist falsch.
- Die allgemeine Lösung der zugehörigen homogenen Differentialgleichung

$$f'' + 4f' + 5f = 0$$

  ist durch die Nullstellen des charakteristischen Polynoms $\lambda^2 + 4\lambda + 5$ bestimmt. Daher ist **C** richtig und **D** ist falsch.
- Das charakteristische Polynom besitzt die konjugiert komplexen Nullstellen

$$\lambda_{1,2} = -2 \pm i$$

  Daraus folgt, daß die allgemeine Lösung der zugehörigen homogenen Differentialgleichung durch die Funktion h^* mit

$$h^*(x) = \alpha_1 e^{-2x}\cos(x) + \alpha_2 e^{-2x}\sin(x)$$

  und $\alpha_1, \alpha_2 \in \mathbf{R}$ gegeben ist.
- Die Funktion g^* mit

$$g^*(x) = 1$$

  ist eine Lösung der Differentialgleichung.
- Die allgemeine Lösung der Differentialgleichung ist durch die Funktion f^* mit

$$f^*(x) = \alpha_1 e^{-2x}\cos(x) + \alpha_2 e^{-2x}\sin(x) + 1$$

  und $\alpha_1, \alpha_2 \in \mathbf{R}$ gegeben. Daher ist **F** richtig und **E** ist falsch.

Lösung: B, C, F

Aufgabe 12–9. Gegeben sei die lineare Differentialgleichung (D)

$$f'' + 4f' + 4f = -8$$

Welche der folgenden Alternativen sind richtig?

A Zur Bestimmung der allgemeinen Lösung der zugehörigen homogenen Differentialgleichung ist die Gleichung $\lambda^2 + 4\lambda + 4 = 0$ zu lösen.

B Zur Bestimmung der allgemeinen Lösung der zugehörigen homogenen Differentialgleichung ist die Gleichung $\lambda^2 + 4\lambda + 4 = -8$ zu lösen.

C Die Differentialgleichung (D) besitzt die allgemeine Lösung f^* mit

$$f^*(x) = \alpha_1 e^{-2x} + \alpha_2 e^{-2x} - 2$$

und $\alpha_1, \alpha_2 \in \mathbf{R}$.

D Die Differentialgleichung (D) besitzt die allgemeine Lösung f^* mit

$$f^*(x) = \alpha_1 e^{-2x} + \alpha_2 x e^{-2x} - 2$$

und $\alpha_1, \alpha_2 \in \mathbf{R}$.

E Die Differentialgleichung (D) besitzt die allgemeine Lösung f^* mit

$$f^*(x) = \alpha_1 e^{-2x} \cos(x) + \alpha_2 e^{-2x} \sin(x) - 2$$

und $\alpha_1, \alpha_2 \in \mathbf{R}$.

Lösungsweg:

- Die allgemeine Lösung der zugehörigen homogenen Differentialgleichung

$$f'' + 4f' + 4f = 0$$

ist durch die Nullstellen des charakteristischen Polynoms $\lambda^2 + 4\lambda + 4$ bestimmt. Daher ist **A** richtig und **B** ist falsch.

- Das charakteristische Polynom besitzt die doppelte reelle Nullstelle $\lambda = -2$. Daraus folgt, daß die allgemeine Lösung der zugehörigen homogenen Differentialgleichung durch die Funktion h^* mit

$$h^*(x) = \alpha_1 e^{-2x} + \alpha_2 x e^{-2x}$$

und $\alpha_1, \alpha_2 \in \mathbf{R}$ gegeben ist.

- Die Funktion g^* mit

$$g^*(x) = -2$$

ist eine Lösung von (D).

- Die allgemeine Lösung von (D) ist durch die Funktion f^* mit

$$f^*(x) = \alpha_1 e^{-2x} + \alpha_2 x e^{-2x} - 2$$

und $\alpha_1, \alpha_2 \in \mathbf{R}$ gegeben. Daher ist **D** richtig und **C**, **E** sind falsch.

Lösung: A, D

Aufgabe 12–10. Gegeben sei die lineare Differentialgleichung (D)

$$f'' + f' - 12f = 24$$

Welche der folgenden Alternativen sind richtig?

A Die Funktion f^* mit $f^*(x) = \alpha_1 e^{3x} + \alpha_2 e^{-4x}$ und $\alpha_1, \alpha_2 \in \mathbf{R}$ ist die allgemeine Lösung von (D).

B Die Funktion f^* mit $f^*(x) = \alpha_1 e^{3x} + \alpha_2 e^{-4x}$ und $\alpha_1, \alpha_2 \in \mathbf{R}$ ist die allgemeine Lösung der zugehörigen homogenen Differentialgleichung.

C Die Funktion f^* mit $f^*(x) = -2$ ist eine Lösung von (D).

D Die Funktion f^* mit $f^*(x) = -2$ ist die allgemeine Lösung von (D).

E Die Funktion f^* mit $f^*(x) = 0$ ist die allgemeine Lösung der zugehörigen homogenen Differentialgleichung.

Lösungsweg:

- Die zugehörige homogene Differentialgleichung lautet

$$f'' + f' - 12f = 0$$

Daraus ergibt sich das charakteristische Polynom $\lambda^2 + \lambda - 12$. Es besitzt die reellen Nullstellen $\lambda_1 = 3$ und $\lambda_2 = -4$. Daraus folgt, daß die allgemeine Lösung der zugehörigen homogenen Differentialgleichung durch die Funktion h^* mit

$$h^*(x) = \alpha_1 e^{3x} + \alpha_2 e^{-4x}$$

und $\alpha_1, \alpha_2 \in \mathbf{R}$ gegeben ist. Daher ist **B** richtig und **E** ist falsch.

- Die Funktion g^* mit

$$g^*(x) = -2$$

ist eine Lösung von (D). Daher ist **C** richtig.

- Die allgemeine Lösung von (D) ist durch die Funktion f^* mit

$$f^*(x) = \alpha_1 e^{3x} + \alpha_2 e^{-4x} - 2$$

und $\alpha_1, \alpha_2 \in \mathbf{R}$ gegeben. Daher sind **A**, **D** falsch.

Lösung: B, C

Aufgabe 12–11. Gegeben sei die lineare Differentialgleichung (D)

$$f''(x) + 5f'(x) + 6f(x) = 6x + 5$$

Welche der folgenden Alternativen sind richtig?

A Die allgemeine Lösung der zugehörigen homogenen Differentialgleichung ist durch die Funktion f^* mit $f^*(x) = \alpha_1 e^{-2x} + \alpha_2 e^{-3x} + 6x + 5$ und $\alpha_1, \alpha_2 \in \mathbf{R}$ gegeben.

B Die allgemeine Lösung der zugehörigen homogenen Differentialgleichung ist durch die Funktion f^* mit $f^*(x) = \alpha_1 e^{-2x} + \alpha_2 e^{-3x}$ und $\alpha_1, \alpha_2 \in \mathbf{R}$ gegeben.

C Die Funktion f^* mit $f^*(x) = x$ ist eine Lösung von (D).

D Die Funktion f^* mit $f^*(x) = 6x$ ist eine Lösung von (D).

E Die Funktion f^* mit $f^*(x) = 6x + 5$ ist eine Lösung von (D).

F Die Funktion f^* mit $f^*(x) = x + 5$ ist eine Lösung von (D).

Lösungsweg:

- Die zugehörige homogene Differentialgleichung lautet

$$f''(x) + 5f'(x) + 6f(x) = 0$$

Daraus ergibt sich das charakteristische Polynom $\lambda^2 + 5\lambda + 6$. Es besitzt die reellen Nullstellen $\lambda_1 = -2$ und $\lambda_2 = -3$. Daraus folgt, daß die allgemeine Lösung der zugehörigen homogenen Differentialgleichung durch die Funktion h^* mit

$$h^*(x) = \alpha_1 e^{-2x} + \alpha_2 e^{-3x}$$

und $\alpha_1, \alpha_2 \in \mathbf{R}$ gegeben ist. Daher ist **B** richtig und **A** ist falsch.

- Die Funktion g^* mit

$$g^*(x) = x$$

ist eine Lösung von (D). Daher ist **C** richtig.

- Die allgemeine Lösung von (D) ist durch die Funktion f^* mit

$$f^*(x) = \alpha_1 e^{-2x} + \alpha_2 e^{-3x} + x$$

und $\alpha_1, \alpha_2 \in \mathbf{R}$ gegeben. Daher sind **D**, **E**, **F** falsch.

Lösung: B, C

Aufgabe 12–12. Von der linearen Differentialgleichung (D)

$$f'' + af' + bf = c$$

mit $a, b, c \in \mathbf{R}\backslash\{0\}$ ist bekannt, daß sie die Lösung f^{**} mit

$$f^{**}(x) = e^{-2x} + x\,e^{-2x} + 1$$

besitzt. Welche der folgenden Alternativen sind richtig?

A Die Funktion f^* mit $f^*(x) = \alpha_1 e^{-2x} + \alpha_2 x e^{-2x}$ und $\alpha_1, \alpha_2 \in \mathbf{R}$ ist die allgemeine Lösung von (D).

B Die Funktion f^* mit $f^*(x) = \alpha_1 e^{-2x} + \alpha_2 x e^{-2x}$ und $\alpha_1, \alpha_2 \in \mathbf{R}$ ist die allgemeine Lösung der zugehörigen homogenen Differentialgleichung.

C Die Funktion f^* mit $f^*(x) = 1$ ist eine Lösung von (D).

D Die Funktion f^* mit $f^*(x) = 1$ ist eine Lösung der zugehörigen homogenen Differentialgleichung.

Lösungsweg:

- An der Struktur der Lösung f^{**} erkennt man, daß das charakteristische Polynom die doppelte reelle Nullstelle $\lambda = -2$ besitzt. Daraus folgt, daß die allgemeine Lösung der zugehörigen homogenen Differentialgleichung durch die Funktion h^* mit

$$h^*(x) \;=\; \alpha_1 e^{-2x} + \alpha_2 x e^{-2x}$$

  und $\alpha_1, \alpha_2 \in \mathbf{R}$ gegeben ist. Daher ist **B** richtig und **D** ist falsch.
- Subtrahiert man von einer Lösung von (D) eine Lösung der zugehörigen homogenen Differentialgleichung, so erhält man wieder eine Lösung von (D). Also ist die Funktion g^* mit

$$g^*(x) \;=\; \left(e^{-2x} + xe^{-2x} + 1\right) - \left(e^{-2x} + xe^{-2x}\right) \;=\; 1$$

  eine Lösung von (D). Daher ist **C** richtig.
- Die allgemeine Lösung von (D) ist durch die Funktion f^* mit

$$f^*(x) \;=\; \alpha_1 e^{-2x} + \alpha_2 x e^{-2x} + 1$$

  und $\alpha_1, \alpha_2 \in \mathbf{R}$ gegeben. Daher ist **A** falsch.

Lösung: B, C

Aufgabe 12–13. Gegeben sei die lineare Differentialgleichung (D)

$$f'' - 4f' + 4f \;=\; 8$$

und die Anfangsbedingung (A)

$$\begin{aligned} f(0) &= 3 \\ f'(0) &= 0 \end{aligned}$$

Welche der folgenden Alternativen sind richtig?

A (D) besitzt die allgemeine Lösung f^* mit $f^*(x) = \alpha_1 e^{2x} + \alpha_2 x e^{2x}$ und $\alpha_1, \alpha_2 \in \mathbf{R}$.

B (D) besitzt die allgemeine Lösung f^* mit $f^*(x) = \alpha_1 e^{2x} + \alpha_2 x e^{2x} + 2$ und $\alpha_1, \alpha_2 \in \mathbf{R}$.

C Die Funktion f^{**} mit $f^{**}(x) = e^{2x} - 2xe^{2x}$ ist eine Lösung von (D) und erfüllt die Anfangsbedingung (A).

D Die Funktion f^{**} mit $f^{**}(x) = e^{2x} - 2xe^{2x} + 2$ ist eine Lösung von (D) und erfüllt die Anfangsbedingung (A).

Lösungsweg:

- Die allgemeine Lösung von (D) ist durch die Funktion f^* mit
$$f^*(x) = \alpha_1 e^{2x} + \alpha_2 x e^{2x} + 2$$
und $\alpha_1, \alpha_2 \in \mathbf{R}$ gegeben. Daher ist **B** richtig und **A** ist falsch.
- Es gilt
$$(f^*)'(x) = 2\alpha_1 e^{2x} + \alpha_2(1+2x)e^{2x}$$
und damit
$$\begin{aligned} f^*(0) &= \alpha_1 + 2 \\ (f^*)'(0) &= 2\alpha_1 + \alpha_2 \end{aligned}$$
Aus der Anfangsbedingung (A) ergibt sich $\alpha_1 = 1$ und $\alpha_2 = -2$. Daher ist **D** richtig und **C** ist falsch.

Lösung: B, D

Aufgabe 12–14. Die lineare Differentialgleichung (D)
$$f'' - 4f' + 4f = 4$$
besitzt die allgemeine Lösung f^* mit
$$f^*(x) = \alpha_1 e^{2x} + \alpha_2 x e^{2x} + 1$$
und $\alpha_1, \alpha_2 \in \mathbf{R}$. Welche der folgenden Alternativen sind richtig?

A Die Funktion f^{**} mit
$$f^{**}(x) = e^{2x} - 2xe^{2x}$$
ist eine Lösung von (D) und erfüllt die Anfangsbedingung $f(0) = 2$ und $f'(0) = 0$.

B Die Funktion f^{**} mit
$$f^{**}(x) = e^{2x} - 2xe^{2x} + 1$$
ist eine Lösung von (D) und erfüllt die Anfangsbedingung $f(0) = 2$ und $f'(0) = 0$.

C Die Funktion f^{**} mit
$$f^{**}(x) = e^{2x} - 2xe^{2x}$$
ist eine Lösung von (D) und erfüllt die Anfangsbedingung $f(0) = 1$ und $f'(0) = 0$.

D Die Funktion f^{**} mit
$$f^{**}(x) = e^{2x} - 2xe^{2x} + 1$$
ist eine Lösung von (D) und erfüllt die Anfangsbedingung $f(0) = 1$ und $f'(0) = 0$.

Lösungsweg:

- Es gilt
$$(f^*)'(x) = 2\alpha_1 e^{2x} + \alpha_2(1+2x)e^{2x}$$
und damit
$$\begin{aligned} f^*(0) &= \alpha_1 \qquad + 1 \\ (f^*)'(0) &= 2\alpha_1 + \alpha_2 \end{aligned}$$
- Aus der Anfangsbedingung $f(0) = 2$ und $f'(0) = 0$ folgt $\alpha_1 = 1$ und $\alpha_2 = -2$. Daher ist **B** richtig und **A** ist falsch.
- Aus der Anfangsbedingung $f(0) = 1$ und $f'(0) = 0$ folgt $\alpha_1 = 0$ und $\alpha_2 = 0$. Daher sind **C**, **D** falsch.

Lösung: B

Kapitel 13

Integralrechnung

Aufgabe	Lösung
13–1	A
13–2	B
13–3	E
13–4	C
13–5	A
13–6	A
13–7	A
13–8	D
13–9	C
13–10	B
13–11	A, G

Aufgabe	Lösung
13–12	A, D
13–13	F
13–14	H
13–15	D
13–16	C
13–17	D
13–18	D
13–19	C
13–20	F
13–21	A
13–22	A, C

Aufgabe 13–1. Das unbestimmte Integral

$$\int x \ln(x)\, dx$$

soll mit Hilfe der partiellen Integration umgeformt werden. Welche der folgenden Alternativen sind richtig?

A $\displaystyle\int x \ln(x)\, dx = \frac{x^2}{2} \ln(x) - \int \frac{x}{2}\, dx$

B $\displaystyle\int x \ln(x)\, dx = \frac{x^2}{2} \ln(x) + \int \frac{x}{2}\, dx$

C $\displaystyle\int x \ln(x)\, dx = x^2 \ln(x) - \int x\, dx$

D $\displaystyle\int x \ln(x)\, dx = x^2 \ln(x) + \int x\, dx$

Lösungsweg: Es gilt

$$\begin{aligned}\int x \ln(x)\, dx &= \frac{1}{2} \int (2x) \ln(x)\, dx \\ &= \frac{1}{2}\left(x^2 \ln(x) - \int x^2 \frac{1}{x}\, dx\right) \\ &= \frac{x^2}{2} \ln(x) - \int \frac{x}{2}\, dx\end{aligned}$$

Daher ist **A** richtig und **B**, **C**, **D** sind falsch.

Lösung: A

Aufgabe 13–2. Auf welches Integral führt die Substitution $g(x) = 1 + 2e^x$ bei der Berechnung des Integrals

$$\int_0^{\ln(c)} e^x(1 + 2e^x)\, dx$$

mit $c \in (1, \infty)$?

A $\displaystyle\int_0^{\ln(c)} \frac{z}{2}\, dz$

B $\displaystyle\int_3^{1+2c} \frac{z}{2}\, dz$

C $\displaystyle\int_0^{\ln(c)} z\, dz$

D $\int_{3}^{1+2c} z\,dz$

E $\int_{0}^{\ln(c)} 2z\,dz$

F $\int_{3}^{1+2c} 2z\,dz$

Lösungsweg: Es gilt $g'(x) = 2e^x$ sowie $g(\ln(c)) = 1+2c$ und $g(0) = 3$. Daraus ergibt sich

$$\int_0^{\ln(c)} e^x(1+2e^x)\,dx = \int_0^{\ln(c)} \frac{1}{2}\,g(x)g'(x)\,dx = \int_{g(0)}^{g(\ln(c))} \frac{1}{2}\,z\,dz = \int_3^{1+2c} \frac{z}{2}\,dz$$

Daher ist **B** richtig und **A**, **C**, **D**, **E**, **F** sind falsch.

Lösung: B

Aufgabe 13–3. Auf welches Integral führt die Substitution $g(x) = x^3 + 3x$ bei der Berechnung des Integrals

$$\int_1^c \frac{x^2+1}{x^3+3x}\,dx$$

mit $c \in (1, \infty)$?

A $\int_{1}^{c} \frac{1}{z}\,dz$

B $\int_{1}^{c} \frac{1}{3z}\,dz$

C $\int_{1}^{c} 3z\,dz$

D $\int_{4}^{c^3+3c} \frac{1}{z}\,dz$

E $\int_{4}^{c^3+3c} \frac{1}{3z}\,dz$

F $\int_{4}^{c^3+3c} 3z\,dz$

Lösungsweg: Es gilt $g'(x) = 3x^2 + 3$ sowie $g(c) = c^3 + 3c$ und $g(1) = 4$. Daraus ergibt sich

$$\int_1^c \frac{x^2+1}{x^3+3x}\,dx = \int_1^c \frac{g'(x)}{3\,g(x)}\,dx = \int_{g(1)}^{g(c)} \frac{1}{3z}\,dz = \int_4^{c^3+3c} \frac{1}{3z}\,dz$$

Daher ist **E** richtig und **A**, **B**, **C**, **D**, **F** sind falsch.

Lösung: E

Aufgabe 13–4. Auf welches Integral führt die Substitution $g(x) = x^2 + 1$ bei der Berechnung des Integrals

$$\int_0^c \frac{2x}{x^2+1}\,dx$$

mit $c \in (1, \infty)$?

A $\displaystyle\int_0^c \frac{1}{z}\,dz$

B $\displaystyle\int_0^c \frac{1}{z^2}\,dz$

C $\displaystyle\int_1^{c^2+1} \frac{1}{z}\,dz$

D $\displaystyle\int_1^{c^2+1} \frac{1}{z^2}\,dz$

Lösungsweg: Es gilt $g'(x) = 2x$ sowie $g(c) = c^2 + 1$ und $g(0) = 1$. Daraus ergibt sich

$$\int_0^c \frac{2x}{x^2+1}\,dx = \int_0^c \frac{g'(x)}{g(x)}\,dx = \int_{g(0)}^{g(c)} \frac{1}{z}\,dz = \int_1^{c^2+1} \frac{1}{z}\,dz$$

Daher ist **C** richtig und **A**, **B**, **D** sind falsch.

Lösung: C

Aufgabe 13–5. Das bestimmte Integral

$$\int_0^1 \left(2x^3 + x^2 - 1\right) dx$$

hat den Wert

A $-1/6$

B $1/12$

C $5/6$

D 8

E 11

F 20

Lösungsweg: Es gilt

$$\int_0^1 (2x^3 + x^2 - 1)\,dx = \left(\frac{x^4}{2} + \frac{x^3}{3} - x\right)\Big|_0^1 = -\frac{1}{6}$$

Daher ist **A** richtig und **B**, **C**, **D**, **E**, **F** sind falsch.

Lösung: A

Aufgabe 13–6. Das bestimmte Integral

$$\int_0^1 x\, e^x\, dx$$

hat den Wert

A 1
B e^{-1}
C $2e^{-1}$
D $e^{-1} - 1$
E $2e^{-1} - 1$
F $1 + 2e^{-1}$
G $1 - 2e^{-1}$
H $1 + e^{-1}$

Lösungsweg: Durch partielle Integration erhält man

$$\int x\, e^x\, dx \;=\; x\, e^x - \int e^x\, dx \;=\; x\, e^x \,-\, e^x + C \;=\; \Big(x-1\Big)e^x + C$$

mit $C \in \mathbf{R}$ und damit

$$\int_0^1 x\, e^x\, dx \;=\; \Big(x-1\Big)e^x\,\Big|_0^1 \;=\; 1$$

Daher ist **A** richtig und **B**, **C**, **D**, **E**, **F**, **G**, **H** sind falsch.

Lösung: A

Aufgabe 13–7. Das bestimmte Integral

$$\int_{-1}^1 \Big(2x^2 + 3x + 3\Big)e^x\, dx$$

hat den Wert

A $5e - 7/e$
B $5e - 11/e$
C $5e - 14/e$
D $6e - 7/e$
E $6e - 11/e$
F $6e - 14/e$

Lösungsweg: Es gilt

$$\int e^x\, dx \;=\; e^x + C$$

mit $C \in \mathbf{R}$, und durch partielle Integration erhält man

$$\begin{aligned} \int x\, e^x\, dx &= \left(x-1\right)e^x + C \\ \int x^2\, e^x\, dx &= \left(x^2-2x+2\right)e^x + C \end{aligned}$$

Aufgrund der Linearität des Integrals gilt also

$$\begin{aligned} \int \left(2x^2+3x+3\right)e^x\, dx &= 2\int x^2\, e^x\, dx + 3\int x\, e^x\, dx + 3\int e^x\, dx \\ &= 2\left(x^2-2x+2\right)e^x + 3\left(x-1\right)e^x + 3\, e^x + C \\ &= \left(2x^2-x+4\right)e^x + C \end{aligned}$$

mit $C \in \mathbf{R}$ und damit

$$\int_{-1}^{1} \left(2x^2+3x+3\right)e^x\, dx = \left(2x^2-x+4\right)e^x \Big|_{-1}^{1} = 5e - 7e^{-1}$$

Daher ist **A** richtig und **B**, **C**, **D**, **E**, **F** sind falsch.

Lösung: A

Aufgabe 13–8. Das bestimmte Integral

$$\int_0^{\pi} \sin(2x)\, dx$$

hat den Wert

A 2π

B π

C $\pi/2$

D 0

E $-\pi/2$

F $-\pi$

G -2π

Lösungsweg: Durch Substitution erhält man

$$\int_0^{\pi} \sin(2x)\, dx = \frac{1}{2}\int_0^{2\pi} \sin(y)\, dy = -\frac{1}{2}\cos(y)\Big|_0^{2\pi} = 0$$

Daher ist **D** richtig und **A**, **B**, **C**, **E**, **F**, **G** sind falsch.

Lösung: D

Aufgabe 13–9. Das bestimmte Integral

$$\int_0^{2\pi} x \cos(x)\, dx$$

hat den Wert

A -2π
B -2
C 0
D 2
E 2π

Lösungsweg: Durch partielle Integration erhält man

$$\int x \cos(x)\, dx = x \sin(x) - \int \sin(x)\, dx = x \sin(x) + \cos(x) + C$$

mit $C \in \mathbf{R}$ und damit

$$\int_0^{2\pi} x \cos(x)\, dx = \Big(x \sin(x) + \cos(x)\Big)\Big|_0^{2\pi} = 0$$

Daher ist **C** richtig und **A**, **B**, **D**, **E** sind falsch.

Lösung: C

Aufgabe 13–10. Das bestimmte Integral

$$\int_0^{\pi/2} \sin^2(x) \cos(x)\, dx$$

hat den Wert

A 0
B $1/3$
C 1
D $\pi/6$
E $\pi/2$

Lösungsweg: Für die Funktion $g : [0, \pi/2] \to \mathbf{R}$ mit $g(x) = \sin(x)$ gilt $g'(x) = \cos(x)$. Durch Substitution ergibt sich

$$\int_0^{\pi/2} \sin^2(x) \cos(x)\, dx = \int_0^{\pi/2} g(x)^2 g'(x)\, dx = \int_{g(0)}^{g(\pi/2)} y^2\, dy = \int_0^1 y^2\, dy = \frac{1}{3}$$

Daher ist **B** richtig und **A**, **C**, **D**, **E** sind falsch.

Lösung: B

Aufgabe 13–11. Gegeben sei die Funktion $f : [-2, 3] \to \mathbf{R}$ mit

$$f(x) = \begin{cases} 1 & \text{falls} \quad -2 \leq x \leq 0 \\ x^2 + 1 & \text{falls} \quad 0 < x \leq 3 \end{cases}$$

Welche der folgenden Alternativen sind richtig?

A f ist integrierbar.

B f ist nicht integrierbar.

C Es gilt $\int_{-2}^{3} f(x)\,dx = 10$.

D Es gilt $\int_{-2}^{3} f(x)\,dx = 11$.

E Es gilt $\int_{-2}^{3} f(x)\,dx = 12$.

F Es gilt $\int_{-2}^{3} f(x)\,dx = 13$.

G Es gilt $\int_{-2}^{3} f(x)\,dx = 14$.

Lösungsweg:

- Die Funktion f ist stetig und damit integrierbar. Daher ist **A** richtig und **B** ist falsch.
- Es gilt

$$\int_{-2}^{3} f(x)\,dx = \int_{-2}^{0} dx + \int_{0}^{3} \left(x^2 + 1\right) dx = x \Big|_{-2}^{0} + \left(\frac{x^3}{3} + x\right) \Big|_{0}^{3} = 14$$

Daher ist **G** richtig und **C**, **D**, **E**, **F** sind falsch.

Lösung: A, G

Aufgabe 13–12. Gegeben sei die Funktion $f : [-1, 1] \to \mathbf{R}$ mit

$$f(x) = \begin{cases} -1 & \text{falls} \quad -1 \leq x \leq 0 \\ x^3 & \text{falls} \quad 0 < x \leq 1 \end{cases}$$

Welche der folgenden Alternativen sind richtig?

A f ist integrierbar.

B f ist nicht integrierbar.

C Es gilt $\int_{-1}^{1} f(x)\,dx = -1$.

D Es gilt $\int_{-1}^{1} f(x)\,dx = -3/4$.

E Es gilt $\int_{-1}^{1} f(x)\,dx = -1/2$.

F Es gilt $\int_{-1}^{1} f(x)\,dx = -1/4$.

G Es gilt $\int_{-1}^{1} f(x)\,dx = 0$.

H Es gilt $\int_{-1}^{1} f(x)\,dx = 1/4$.

Lösungsweg:

- Die Funktion f ist monoton und damit integrierbar. Daher ist **A** richtig und **B** ist falsch.
- Es gilt

$$\int_{-1}^{1} f(x)\,dx = \int_{-1}^{0}(-1)\,dx + \int_{0}^{1} x^3\,dx = (-x)\Big|_{-1}^{0} + \frac{x^4}{4}\Big|_{0}^{1} = -\frac{3}{4}$$

Daher ist **D** richtig und **C**, **E**, **F**, **G**, **H** sind falsch.

Lösung: A, D

Aufgabe 13–13. Gegeben seien die Funktionen $f, g : [0,1] \to \mathbf{R}$ mit

$$\begin{aligned} f(x) &= 5x^2 \\ g(x) &= -(x^3+1) \end{aligned}$$

Der Flächeninhalt zwischen f und g ist gleich

A $-7/12$
B $1/12$
C $5/12$
D $23/12$
E $31/12$
F $35/12$

Lösungsweg: Für alle $x \in [0,1]$ gilt

$$f(x) - g(x) = 5x^2 + x^3 + 1 \geq 0$$

Der Flächeninhalt zwischen f und g ist daher durch

$$\int_0^1 \Big(f(x) - g(x)\Big)\,dx = \int_0^1 \Big(5x^2 + x^3 + 1\Big)\,dx = \left(\frac{5}{3}x^3 + \frac{1}{4}x^4 + x\right)\Big|_0^1 = \frac{35}{12}$$

gegeben. Daher ist **F** richtig und **A**, **B**, **C**, **D**, **E** sind falsch.

Lösung: F

Aufgabe 13–14. Gegeben seien die Funktionen $f, g : [-1,1] \to \mathbf{R}$ mit

$$\begin{aligned} f(x) &= 45\,(x^2-1)+1 \\ g(x) &= 45\,(1-x^2)+1 \end{aligned}$$

Der Flächeninhalt zwischen f und g ist gleich

A -120
B -90
C -60
D -30

E 30

F 60

G 90

H 120

Lösungsweg: Für alle $x \in [-1,1]$ gilt

$$g(x) - f(x) \;=\; 90\Big(1 - x^2\Big) \;\geq\; 0$$

Der Flächeninhalt zwischen f und g ist daher durch

$$\int_{-1}^{1} \Big(g(x) - f(x)\Big)\,dx \;=\; 90 \int_{-1}^{1} \Big(1 - x^2\Big)\,dx \;=\; 120$$

gegeben. Daher ist **H** richtig und **A**, **B**, **C**, **D**, **E**, **F**, **G** sind falsch.

Lösung: H

Aufgabe 13–15. Gegeben seien die Funktionen $f, g : [-2,2] \to \mathbf{R}$ mit

$$\begin{aligned} f(x) &= 3x^2 + 6x - 18 \\ g(x) &= 6x - 6 \end{aligned}$$

Der Flächeninhalt zwischen f und g ist gleich

A 4

B 8

C 16

D 32

E 64

F 80

G 84

H 90

Lösungsweg: Für alle $x \in [-2,2]$ gilt

$$g(x) - f(x) \;=\; 12 - 3x^2 \;\geq\; 0$$

Der Flächeninhalt zwischen f und g ist daher durch

$$\int_{-2}^{2} \Big(g(x) - f(x)\Big)\,dx \;=\; \int_{-2}^{2} \Big(12 - 3x^2\Big)\,dx \;=\; 32$$

gegeben. Daher ist **D** richtig und **A**, **B**, **C**, **E**, **F**, **G**, **H** sind falsch.

Lösung: D

Aufgabe 13–16. Gegeben sei die Funktion $f : (0, \infty) \to \mathbf{R}$ mit

$$f(x) \; = \; x^2 + \sqrt{x} - 2$$

Welche der folgenden Alternativen sind richtig?

A $\quad f(x) = \int_9^x \left(2y + \frac{1}{2\sqrt{y}}\right) dy$

B $\quad f(x) = \int_4^x \left(2y + \frac{1}{2\sqrt{y}}\right) dy$

C $\quad f(x) = \int_1^x \left(2y + \frac{1}{2\sqrt{y}}\right) dy$

D $\quad f(x) = \int_{1/4}^x \left(2y + \frac{1}{2\sqrt{y}}\right) dy$

Lösungsweg: Für jedes $c \in (0, \infty)$ und alle $x \in (0, \infty)$ gilt

$$\int_c^x \left(2y + \frac{1}{2\sqrt{y}}\right) dy \; = \; \left(x^2 + \sqrt{x}\right) - \left(c^2 + \sqrt{c}\right)$$

Für $c = 1$ ist der letzte Ausdruck identisch mit $f(x)$ und für $c \in \{1/4, 4, 9\}$ ist er verschieden von $f(x)$. Daher ist **C** richtig und **A**, **B**, **D** sind falsch.

Lösung: C

Aufgabe 13–17. Gegeben sei die Funktion $f : (-\infty, 0] \to \mathbf{R}$ mit

$$f(x) \; = \; e^x$$

Welche der folgenden Alternativen sind richtig?

A $\quad f$ ist nicht uneigentlich integrierbar.

B $\quad$ Es gilt $\int_{-\infty}^0 f(x)\, dx = 0$.

C $\quad$ Es gilt $\int_{-\infty}^0 f(x)\, dx = 1/e$.

D $\quad$ Es gilt $\int_{-\infty}^0 f(x)\, dx = 1$.

E $\quad$ Es gilt $\int_{-\infty}^0 f(x)\, dx = e$.

Lösungsweg: Für alle $z \in (-\infty, 0)$ ist die Funktion $f|_{[z,0]}$ stetig und damit integrierbar. Es gilt

$$\int_z^0 e^x \, dx \; = \; e^x \Big|_z^0 \; = \; 1 - e^z$$

Daraus folgt

$$\int_{-\infty}^0 e^x \, dx \; = \; \lim_{z \to -\infty} \int_z^0 e^x \, dx \; = \; \lim_{z \to -\infty} \left(1 - e^z\right) \; = \; 1$$

Daher ist **D** richtig und **A**, **B**, **C**, **E** sind falsch.

Lösung: D

Aufgabe 13–18. Gegeben sei die Funktion $f : [4, \infty) \to \mathbf{R}$ mit

$$f(x) = \frac{1}{x\sqrt{x}}$$

Welche der folgenden Alternativen sind richtig?

A f ist nicht uneigentlich integrierbar.

B Es gilt $\int_4^\infty f(x)\,dx = 1/2$.

C Es gilt $\int_4^\infty f(x)\,dx = 1/4$.

D Es gilt $\int_4^\infty f(x)\,dx = 1$.

E Es gilt $\int_4^\infty f(x)\,dx = 2$.

F Es gilt $\int_4^\infty f(x)\,dx = 4$.

Lösungsweg: Für alle $z \in (4, \infty)$ ist die Funktion $f|_{[4,z]}$ stetig und damit integrierbar. Es gilt

$$\int_4^z \frac{1}{x\sqrt{x}}\,dx = -\frac{2}{\sqrt{x}}\bigg|_4^z = -\frac{2}{\sqrt{z}} + 1$$

Daraus folgt

$$\int_4^\infty \frac{1}{x\sqrt{x}}\,dx = \lim_{z\to\infty} \int_4^z \frac{1}{x\sqrt{x}}\,dx = \lim_{z\to\infty}\left(-\frac{2}{\sqrt{z}} + 1\right) = 1$$

Daher ist **D** richtig und **A**, **B**, **C**, **E**, **F** sind falsch.

Lösung: D

Aufgabe 13–19. Gegeben sei die Funktion $f : (-\infty, -4] \to \mathbf{R}$ mit

$$f(x) = \frac{1}{x^2}$$

Welche der folgenden Alternativen sind richtig?

A f ist nicht uneigentlich integrierbar.

B Es gilt $\int_{-\infty}^{-4} f(x)\,dx = 0$.

C Es gilt $\int_{-\infty}^{-4} f(x)\,dx = 1/4$.

D Es gilt $\int_{-\infty}^{-4} f(x)\,dx = 1/3$.

E Es gilt $\int_{-\infty}^{-4} f(x)\,dx = 1/2$.

F Es gilt $\int_{-\infty}^{-4} f(x)\,dx = 1$.

Lösungsweg: Für alle $z \in (-\infty, -4)$ ist die Funktion $f|_{[z,-4]}$ stetig und damit integrierbar. Es gilt

$$\int_z^{-4} \frac{1}{x^2}\,dx = -\frac{1}{x}\bigg|_z^{-4} = \frac{1}{4} + \frac{1}{z}$$

Daraus folgt

$$\int_{-\infty}^{-4} \frac{1}{x^2}\,dx \;=\; \lim_{z\to-\infty} \int_{z}^{-4} \frac{1}{x^2}\,dx \;=\; \lim_{z\to-\infty} \left(\frac{1}{4} + \frac{1}{z}\right) \;=\; \frac{1}{4}$$

Daher ist **C** richtig und **A**, **B**, **D**, **E**, **F** sind falsch.

Lösung: C

Aufgabe 13–20. Gegeben sei die Funktion $f : (0,4] \to \mathbf{R}$ mit

$$f(x) \;=\; \frac{1}{\sqrt{x}}$$

Welche der folgenden Alternativen sind richtig?

A f ist nicht uneigentlich integrierbar.

B Es gilt $\int_0^4 f(x)\,dx = 1/4$.

C Es gilt $\int_0^4 f(x)\,dx = 1/2$.

D Es gilt $\int_0^4 f(x)\,dx = 1$.

E Es gilt $\int_0^4 f(x)\,dx = 2$.

F Es gilt $\int_0^4 f(x)\,dx = 4$.

Lösungsweg: Für alle $z \in (0,4)$ ist die Funktion $f|_{[z,4]}$ stetig und damit integrierbar. Es gilt

$$\int_{z}^{4} \frac{1}{\sqrt{x}}\,dx \;=\; 2\sqrt{x}\,\Big|_{z}^{4} \;=\; 4 - 2\sqrt{z}$$

Daraus folgt

$$\int_{0}^{4} \frac{1}{\sqrt{x}}\,dx \;=\; \lim_{z\to 0} \int_{z}^{4} \frac{1}{\sqrt{x}}\,dx \;=\; \lim_{z\to 0}\Big(4 - 2\sqrt{z}\Big) \;=\; 4$$

Daher ist **F** richtig und **A**, **B**, **C**, **D**, **E** sind falsch.

Lösung: F

Aufgabe 13–21. Gegeben sei die Funktion $f : (0,\infty) \to \mathbf{R}$ mit

$$f(x) \;=\; \frac{1}{x^2}$$

Welche der folgenden Alternativen sind richtig?

A f ist nicht uneigentlich integrierbar.

B Es gilt $\int_0^\infty f(x)\,dx = 0$.

C Es gilt $\int_0^\infty f(x)\,dx = 1/4$.

D Es gilt $\int_0^\infty f(x)\,dx = 1/3$.

E Es gilt $\int_0^\infty f(x)\,dx = 1/2$.

F Es gilt $\int_0^\infty f(x)\,dx = 1$.

Lösungsweg: Zu prüfen ist, ob für ein (beliebiges) $c \in (0,\infty)$ die Funktionen $f|_{(0,c]}$ und $f|_{[c,\infty)}$ uneigentlich integrierbar sind. Für alle $z \in (0,c)$ gilt

$$\int_z^c \frac{1}{x^2}\,dx = -\frac{1}{x}\bigg|_z^c = -\frac{1}{c} + \frac{1}{z}$$

Daraus folgt

$$\int_0^c \frac{1}{x^2}\,dx = \lim_{z\to 0}\int_z^c \frac{1}{x^2}\,dx = \lim_{z\to 0}\left(-\frac{1}{c}+\frac{1}{z}\right) = \infty$$

Daraus folgt, daß die Funktion $f|_{(0,c]}$, und damit auch die Funktion f, nicht uneigentlich integrierbar ist. Daher ist **A** richtig und **B**, **C**, **D**, **E**, **F** sind falsch.

Lösung: A

Aufgabe 13–22. Gegeben sei die Funktion $f : [1,\infty) \to \mathbf{R}$ mit

$$f(x) = 2^{-x}$$

Welche der folgenden Alternativen sind richtig?

A Die Reihe $\sum_{k=1}^\infty f(k)$ ist konvergent.

B Die Reihe $\sum_{k=1}^\infty f(k)$ ist divergent.

C f ist uneigentlich integrierbar.

D Es gilt $\int_1^\infty f(x)\,dx = \infty$.

Lösungsweg:

- Es gilt

$$\sum_{k=1}^\infty f(k) = \sum_{k=1}^\infty \frac{1}{2^k}$$

  Daher ist **A** richtig und **B** ist falsch.

- Da die Reihe $\sum_{k=1}^\infty f(k)$ konvergent ist und die Funktion $f : [1,\infty) \to \mathbf{R}$ monoton fallend ist, ist die Funktion f uneigentlich integrierbar. Daher ist **C** richtig und **D** ist falsch.

Lösung: A, C

Kapitel 14

Differentialrechnung in mehreren Variablen

Aufgabe	Lösung
14–1	B
14–2	A
14–3	E
14–4	D
14–5	B
14–6	C
14–7	A, D, E, F
14–8	C
14–9	B, D
14–10	C
14–11	B, F

Aufgabe	Lösung
14–12	A, C, E, G
14–13	C, F
14–14	A, C, E
14–15	A, C, E, G
14–16	C, D
14–17	F
14–18	C, H
14–19	A, D
14–20	D
14–21	B, C
14–22	B, C

Aufgabe 14–1. Die Folge $\{\boldsymbol{a}_n\}_{n\in\mathbf{N}}$ mit

$$\boldsymbol{a}_n = \begin{pmatrix} \dfrac{n}{2n+1} \\ \dfrac{n^2+1}{3n^3+n} \end{pmatrix}$$

ist

A divergent.

B konvergent mit Grenzwert $\begin{pmatrix} 1/2 \\ 0 \end{pmatrix}$.

C konvergent mit Grenzwert $\begin{pmatrix} 0 \\ 1/3 \end{pmatrix}$.

D konvergent mit Grenzwert $\begin{pmatrix} 1/2 \\ 1/3 \end{pmatrix}$.

Lösungsweg: Es gilt

$$\lim_{n\to\infty} \frac{n}{2n+1} = \frac{1}{2} \qquad \text{und} \qquad \lim_{n\to\infty} \frac{n^2+1}{3n^3+n} = 0$$

Daher ist **B** richtig und **A**, **C**, **D** sind falsch.

Lösung: B

Aufgabe 14–2. Die Folge $\{\boldsymbol{a}_n\}_{n\in\mathbf{N}_0}$ mit

$$\boldsymbol{a}_n = \begin{pmatrix} \dfrac{n-3}{n+3} \\ \dfrac{n^2-2}{n+2} \end{pmatrix}$$

ist

A divergent.

B konvergent mit Grenzwert $\begin{pmatrix} 0 \\ 1 \end{pmatrix}$.

C konvergent mit Grenzwert $\begin{pmatrix} 1 \\ 0 \end{pmatrix}$.

D konvergent mit Grenzwert $\begin{pmatrix} 1 \\ 1 \end{pmatrix}$.

Lösungsweg: Es gilt

$$\lim_{n\to\infty} \frac{n-3}{n+3} = 1 \qquad \text{und} \qquad \lim_{n\to\infty} \frac{n^2-2}{n+2} = \infty$$

Daher ist **A** richtig und **B**, **C**, **D** sind falsch.

Lösung: A

Aufgabe 14–3. Gegeben sei die Funktion $f : (0, \infty)^2 \to \mathbf{R}$ mit

$$f(x, y) = xy^2 + x^2 y$$

Welche der folgenden Alternativen sind richtig?

A f ist inhomogen.
B f ist linear homogen.
C f ist homogen vom Grad 1.
D f ist homogen vom Grad 2.
E f ist homogen vom Grad 3.

Lösungsweg: Für alle $c \in (0, \infty)$ gilt

$$f(cx, cy) = (cx)(cy)^2 + (cx)^2(cy) = c^3\Big(xy^2 + x^2 y\Big) = c^3 f(x, y)$$

Die Funktion f ist also homogen vom Grad 3. Daher ist **E** richtig und **A**, **B**, **C**, **D** sind falsch.

Lösung: E

Aufgabe 14–4. Gegeben sei die Funktion $f : (0, \infty)^3 \to \mathbf{R}$ mit

$$f(x, y, z) = x^2 + y^2 + \frac{x^2 y^2}{z^2}$$

Welche der folgenden Alternativen sind richtig?

A f ist inhomogen.
B f ist linear homogen.
C f ist homogen vom Grad 1.
D f ist homogen vom Grad 2.
E f ist homogen vom Grad 3.

Lösungsweg: Für alle $c \in (0, \infty)$ gilt

$$\begin{aligned} f(cx, cy, cz) &= (cx)^2 + (cy)^2 + \frac{(cx)^2(cy)^2}{(cz)^2} \\ &= c^2\left(x^2 + y^2 + \frac{x^2 y^2}{z^2}\right) \\ &= c^2 f(x, y, z) \end{aligned}$$

Die Funktion f ist also homogen vom Grad 2. Daher ist **D** richtig und **A**, **B**, **C**, **E** sind falsch.

Lösung: D

Aufgabe 14–5. Gegeben sei die Funktion $f : (0, \infty)^3 \to \mathbf{R}$ mit

$$f(x, y, z) = 3\,\frac{xy^2}{z^3}$$

Welche der folgenden Alternativen sind richtig?

A f ist inhomogen.
B f ist homogen vom Grad 0.
C f ist homogen vom Grad 1.
D f ist homogen vom Grad 2.
E f ist homogen vom Grad 3.

Lösungsweg: Für alle $c \in (0, \infty)$ gilt

$$f(cx, cy, cz) = 3\,\frac{(cx)(cy)^2}{(cz)^3} = 3\,\frac{xy^2}{z^3} = f(x, y, z)$$

Die Funktion f ist also homogen vom Grad 0. Daher ist **B** richtig und **A**, **C**, **D**, **E** sind falsch.

Lösung: B

Aufgabe 14–6. Gegeben sei die Funktion $f : (0, \infty)^3 \to \mathbf{R}$ mit

$$f(x, y, z) = \sqrt{3x^2y + xyz}$$

Welche der folgenden Alternativen sind richtig?

A f ist homogen vom Grad 0.
B f ist homogen vom Grad 1.
C f ist homogen vom Grad $3/2$.
D f ist homogen vom Grad $\sqrt{3}$.
E f ist homogen vom Grad 3.

Lösungsweg: Für alle $c \in (0, \infty)$ gilt

$$\begin{aligned} f(cx, cy, cz) &= \sqrt{3(cx)^2(cy) + (cx)(cy)(cz)} \\ &= \sqrt{c^3}\,\sqrt{3x^2y + xyz} \\ &= c^{3/2}\,f(x, y, z) \end{aligned}$$

Die Funktion f ist also homogen vom Grad $3/2$. Daher ist **C** richtig und **A**, **B**, **D**, **E** sind falsch.

Lösung: C

Aufgabe 14–7. Gegeben sei die Funktion $f : \mathbf{R} \times (0, \infty) \to \mathbf{R}$ mit

$$f(x, y) = \ln\left(\frac{x^2 + 1}{y^2}\right)$$

Welche der folgenden Alternativen sind richtig?

A $\frac{\partial f}{\partial x}(x,y) = \frac{2x}{x^2+1}$

B $\frac{\partial f}{\partial x}(x,y) = \frac{y^2}{x^2+1}$

C $\frac{\partial f}{\partial y}(x,y) = \frac{2}{y}$

D $\frac{\partial f}{\partial y}(x,y) = -\frac{2}{y}$

E $\frac{\partial^2 f}{\partial x\,\partial y}(x,y) = 0$

F $\frac{\partial^2 f}{\partial y\,\partial x}(x,y) = 0$

Lösungsweg:

- Es gilt

$$\frac{\partial f}{\partial x}(x,y) = \frac{y^2}{x^2+1} \cdot \frac{2x}{y^2} = \frac{2x}{x^2+1}$$

  Daher ist **A** richtig und **B** ist falsch.

- Es gilt

$$\frac{\partial f}{\partial y}(x,y) = \frac{y^2}{x^2+1} \cdot \frac{-2\,(x^2+1)}{y^3} = -\frac{2}{y}$$

  Daher ist **D** richtig und **C** ist falsch.

- Da $\partial f/\partial x$ nicht von y abhängt (und $\partial f/\partial y$ nicht von x abhängt), gilt

$$\frac{\partial^2 f}{\partial x\,\partial y}(x,y) = \frac{\partial^2 f}{\partial y\,\partial x}(x,y) = 0$$

  Daher sind **E**, **F** richtig.

Lösung: A, D, E, F

Aufgabe 14–8. Gegeben sei die Funktion $f : \mathbf{R}^2 \to \mathbf{R}$ mit

$$f(x,y) = \cos(x+y) + \cos(x-y)$$

Welche der folgenden Alternativen sind richtig?

A $\frac{\partial^2 f}{\partial x\,\partial y}(x,y) = -\sin(x+y) + \cos(x-y)$

B $\frac{\partial^2 f}{\partial x\,\partial y}(x,y) = -\sin(x+y) + \sin(x-y)$

C $\frac{\partial^2 f}{\partial x\, \partial y}(x,y) = -\cos(x+y) + \cos(x-y)$

D $\frac{\partial^2 f}{\partial x\, \partial y}(x,y) = -\cos(x+y) + \sin(x-y)$

Lösungsweg: Es gilt

$$\begin{aligned}
\frac{\partial f}{\partial x}(x,y) &= -\sin(x+y) - \sin(x-y) \\
\frac{\partial^2 f}{\partial x\, \partial y}(x,y) &= -\cos(x+y) - \cos(x-y)\,(-1) \\
&= -\cos(x+y) + \cos(x-y)
\end{aligned}$$

Daher ist **C** richtig und **A**, **B**, **D** sind falsch.

Lösung: C

Aufgabe 14–9. Gegeben sei die Funktion $f : \mathbf{R}^2 \to \mathbf{R}$ mit

$$f(x,y) = x^2 y + 4xy$$

Welche der folgenden Alternativen sind richtig?

A $\text{grad}_f(1,1) = \mathbf{0}$

B $\text{grad}_f(-4,0) = \mathbf{0}$

C $\text{grad}_f(0,-4) = \mathbf{0}$

D $\text{grad}_f(0,0) = \mathbf{0}$

Lösungsweg: Es gilt

$$\text{grad}_f(x,y) = \begin{pmatrix} 2xy + 4y \\ x^2 + 4x \end{pmatrix}$$

und damit

$$\begin{aligned}
\text{grad}_f(1,1) &= \begin{pmatrix} 6 \\ 5 \end{pmatrix} \\
\text{grad}_f(-4,0) &= \begin{pmatrix} 0 \\ 0 \end{pmatrix} \\
\text{grad}_f(0,-4) &= \begin{pmatrix} -16 \\ 0 \end{pmatrix} \\
\text{grad}_f(0,0) &= \begin{pmatrix} 0 \\ 0 \end{pmatrix}
\end{aligned}$$

Daher sind **B**, **D** richtig und **A**, **C** sind falsch.

Lösung: B, D

Aufgabe 14–10. Gegeben sei die Funktion $f : \mathbf{R}^2 \to \mathbf{R}$ mit

$$f(x, y) = x^4 + 6xy$$

Welche der folgenden Alternativen sind richtig?

A $\text{Hess}_f(1,1)$ ist positiv definit.

B $\text{Hess}_f(1,1)$ ist negativ definit.

C $\text{Hess}_f(1,1)$ ist indefinit.

D $\text{Hess}_f(1,1)$ ist nicht definiert.

Lösungsweg:

- Es gilt

$$\text{grad}_f(x,y) = \begin{pmatrix} 4x^3 + 6y \\ 6x \end{pmatrix}$$

$$\text{Hess}_f(x,y) = \begin{pmatrix} 12x^2 & 6 \\ 6 & 0 \end{pmatrix}$$

  Daher ist **D** falsch.

- Es gilt

$$\text{Hess}_f(1,1) = \begin{pmatrix} 12 & 6 \\ 6 & 0 \end{pmatrix}$$

  und damit

$$\begin{pmatrix} a & b \end{pmatrix} \text{Hess}_f(1,1) \begin{pmatrix} a \\ b \end{pmatrix} = \begin{pmatrix} a & b \end{pmatrix} \begin{pmatrix} 12 & 6 \\ 6 & 0 \end{pmatrix} \begin{pmatrix} a \\ b \end{pmatrix} = 12a^2 + 12ab$$

  Da der letzte Ausdruck je nach Wahl von a und b positiv oder negativ sein kann, ist $\text{Hess}_f(1,1)$ indefinit. Daher ist **C** richtig und **A**, **B** sind falsch.

Lösung: C

Aufgabe 14–11. Gegeben sei die Funktion $f : \mathbf{R}^3 \to \mathbf{R}$ mit

$$f(x, y, z) = x^2 + y^2 + z^2 + 2x - 2y + 5$$

Welche der folgenden Alternativen sind richtig?

A f besitzt an der Stelle $(x, y, z) = (-1, 1, 0)$ ein lokales Maximum.

B f besitzt an der Stelle $(x, y, z) = (-1, 1, 0)$ ein lokales Minimum.

C f besitzt an der Stelle $(x, y, z) = (1, -1, 0)$ ein lokales Maximum.

D f besitzt an der Stelle $(x, y, z) = (1, -1, 0)$ ein lokales Minimum.

E f besitzt kein lokales Minimum oder Maximum.

F f besitzt genau ein lokales Minimum.

G f besitzt genau ein lokales Maximum.

Lösungsweg:

- Es gilt

$$\operatorname{grad}_f(x,y,z) = \begin{pmatrix} 2x+2 \\ 2y-2 \\ 2z \end{pmatrix}$$

$$\operatorname{Hess}_f(x,y,z) = \begin{pmatrix} 2 & 0 & 0 \\ 0 & 2 & 0 \\ 0 & 0 & 2 \end{pmatrix}$$

- Aus $\operatorname{grad}_f(x,y,z) = \mathbf{0}$ folgt

$$\begin{pmatrix} x \\ y \\ z \end{pmatrix} = \begin{pmatrix} -1 \\ 1 \\ 0 \end{pmatrix}$$

  Daher sind **C**, **D** falsch.
- $\operatorname{Hess}_f(-1,1,0)$ ist ein positives Vielfaches der Einheitsmatrix und damit positiv definit. Daher sind **B**, **F** richtig und **A**, **E**, **G** sind falsch.

Lösung: B, **F**

Aufgabe 14–12. Gegeben sei die Funktion $f : \mathbf{R}^2 \to \mathbf{R}$ mit

$$f(x,y) = x^2 + xy + y^2 + x - y + 1$$

Welche der folgenden Alternativen sind richtig?

A $(x,y) = (-1,1)$ ist ein lokaler Minimierer.

B $(x,y) = (-1,1)$ ist ein lokaler Maximierer.

C $(x,y) = (-1,1)$ ist der einzige lokale Minimierer.

D $(x,y) = (-1,1)$ ist der einzige lokale Maximierer.

E Es gilt $\operatorname{grad}_f(-1,1) = \mathbf{0}$.

F $\operatorname{Hess}_f(-1,1)$ ist negativ definit.

G $\operatorname{Hess}_f(-1,1)$ ist positiv definit.

Lösungsweg:

- Es gilt

$$\operatorname{grad}_f(x,y) = \begin{pmatrix} 2x+y+1 \\ x+2y-1 \end{pmatrix}$$

$$\operatorname{Hess}_f(x,y) = \begin{pmatrix} 2 & 1 \\ 1 & 2 \end{pmatrix}$$

- Aus $\operatorname{grad}_f(x,y) = \mathbf{0}$ folgt

$$\begin{pmatrix} x \\ y \end{pmatrix} = \begin{pmatrix} -1 \\ 1 \end{pmatrix}$$

Daher ist **E** richtig.

- Es gilt

$$\begin{aligned} \begin{pmatrix} a & b \end{pmatrix} \operatorname{Hess}_f(-1,1) \begin{pmatrix} a \\ b \end{pmatrix} &= \begin{pmatrix} a & b \end{pmatrix} \begin{pmatrix} 2 & 1 \\ 1 & 2 \end{pmatrix} \begin{pmatrix} a \\ b \end{pmatrix} \\ &= 2a^2 + 2ab + 2b^2 \\ &= a^2 + (a+b)^2 + b^2 \end{aligned}$$

Die Matrix $\operatorname{Hess}_f(-1,1)$ ist also positiv definit. Daher sind **A**, **C**, **G** richtig und **B**, **D**, **F** sind falsch.

Lösung: A, C, E, G

Aufgabe 14–13. Gegeben sei die Funktion $f : \mathbf{R}^2 \to \mathbf{R}$ mit

$$f(x,y) = 2x^2 + 2xy - y^2 - 56x + 32y + 32$$

Welche der folgenden Alternativen sind richtig?

A $(x,y) = (4,20)$ ist ein lokaler Minimierer.

B $(x,y) = (4,20)$ ist ein lokaler Maximierer.

C Es gilt $\operatorname{grad}_f(4,20) = \mathbf{0}$.

D $\operatorname{Hess}_f(4,20)$ ist negativ definit.

E $\operatorname{Hess}_f(4,20)$ ist positiv definit.

F $\operatorname{Hess}_f(4,20)$ ist indefinit.

Lösungsweg:

- Es gilt

$$\begin{aligned} \operatorname{grad}_f(x,y) &= \begin{pmatrix} 4x + 2y - 56 \\ 2x - 2y + 32 \end{pmatrix} \\ \operatorname{Hess}_f(x,y) &= \begin{pmatrix} 4 & 2 \\ 2 & -2 \end{pmatrix} \end{aligned}$$

- Aus $\operatorname{grad}_f(x,y) = \mathbf{0}$ folgt

$$\begin{pmatrix} x \\ y \end{pmatrix} = \begin{pmatrix} 4 \\ 20 \end{pmatrix}$$

Daher ist **C** richtig.

- Es gilt

$$\begin{aligned} \begin{pmatrix} a & b \end{pmatrix} \mathrm{Hess}_f(4,20) \begin{pmatrix} a \\ b \end{pmatrix} &= \begin{pmatrix} a & b \end{pmatrix} \begin{pmatrix} 4 & 2 \\ 2 & -2 \end{pmatrix} \begin{pmatrix} a \\ b \end{pmatrix} \\ &= 4a^2 + 4ab - 2b^2 \\ &= (2a+b)^2 - 3b^2 \end{aligned}$$

Insbesondere gilt

$$\begin{pmatrix} 1 & 0 \end{pmatrix} \mathrm{Hess}_f(4,20) \begin{pmatrix} 1 \\ 0 \end{pmatrix} = \begin{pmatrix} 1 & 0 \end{pmatrix} \begin{pmatrix} 4 & 2 \\ 2 & -2 \end{pmatrix} \begin{pmatrix} 1 \\ 0 \end{pmatrix} = 4 > 0$$

und

$$\begin{pmatrix} 0 & 1 \end{pmatrix} \mathrm{Hess}_f(4,20) \begin{pmatrix} 0 \\ 1 \end{pmatrix} = \begin{pmatrix} 0 & 1 \end{pmatrix} \begin{pmatrix} 4 & 2 \\ 2 & -2 \end{pmatrix} \begin{pmatrix} 0 \\ 1 \end{pmatrix} = -2 < 0$$

Die Matrix $\mathrm{Hess}_f(4,20)$ ist also indefinit. Daher ist **F** richtig und **A**, **B**, **D**, **E** sind falsch.

Lösung: C, F

Aufgabe 14–14. Gegeben sei die Funktion $f : \mathbf{R}^2 \to \mathbf{R}$ mit

$$f(x,y) = 2x^3 - 15x^2 + y^2 + 36x + 1$$

Welche der folgenden Alternativen sind richtig?

A $(x,y) = (3,0)$ ist ein lokaler Minimierer.
B $(x,y) = (3,0)$ ist ein lokaler Maximierer.
C Es gilt $\mathrm{grad}_f(3,0) = \mathbf{0}$.
D $\mathrm{Hess}_f(3,0)$ ist negativ definit.
E $\mathrm{Hess}_f(3,0)$ ist positiv definit.
F $\mathrm{Hess}_f(3,0)$ ist indefinit.

Lösungsweg:

- Es gilt

$$\begin{aligned} \mathrm{grad}_f(x,y) &= \begin{pmatrix} 6x^2 - 30x + 36 \\ 2y \end{pmatrix} \\ \mathrm{Hess}_f(x,y) &= \begin{pmatrix} 12x - 30 & 0 \\ 0 & 2 \end{pmatrix} \end{aligned}$$

- Aus $\mathrm{grad}_f(x,y) = \mathbf{0}$ folgt

$$\begin{pmatrix} x \\ y \end{pmatrix} \in \left\{ \begin{pmatrix} 2 \\ 0 \end{pmatrix}, \begin{pmatrix} 3 \\ 0 \end{pmatrix} \right\}$$

Daher ist **C** richtig.

- Es gilt

$$\operatorname{Hess}_f(3,0) = \begin{pmatrix} 6 & 0 \\ 0 & 2 \end{pmatrix}$$

Die Matrix $\operatorname{Hess}_f(3,0)$ ist also positiv definit. Daher sind **A**, **E** richtig und **B**, **D**, **F** sind falsch.

Lösung: A, **C**, **E**

Aufgabe 14–15. Gegeben sei die Funktion $f : \mathbf{R}^2 \to \mathbf{R}$ mit

$$f(x,y) = x^2 - xy + y^2 - 4x - 16y + 42$$

Welche der folgenden Alternativen sind richtig?

A $(x,y) = (8,12)$ ist ein lokaler Minimierer.
B $(x,y) = (8,12)$ ist ein lokaler Maximierer.
C $(x,y) = (8,12)$ ist der einzige lokale Minimierer.
D $(x,y) = (8,12)$ ist der einzige lokale Maximierer.
E Es gilt $\operatorname{grad}_f(8,12) = \mathbf{0}$.
F $\operatorname{Hess}_f(8,12)$ ist negativ definit.
G $\operatorname{Hess}_f(8,12)$ ist positiv definit.
H $\operatorname{Hess}_f(8,12)$ ist indefinit.

Lösungsweg:

- Es gilt

$$\operatorname{grad}_f(x,y) = \begin{pmatrix} 2x - y - 4 \\ -x + 2y - 16 \end{pmatrix}$$

$$\operatorname{Hess}_f(x,y) = \begin{pmatrix} 2 & -1 \\ -1 & 2 \end{pmatrix}$$

- Aus $\operatorname{grad}_f(x,y) = \mathbf{0}$ folgt

$$\begin{pmatrix} x \\ y \end{pmatrix} = \begin{pmatrix} 8 \\ 12 \end{pmatrix}$$

Daher ist **E** richtig.

- Es gilt

$$\begin{aligned} \begin{pmatrix} a & b \end{pmatrix} \operatorname{Hess}_f(8,12) \begin{pmatrix} a \\ b \end{pmatrix} &= \begin{pmatrix} a & b \end{pmatrix} \begin{pmatrix} 2 & -1 \\ -1 & 2 \end{pmatrix} \begin{pmatrix} a \\ b \end{pmatrix} \\ &= 2a^2 - 2ab + 2b^2 \\ &= a^2 + (a-b)^2 + b^2 \end{aligned}$$

Die Matrix $\operatorname{Hess}_f(8,12)$ ist also positiv definit. Daher sind **A**, **C**, **G** richtig und **B**, **D**, **F**, **H** sind falsch.

Lösung: A, **C**, **E**, **G**

Aufgabe 14–16. Das Optimierungsproblem

Maximiere die Funktion $f : \mathbf{R}^2 \to \mathbf{R}$ mit

$$f(x,y) \;=\; x^2 + 16y^2$$

unter der Nebenbedingung

$$x^2 + y^2 \;=\; x^2y^2$$

kann mit Hilfe des Lagrange–Ansatzes gelöst werden. Welche der folgenden Paare (x,y) erfüllen die notwendige Bedingung an lokale Minimierer oder lokale Maximierer beim Lagrange–Ansatz?

A $(x,y) = (\sqrt{2}, \sqrt{2})$

B $(x,y) = (-\sqrt{2}, -\sqrt{2})$

C $(x,y) = (\sqrt{5}, \sqrt{5}/2)$

D $(x,y) = (-\sqrt{5}, -\sqrt{5}/2)$

Lösungsweg:

- Für die Lagrange–Funktion $h : \mathbf{R}^3 \to \mathbf{R}$ mit

$$h(x,y,\lambda) \;=\; x^2 + 16y^2 + \lambda\,(x^2 + y^2 - x^2y^2)$$

gilt

$$\mathrm{grad}_h(x,y,\lambda) \;=\; \begin{pmatrix} 2x\,(1+\lambda\,(1-y^2)) \\ 2y\,(16+\lambda\,(1-x^2)) \\ x^2+y^2-x^2y^2 \end{pmatrix}$$

- Für alle $\lambda \in \mathbf{R}$ gilt

$$\mathrm{grad}_h(\sqrt{2},\sqrt{2},\lambda) \;=\; \begin{pmatrix} 2\sqrt{2}\,(1-\lambda) \\ 2\sqrt{2}\,(16-\lambda) \\ 0 \end{pmatrix} \;\neq\; \begin{pmatrix} 0 \\ 0 \\ 0 \end{pmatrix}$$

Daher ist **A** falsch.

- Analog zeigt man, daß **B** falsch ist.
- Für alle $\lambda \in \mathbf{R}$ gilt

$$\mathrm{grad}_h(\sqrt{5},\sqrt{5}/2,\lambda) \;=\; \begin{pmatrix} 2\sqrt{5}\,(1-\lambda/4) \\ \sqrt{5}\,(16-4\lambda) \\ 0 \end{pmatrix}$$

Insbesondere gilt

$$\mathrm{grad}_h(\sqrt{5},\sqrt{5}/2,4) \;=\; \mathbf{0}$$

Daher ist **C** richtig.

- Analog zeigt man, daß **D** richtig ist.

Lösung: C, D

Aufgabe 14–17. Gegeben seien die Funktionen $f, g : \mathbf{R}^2 \to \mathbf{R}$ mit

$$\begin{aligned} f(x,y) &= x^2 + y^2 \\ g(x,y) &= x + y - 2 \end{aligned}$$

Bestimmen Sie die lokalen Minimierer und Maximierer von f unter der Nebenbedingung

$$g(x,y) = 0$$

Welche der folgenden Alternativen sind richtig?

A $(x,y) = (2,0)$ ist ein lokaler Maximierer.

B $(x,y) = (0,2)$ ist ein lokaler Maximierer.

C $(x,y) = (1,1)$ ist ein lokaler Maximierer.

D $(x,y) = (2,0)$ ist ein lokaler Minimierer.

E $(x,y) = (0,2)$ ist ein lokaler Minimierer.

F $(x,y) = (1,1)$ ist ein lokaler Minimierer.

Lösungsweg:

- Für die Lagrange–Funktion $h : \mathbf{R}^3 \to \mathbf{R}$ mit

  $$h(x,y,\lambda) = x^2 + y^2 + \lambda\,(x+y-2)$$

  gilt

  $$\operatorname{grad}_h(x,y,\lambda) = \begin{pmatrix} 2x + \lambda \\ 2y + \lambda \\ x + y - 2 \end{pmatrix}$$

  Aus $\operatorname{grad}_h(x,y,\lambda) = \mathbf{0}$ folgt $x = y = -\lambda/2$ und damit

  $$\begin{pmatrix} x \\ y \\ \lambda \end{pmatrix} = \begin{pmatrix} 1 \\ 1 \\ -2 \end{pmatrix}$$

  Daher sind **A**, **B**, **D**, **E** falsch.

- Für die Funktionen f und g gilt

  $$\begin{aligned} \operatorname{grad}_f(x,y) &= \begin{pmatrix} 2x \\ 2y \end{pmatrix} \\ \operatorname{grad}_g(x,y) &= \begin{pmatrix} 1 \\ 1 \end{pmatrix} \end{aligned}$$

  und damit

  $$\begin{aligned} \operatorname{Hess}_f(x,y) &= \begin{pmatrix} 2 & 0 \\ 0 & 2 \end{pmatrix} \\ \operatorname{Hess}_g(x,y) &= \begin{pmatrix} 0 & 0 \\ 0 & 0 \end{pmatrix} \end{aligned}$$

- Es gilt

$$\mathrm{grad}_g(1,1) \neq \mathbf{0}$$

und

$$\mathrm{Hess}_f(1,1) + (-2)\,\mathrm{Hess}_g(1,1) = \begin{pmatrix} 2 & 0 \\ 0 & 2 \end{pmatrix}$$

Diese Matrix ist positiv definit. Daher ist **F** richtig und **C** ist falsch.

Lösung: F

Aufgabe 14–18. Gegeben seien die Funktionen $f, g : \mathbf{R}^2 \to \mathbf{R}$ mit

$$\begin{aligned} f(x,y) &= x - y \\ g(x,y) &= x^2 + y^2 - 1 \end{aligned}$$

Bestimmen Sie die lokalen Minimierer und Maximierer von f unter der Nebenbedingung

$$g(x,y) = 0$$

Welche der folgenden Alternativen sind richtig?

A $(x,y) = (1/\sqrt{2}, 1/\sqrt{2})$ ist ein lokaler Minimierer.
B $(x,y) = (1/\sqrt{2}, 1/\sqrt{2})$ ist ein lokaler Maximierer.
C $(x,y) = (-1/\sqrt{2}, 1/\sqrt{2})$ ist ein lokaler Minimierer.
D $(x,y) = (-1/\sqrt{2}, 1/\sqrt{2})$ ist ein lokaler Maximierer.
E $(x,y) = (-1/\sqrt{2}, -1/\sqrt{2})$ ist ein lokaler Minimierer.
F $(x,y) = (-1/\sqrt{2}, -1/\sqrt{2})$ ist ein lokaler Maximierer.
G $(x,y) = (1/\sqrt{2}, -1/\sqrt{2})$ ist ein lokaler Minimierer.
H $(x,y) = (1/\sqrt{2}, -1/\sqrt{2})$ ist ein lokaler Maximierer.

Lösungsweg:

- Für die Lagrange–Funktion $h : \mathbf{R}^3 \to \mathbf{R}$ mit

$$h(x,y,\lambda) = x - y + \lambda\,(x^2+y^2-1)$$

gilt

$$\mathrm{grad}_h(x,y,\lambda) = \begin{pmatrix} 1 + 2\lambda x \\ -1 + 2\lambda y \\ x^2 + y^2 - 1 \end{pmatrix}$$

Aus $\mathrm{grad}_h(x,y,\lambda) = \mathbf{0}$ folgt $x = -y = -1/(2\lambda)$ und damit

$$\begin{pmatrix} x \\ y \\ \lambda \end{pmatrix} \in \left\{ \begin{pmatrix} 1/\sqrt{2} \\ -1/\sqrt{2} \\ -1/\sqrt{2} \end{pmatrix}, \begin{pmatrix} -1/\sqrt{2} \\ 1/\sqrt{2} \\ 1/\sqrt{2} \end{pmatrix} \right\}$$

Daher sind **A**, **B**, **E**, **F** falsch.

- Für die Funktionen f und g gilt

$$\begin{aligned} \operatorname{grad}_f(x,y) &= \begin{pmatrix} 1 \\ -1 \end{pmatrix} \\ \operatorname{grad}_g(x,y) &= \begin{pmatrix} 2x \\ 2y \end{pmatrix} \end{aligned}$$

und damit

$$\begin{aligned} \operatorname{Hess}_f(x,y) &= \begin{pmatrix} 0 & 0 \\ 0 & 0 \end{pmatrix} \\ \operatorname{Hess}_g(x,y) &= \begin{pmatrix} 2 & 0 \\ 0 & 2 \end{pmatrix} \end{aligned}$$

- Es gilt

$$\begin{aligned} \operatorname{grad}_g(1/\sqrt{2},-1/\sqrt{2}) &\neq \mathbf{0} \\ \operatorname{grad}_g(-1/\sqrt{2},1/\sqrt{2}) &\neq \mathbf{0} \end{aligned}$$

und

$$\begin{aligned} \operatorname{Hess}_f(1/\sqrt{2},-1/\sqrt{2}) - \frac{1}{\sqrt{2}}\operatorname{Hess}_g(1/\sqrt{2},-1/\sqrt{2}) &= -\sqrt{2}\begin{pmatrix} 1 & 0 \\ 0 & 1 \end{pmatrix} \\ \operatorname{Hess}_f(-1/\sqrt{2},1/\sqrt{2}) + \frac{1}{\sqrt{2}}\operatorname{Hess}_g(-1/\sqrt{2},1/\sqrt{2}) &= \sqrt{2}\begin{pmatrix} 1 & 0 \\ 0 & 1 \end{pmatrix} \end{aligned}$$

Also ist die Matrix

$$\operatorname{Hess}_f(1/\sqrt{2},-1/\sqrt{2}) - \frac{1}{\sqrt{2}}\operatorname{Hess}_g(1/\sqrt{2},-1/\sqrt{2})$$

negativ definit, während die Matrix

$$\operatorname{Hess}_f(-1/\sqrt{2},1/\sqrt{2}) + \frac{1}{\sqrt{2}}\operatorname{Hess}_g(-1/\sqrt{2},1/\sqrt{2})$$

positiv definit ist. Daher sind **C**, **H** richtig und **D**, **G** sind falsch.

Lösung: C, H

Aufgabe 14–19. Bestimmen Sie die lokalen Minimierer und Maximierer der Funktion $f : \mathbf{R}^2 \to \mathbf{R}$ mit

$$f(x,y) = 3x + y$$

unter der Nebenbedingung

$$3x^2 + y^2 = 4$$

Welche der folgenden Alternativen sind richtig?

A $(x, y) = (1, 1)$ ist ein lokaler Maximierer.
B $(x, y) = (1, 1)$ ist ein lokaler Minimierer.
C $(x, y) = (-1, -1)$ ist ein lokaler Maximierer.
D $(x, y) = (-1, -1)$ ist ein lokaler Minimierer.

Lösungsweg:

- Für die Lagrange–Funktion $h : \mathbf{R}^3 \to \mathbf{R}$ mit

$$h(x, y, \lambda) = 3x + y + \lambda(3x^2 + y^2 - 4)$$

gilt

$$\text{grad}_h(x, y, \lambda) = \begin{pmatrix} 3 + 6\lambda x \\ 1 + 2\lambda y \\ 3x^2 + y^2 - 4 \end{pmatrix}$$

Aus $\text{grad}_h(x, y, \lambda) = \mathbf{0}$ folgt $x = y = -1/(2\lambda)$ und damit

$$\begin{pmatrix} x \\ y \\ \lambda \end{pmatrix} \in \left\{ \begin{pmatrix} 1 \\ 1 \\ -1/2 \end{pmatrix}, \begin{pmatrix} -1 \\ -1 \\ 1/2 \end{pmatrix} \right\}$$

- Für die Funktionen f und $g : \mathbf{R}^2 \to \mathbf{R}$ mit

$$\begin{aligned} f(x, y) &= 3x + y \\ g(x, y) &= 3x^2 + y^2 - 4 \end{aligned}$$

gilt

$$\begin{aligned} \text{grad}_f(x, y) &= \begin{pmatrix} 3 \\ 1 \end{pmatrix} \\ \text{grad}_g(x, y) &= \begin{pmatrix} 6x \\ 2y \end{pmatrix} \end{aligned}$$

und damit

$$\begin{aligned} \text{Hess}_f(x, y) &= \begin{pmatrix} 0 & 0 \\ 0 & 0 \end{pmatrix} \\ \text{Hess}_g(x, y) &= \begin{pmatrix} 6 & 0 \\ 0 & 2 \end{pmatrix} \end{aligned}$$

- Es gilt

$$\begin{aligned} \text{grad}_g(1, 1) &\neq \mathbf{0} \\ \text{grad}_g(-1, -1) &\neq \mathbf{0} \end{aligned}$$

und

$$\begin{aligned} \text{Hess}_f(1,1) - \frac{1}{2}\,\text{Hess}_g(1,1) &= -\begin{pmatrix} 3 & 0 \\ 0 & 1 \end{pmatrix} \\ \text{Hess}_f(-1,-1) + \frac{1}{2}\,\text{Hess}_g(-1,-1) &= \begin{pmatrix} 3 & 0 \\ 0 & 1 \end{pmatrix} \end{aligned}$$

Also ist die Matrix

$$\text{Hess}_f(1,1) - \frac{1}{2}\,\text{Hess}_g(1,1)$$

negativ definit, während die Matrix

$$\text{Hess}_f(-1,-1) + \frac{1}{2}\,\text{Hess}_g(-1,-1)$$

positiv definit ist. Daher sind **A**, **D** richtig und **B**, **C** sind falsch.

Lösung: A, **D**

Aufgabe 14–20. Bestimmen Sie die lokalen Minimierer und Maximierer der Funktion $f : \mathbf{R}^2 \to \mathbf{R}$ mit

$$f(x,y) = 2x + 4y - 3$$

unter der Nebenbedingung

$$x^2 + y^2 = 20$$

Welche der folgenden Alternativen sind richtig?

A $(x,y) = (-4,-2)$ ist ein lokaler Minimierer.
B $(x,y) = (-4,-2)$ ist ein lokaler Maximierer.
C $(x,y) = (2,4)$ ist ein lokaler Minimierer.
D $(x,y) = (2,4)$ ist ein lokaler Maximierer.
E $(x,y) = (4,4)$ ist ein lokaler Minimierer.
F $(x,y) = (4,4)$ ist ein lokaler Maximierer.

Lösungsweg:

- Für die Lagrange–Funktion $h : \mathbf{R}^3 \to \mathbf{R}$ mit

$$h(x,y,\lambda) = 2x + 4y - 3 + \lambda\,(x^2 + y^2 - 20)$$

gilt

$$\text{grad}_h(x,y,\lambda) = \begin{pmatrix} 2 + 2\lambda x \\ 4 + 2\lambda y \\ x^2 + y^2 - 20 \end{pmatrix}$$

Aus $\operatorname{grad}_h(x, y, \lambda) = \mathbf{0}$ folgt

$$\begin{pmatrix} x \\ y \\ \lambda \end{pmatrix} \in \left\{ \begin{pmatrix} 2 \\ 4 \\ -1/2 \end{pmatrix}, \begin{pmatrix} -2 \\ -4 \\ 1/2 \end{pmatrix} \right\}$$

Daher sind **A**, **B**, **E**, **F** falsch.

- Für die Funktionen f und $g : \mathbf{R}^2 \to \mathbf{R}$ mit

$$\begin{aligned} f(x,y) &= 2x + 4y - 3 \\ g(x,y) &= x^2 + y^2 - 20 \end{aligned}$$

gilt

$$\begin{aligned} \operatorname{grad}_f(x,y) &= \begin{pmatrix} 2 \\ 4 \end{pmatrix} \\ \operatorname{grad}_g(x,y) &= \begin{pmatrix} 2x \\ 2y \end{pmatrix} \end{aligned}$$

und damit

$$\begin{aligned} \operatorname{Hess}_f(x,y) &= \begin{pmatrix} 0 & 0 \\ 0 & 0 \end{pmatrix} \\ \operatorname{Hess}_g(x,y) &= \begin{pmatrix} 2 & 0 \\ 0 & 2 \end{pmatrix} \end{aligned}$$

- Es gilt

$$\operatorname{grad}_g(2,4) \neq \mathbf{0}$$

und

$$\operatorname{Hess}_f(2,4) - \frac{1}{2}\operatorname{Hess}_g(2,4) = \begin{pmatrix} -1 & 0 \\ 0 & -1 \end{pmatrix}$$

Diese Matrix ist negativ definit. Daher ist **D** richtig und **C** ist falsch.

Lösung: D

Aufgabe 14–21. Bestimmen Sie die lokalen Minimierer und Maximierer der Funktion $f : (\mathbf{R}\backslash\{0\}) \times (\mathbf{R}\backslash\{0\}) \to \mathbf{R}$ mit

$$f(x,y) = \frac{1}{x} + \frac{4}{y}$$

unter der Nebenbedingung

$$x + y = 6$$

Welche der folgenden Alternativen sind richtig?

A $(x, y) = (2, 4)$ ist ein lokaler Maximierer.
B $(x, y) = (2, 4)$ ist ein lokaler Minimierer.
C $(x, y) = (-6, 12)$ ist ein lokaler Maximierer.
D $(x, y) = (-6, 12)$ ist ein lokaler Minimierer.

Lösungsweg:

- Für die Lagrange–Funktion $h : (\mathbf{R}\backslash\{0\}) \times (\mathbf{R}\backslash\{0\}) \times \mathbf{R} \to \mathbf{R}$ mit

$$h(x, y, \lambda) = \frac{1}{x} + \frac{4}{y} + \lambda\,(x+y-6)$$

gilt

$$\operatorname{grad}_h(x, y, \lambda) = \begin{pmatrix} -1/x^2 + \lambda \\ -4/y^2 + \lambda \\ x + y - 6 \end{pmatrix}$$

Aus $\operatorname{grad}_h(x, y, \lambda) = \mathbf{0}$ folgt $x^2 = 1/\lambda = y^2/4$ und damit

$$\begin{pmatrix} x \\ y \\ \lambda \end{pmatrix} \in \left\{ \begin{pmatrix} 2 \\ 4 \\ 1/4 \end{pmatrix}, \begin{pmatrix} -6 \\ 12 \\ 1/36 \end{pmatrix} \right\}$$

- Für die Funktionen f und $g : (\mathbf{R}\backslash\{0\}) \times (\mathbf{R}\backslash\{0\}) \to \mathbf{R}$ mit

$$f(x, y) = \frac{1}{x} + \frac{4}{y}$$
$$g(x, y) = x + y - 6$$

gilt

$$\operatorname{grad}_f(x, y) = \begin{pmatrix} -1/x^2 \\ -4/y^2 \end{pmatrix}$$
$$\operatorname{grad}_g(x, y) = \begin{pmatrix} 1 \\ 1 \end{pmatrix}$$

und damit

$$\operatorname{Hess}_f(x, y) = \begin{pmatrix} 2/x^3 & 0 \\ 0 & 8/y^3 \end{pmatrix}$$
$$\operatorname{Hess}_g(x, y) = \begin{pmatrix} 0 & 0 \\ 0 & 0 \end{pmatrix}$$

- Es gilt

$$\operatorname{grad}_g(2, 4) \neq \mathbf{0}$$

und

$$\operatorname{Hess}_f(2, 4) + \frac{1}{4}\operatorname{Hess}_g(2, 4) = \begin{pmatrix} 1/4 & 0 \\ 0 & 1/8 \end{pmatrix}$$

Diese Matrix ist positiv definit. Daher ist **B** richtig und **A** ist falsch.

- Es gilt

$$\operatorname{grad}_g(-6,12) = \begin{pmatrix} 1 \\ 1 \end{pmatrix} \neq \begin{pmatrix} 0 \\ 0 \end{pmatrix}$$

und

$$\operatorname{Hess}_f(-6,12) + \frac{1}{36}\operatorname{Hess}_g(-6,12) = \begin{pmatrix} -1/108 & 0 \\ 0 & 1/216 \end{pmatrix}$$

Für alle $(a,b) \neq (0,0)$ mit

$$\begin{pmatrix} a & b \end{pmatrix} \operatorname{grad}_g(-6,12) = \begin{pmatrix} a & b \end{pmatrix} \begin{pmatrix} 1 \\ 1 \end{pmatrix} = 0$$

gilt $a + b = 0$ und damit

$$\begin{aligned} & \begin{pmatrix} a & b \end{pmatrix} \left(\operatorname{Hess}_f(-6,12) + \frac{1}{36}\operatorname{Hess}_g(-6,12)\right) \begin{pmatrix} a \\ b \end{pmatrix} \\ &= \begin{pmatrix} a & b \end{pmatrix} \begin{pmatrix} -1/108 & 0 \\ 0 & 1/216 \end{pmatrix} \begin{pmatrix} a \\ b \end{pmatrix} \\ &= -\frac{2}{108}a^2 + \frac{1}{216}b^2 \\ &= -\frac{2}{108}a^2 + \frac{1}{216}a^2 \\ &= -\frac{3}{216}a^2 \\ &< 0 \end{aligned}$$

Daher ist **C** richtig und **D** ist falsch.

Lösung: B, C

Aufgabe 14–22. Bestimmen Sie die lokalen Minimierer und Maximierer der Funktion $f : \mathbf{R}^2 \to \mathbf{R}$ mit

$$f(x,y) = x + y$$

unter der Nebenbedingung

$$xy = 1$$

Welche der folgenden Alternativen sind richtig?

A $(x,y) = (1,1)$ ist ein lokaler Maximierer.

B $(x,y) = (1,1)$ ist ein lokaler Minimierer.

C $(x,y) = (-1,-1)$ ist ein lokaler Maximierer.

D $(x,y) = (-1,-1)$ ist ein lokaler Minimierer.

Lösungsweg:

- Für die Lagrange–Funktion $h : \mathbf{R}^3 \to \mathbf{R}$ mit

$$h(x, y, \lambda) = x + y + \lambda\,(xy - 1)$$

gilt

$$\text{grad}_h(x, y, \lambda) = \begin{pmatrix} 1 + \lambda y \\ 1 + \lambda x \\ xy - 1 \end{pmatrix}$$

Aus $\text{grad}_h(x, y, \lambda) = \mathbf{0}$ folgt $x = y$ und damit

$$\begin{pmatrix} x \\ y \\ \lambda \end{pmatrix} \in \left\{ \begin{pmatrix} 1 \\ 1 \\ -1 \end{pmatrix}, \begin{pmatrix} -1 \\ -1 \\ 1 \end{pmatrix} \right\}$$

- Für die Funktionen f und $g : \mathbf{R}^2 \to \mathbf{R}$ mit

$$\begin{aligned} f(x, y) &= x + y \\ g(x, y) &= xy - 1 \end{aligned}$$

gilt

$$\text{grad}_f(x, y) = \begin{pmatrix} 1 \\ 1 \end{pmatrix}$$

$$\text{grad}_g(x, y) = \begin{pmatrix} y \\ x \end{pmatrix}$$

und damit

$$\text{Hess}_f(x, y) = \begin{pmatrix} 0 & 0 \\ 0 & 0 \end{pmatrix}$$

$$\text{Hess}_g(x, y) = \begin{pmatrix} 0 & 1 \\ 1 & 0 \end{pmatrix}$$

- Es gilt

$$\text{grad}_g(1, 1) = \begin{pmatrix} 1 \\ 1 \end{pmatrix} \neq \begin{pmatrix} 0 \\ 0 \end{pmatrix}$$

und

$$\text{Hess}_f(1, 1) - \text{Hess}_g(1, 1) = \begin{pmatrix} 0 & -1 \\ -1 & 0 \end{pmatrix}$$

Für alle $(a, b) \neq (0, 0)$ mit

$$\begin{pmatrix} a & b \end{pmatrix} \text{grad}_g(1, 1) = \begin{pmatrix} a & b \end{pmatrix} \begin{pmatrix} 1 \\ 1 \end{pmatrix} = 0$$

gilt $a + b = 0$ und damit

$$\begin{aligned} &\begin{pmatrix} a & b \end{pmatrix} \Big(\mathrm{Hess}_f(1,1) - \mathrm{Hess}_g(1,1)\Big) \begin{pmatrix} a \\ b \end{pmatrix} \\ &= \begin{pmatrix} a & b \end{pmatrix} \begin{pmatrix} 0 & -1 \\ -1 & 0 \end{pmatrix} \begin{pmatrix} a \\ b \end{pmatrix} \\ &= -2ab \\ &= 2a^2 \\ &> 0 \end{aligned}$$

Daher ist **B** richtig und **A** ist falsch.

- Analog zeigt man, daß **C** richtig und **D** falsch ist.

Lösung: B, C